职业教育"十三五"改革创新规划教材

金属加工与实训

——基础常识与技能训练

王雪婷 黄 亮 主 编

赵学东 杨 伟 副主编

清华大学出版社

北京

内 容 简 介

本书是为了适应当前中等职业教育教学改革需要,根据教育部 2009 年颁布的《中等职业学校金属加工与实训教学大纲》要求以及中等职业教育人才培养目标编写,是清华大学出版社组织编写的系列职业教材之一。

本书除绪论外共 9 个单元,主要介绍金属材料的力学性能、常用金属材料、钢的热处理、铸造、锻压、焊接、金属切削加工基础、金属切削机床及其应用、钳工等内容。

本书既可作为中等职业学校工科类相关专业教材,也可作为职工培训用教材。

图书在版编目(CIP)数据

金属加工与实训.基础常识与技能训练/王雪婷,黄亮主编.--北京:清华大学出版社,2016

职业教育"十三五"改革创新规划教材

ISBN 978-7-302-41622-7

Ⅰ.①金…　Ⅱ.①王…②黄…　Ⅲ.①金属加工—中等专业学校—教材　Ⅳ.①TG

中国版本图书馆 CIP 数据核字(2015)第 228242 号

责任编辑:刘翰鹏
封面设计:张京京
责任校对:刘　静
责任印制:何　芊

出版发行:清华大学出版社
　　　　网　　　址:http://www.tup.com.cn,http://www.wqbook.com
　　　　地　　　址:北京清华大学学研大厦 A 座　　　　邮　　　编:100084
　　　　社 总 机:010-62770175　　　　　　　　　　邮　　　购:010-62786544
　　　　投稿与读者服务:010-62776969,c-service@tup.tsinghua.edu.cn
　　　　质 量 反 馈:010-62772015,zhiliang@tup.tsinghua.edu.cn
　　　　课 件 下 载:http://www.tup.com.cn,010-62795764
印 刷 者:三河市君旺印务有限公司
装 订 者:三河市新茂装订有限公司
经　　销:全国新华书店
开　　本:185mm×260mm　　　印　　张:18.25　　　字　　数:406 千字
版　　次:2016 年 2 月第 1 版　　　　　　　　印　　次:2016 年 2 月第 1 次印刷
印　　数:1~1600
定　　价:38.00 元

产品编号:066260-01

FOREWORD

前 言

本书是根据教育部 2009 年颁布的《中等职业学校金属加工与实训教学大纲》要求及中等职业教育人才培养目标编写的。

本书的教学目标如下。

（1）介绍常用金属材料的分类、牌号、性能及用途，培养学生合理选用金属材料的能力。

（2）强化实践教学环节，提高学生的实践技能，引导学生了解典型零件的机械加工工艺路线与热处理工艺。

（3）介绍金属材料的冷、热加工方法及其相关基础知识，培养学生掌握部分设备（或工具）的基本操作方法。

（4）倡导开放式、探究式教学方式，引导学生深入社会，了解现代企业生产状况，引导学生善于发现实际问题，探究和解决工程中遇到的金属加工问题，培养不断创新和积极进取的探索精神。

（5）培养学生掌握正确的学习方法，引导学生学会应用所学知识解决一些实际问题，使学生具有一定的解决实际问题的感性认识和经验，做到触类旁通，融会贯通。

（6）造就研究型学习环境，培养学生之间相互合作，相互交流，相互学习，勇于探讨问题的学风。

（7）适应信息社会发展需要，培养学生的信息素养，引导学生善于利用工具书、现代信息技术，拓宽知识面，了解更多的相关知识，提高就业能力和转岗能力。

（8）培养遵守职业道德和职业规范，树立安全生产意识、环保意识和质量意识，造就素质高、知识面宽的中等应用型人才。

本书在内容编写和版面设计等方面具有精练、新颖、活泼、通俗易懂和插图形象生动等特点。每个单元配有练习题供学生自我检查。

本书建议课时（总课时 56 学时）分配如下表。

课时分配表

单　　元	建议课时/学时	单　　元	建议课时/学时	单　　元	建议课时/学时
绪论	2	单元四	4	单元八	28
单元一	2	单元五	4	单元九	实训1周
单元二	4	单元六	4		
单元三	4	单元七	4		
小计	12	小计	16	小计	28
总　　计	56(不含实训周)				

本书由王雪婷、黄亮担任主编;赵学东、杨伟担任副主编;高立伟担任主审。绪论、单元一由傅少华编写;单元二和单元三由黄亮编写;单元四由杨伟编写;单元五由王雪婷编写;单元七由王文丽编写;单元八由段荣寿编写;单元六和单元九由赵学东编写。

本书由《金属加工与实训》职业技术教育系列教材编写组审定通过。由于编写时间及编者水平有限,书中难免有错误和不妥之处,恳请广大读者批评指正。同时,本书在编写过程中参考了大量的文献资料,在此向文献资料的作者致以诚挚的谢意。了解更多教材相关信息请关注微信号:Coibook。

编者
2015 年 10 月

CONTENTS

目　录

绪论

教学目标

了解金属材料的基本概念及分类；了解金属加工的作用与地位、现状与发展趋势；了解金属加工的主要工种分类和基本特点；了解本课程的性质、任务、教学目标和学习方法；了解金属加工过程中应该注意的基本安全生产规范。

一、金属材料概述

金属是指具有良好的导电性和导热性，有一定的强度和塑性，并具有光泽的物质，如金、银、铜、铝、锌、铁等。金属材料是由金属元素或以金属元素为主要材料，其他金属或非金属元素为辅构成的，并具有金属特性的工程材料。

金属材料包括纯金属和合金。纯金属虽然具有一定的用途，但由于其强度和硬度一般较低，而且冶炼纯金属的技术比较复杂，其价格也较高。因此，在工农业生产的应用方面受到较大的限制。目前在工农业生产、建筑、国防建设中广泛使用的是合金状态的金属材料。合金是指两种或两种以上的金属元素或金属与非金属元素组成的金属材料。例如，青铜一般是由铜和锡组成的合金，普通黄铜是由铜和锌组成的合金，普通白铜是由铜和镍组成的合金，非合金钢是由铁和碳组成的合金，合金钢是由铁、碳加合金元素组成的合金，铝合金是由铝、硅、镁等组成的合金。与纯金属相比，合金除具有良好的力学性能外，还可以通过调整组成元素之间的比例，获得一系列性能各不相同的合金，可满足不同的使用性能需要。

二、金属材料的分类

金属材料种类多，为了分类方便，可将金属材料分为钢铁材料和非铁金属两大类(见图 0-1)。

1. 钢铁材料

钢铁材料(或称黑色金属)是指以铁或以铁为主而构成的金属材料，如工业纯铁、碳素

金属材料

- 钢铁材料
  - 非合金钢
    - 碳素结构钢
    - 优质碳素钢
    - 碳素工具钢
    - 易切削钢
    - 铸造非合金钢
  - 低合金钢
    - 低合金高强度结构钢
    - 低合金耐候钢
    - 低合金专业用钢
  - 合金钢
    - 工程结构用合金钢
    - 机械结构用合金钢
    - 高碳铬轴承合金钢
    - 合金工具钢与高速钢
    - 不锈钢与耐热钢
    - 特殊物理性能钢
  - 铸铁
    - 铸造合金钢
    - 白口铸铁
    - 灰铸铁
    - 可锻铸铁
    - 球墨铸铁
    - 蠕墨铸铁
    - 合金铸铁
- 非铁金属
  - 铜及其合金
    - 纯铜
    - 黄铜
    - 白铜
    - 青铜
  - 铝及其合金
    - 纯铝
    - 变形铝合金
    - 铸造铝合金
  - 滑动轴承合金
    - 锡基滑动轴承合金
    - 铅基滑动轴承合金
    - 其他滑动轴承合金
  - 钛及其合金
    - 纯钛
    - 钛合金
  - 其他非铁金属

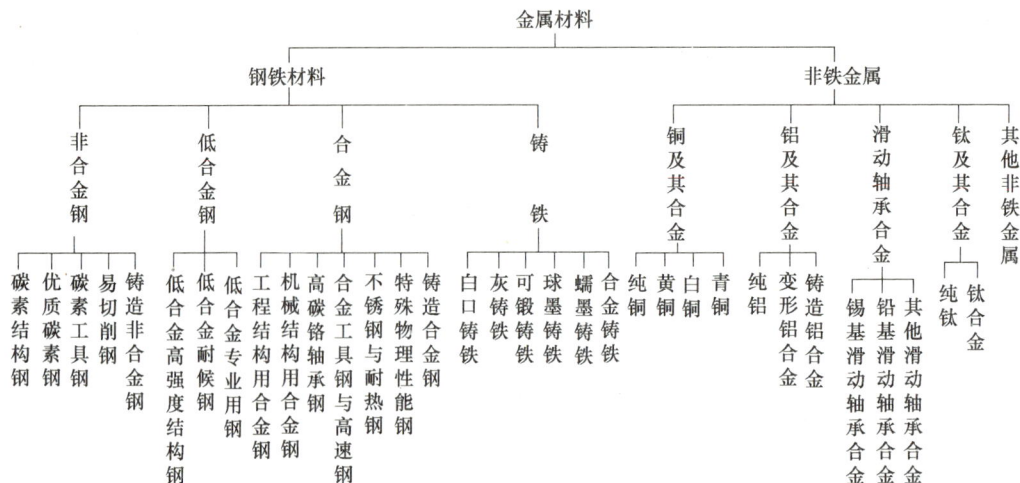

图 0-1　金属材料分类

钢、铸铁以及各种用途的结构钢、耐磨钢、工具钢、不锈钢、耐热钢、高温合金、精密合金等。广义的钢铁材料还包括铬、锰及其合金。钢铁材料主要是由铁和碳组成的合金。钢铁材料按其碳的质量分数 w_C（含碳量）进行分类，可分为工业纯铁（$w_C<0.0218\%$）、钢（$w_C=0.0218\%\sim2.11\%$）和白口铸铁或生铁（$w_C>2.11\%$）。

工业纯铁并不是真正意义上的纯铁，它含很少量的碳，具有塑性好、韧性好、电磁性能好等特点。常见的工业纯铁有两种规格：一种是作为深冲材料，可以将其冲压成复杂形状的工件；另一种是作为电磁材料，制作电磁器件。

钢按碳的质量分数 w_C 和室温组织的不同，可分为亚共析钢（$0.0218\%<w_C<0.77\%$）、共析钢（$w_C=0.77\%$）和过共析钢（$0.77\%<w_C\leqslant2.11\%$）。

白口铸铁按碳的质量分数 w_C 和室温组织的不同，可分为亚共晶白口铸铁（$2.11\%<w_C<4.3\%$）、共晶白口铸铁（$w_C=4.3\%$）和过共晶白口铸铁（$4.3\%<w_C<6.69\%$）。

生铁是由铁矿石经高炉冶炼获得的，它是炼钢和铸件生产的主要原材料。钢材生产是以生铁（或废钢）为主要原料，首先将生铁（或生铁液）装入高温的炼钢炉里，通过氧化作用降低生铁中碳元素和杂质元素的含量，并使其达到需要的钢液成分，然后将钢液浇铸成钢锭或连续坯，再经过热轧或冷轧后，即可制成各种类型的型钢（如板材、管材、型材、线材及异形钢材等）。

钢材按脱氧程度的不同，可分为特殊镇静钢（TZ）、镇静钢（Z）、半镇静钢（b）和沸腾钢（F）四种。其中特殊镇静钢的质量最好，镇静钢的质量次之，半镇静钢的质量再次之，沸腾钢的质量最差。

2. 非铁金属

非铁金属（或称有色金属）是指除铁、铬、锰以外的所有金属及其合金，如金、银、铜、铝、镁、锌、钛、锡、铅、钼、钨、镍等。在国民经济生产中，非铁金属一般用于特殊场合。非铁金属按密度大小分类，通常可分为轻金属（金属密度小于 $5\times10^3\,\mathrm{kg/m^3}$）和重金属（金属密度大于 $5\times10^3\,\mathrm{kg/m^3}$）；非铁金属按其在地球上的储量和价值，可分为贵金属（如金、银、铂等)、稀有金属(如钨、钼、钒、锂、钴等)和稀土金属等。非铁金属按熔点的高低分类,可分为难熔金属和易熔金属。其中熔点高(2000℃以上)的金属称为难熔金属(如钨、钼、钒等),可以用来制造耐高温零件,它们在火箭、导弹、燃气轮机和喷气飞机等方面得到广泛应用。熔点低(1000℃以下)的金属称为易熔金属(如锡、铅等),可以用来制造印刷铅字(铅与锑的合金)、保险丝(铅、锡、铋、镉的合金)和防火安全阀等零件。非铁金属按是否具有放射性来分,可分为放射性金属(如镭、铀、钍等)和非放射性金属。

三、金属加工在国民经济中的作用与地位、现状与发展趋势

1. 金属加工在国民经济中的作用与地位

金属材料与人类文明的发展以及社会的进步密切相关,是社会发展的物质基础和重要的里程碑,它象征着人类在发展社会生产力方面迈出了具有深远历史意义的一步,有力地促进了社会生产力的发展。人类使用和加工金属材料的历史经历了6000多年。人类利用金属材料制作了工具、设备及设施,不断改善了自身的生存环境与空间,创造了丰富的物质文明和精神文明。尤其是大规模生产钢铁材料及非铁金属技术的出现,使金属材料的应用得到迅速增长,并成为国民经济的重要基础和支柱性产业之一。目前,随着人类社会现代化的发展,金属材料的消耗量不断增加,金属材料在国民经济中的作用和地位也越来越突出。例如,机械装备、铁路、建筑、桥梁、化工、汽车(见图0-2)、舰船、枪械、飞机(见图0-3)、航天飞机、导弹、火箭、卫星、计算机等领域都需要使用金属材料来制造。因此,金属材料在一个国家的国民经济中具有重要的作用和地位,它是国民经济、国防工业、科学技术发展必不可少的基础性材料和重要的战略物资。

图0-2　汽车　　　　　　　　　　　　　　图0-3　飞机

2. 金属加工的现状与发展趋势

随着金属材料的广泛使用,地球上可以开采的金属矿产资源也越来越少。据估计,铁、铝、铜、锌、银、锡、镍、铬、稀土等金属的储量,只能再开采100～300年。因此,为了节约有限的金属矿产资源,世界各国的冶金专家都在努力,改进现有的金属材料加工工艺,不断地挖掘金属材料的潜力,提高其利用率,或寻找金属材料代用品。进入21世纪,金属材料的发展出现如下趋势。

(1) 工业发达国家,竞相发展有非铁金属(有色金属)工业,增加非铁金属的战略储备。

(2) 加强金属材料的综合利用与开发已经得到世界各国的高度重视。世界各国都在

重视发展循环经济,提高金属材料的回收利用,提高金属矿产资源的可持续发展能力,并注重加强自然环境的保护。

（3）加强非金属材料的开发和利用。非金属材料的广泛使用,不仅满足了人类社会对材料的需求,而且大大简化了机械制造的工艺过程,降低了机械制造成本,提高了机械产品的使用性能,也节约了大量的金属材料。其中应用广泛的非金属材料就是塑料、陶瓷与复合材料等。目前它们所具有的独特性能正不断地得到广大工程技术人员的认可,而且其应用范围在不断地扩大,正在逐步地改变着金属材料占绝对主导地位的格局。

四、金属加工的主要工种分类及特点

金属加工是指采用一系列不同的加工工艺方法对金属材料进行加工,获得符合设计要求的金属制品的工艺过程。它是一项复杂的系统工程,涉及产品设计、生产科学组织、人员合理安排、设备合理使用、质量检验、资金高效运转、产品销售及售后服务等环节,其核心是效率和质量。

金属加工方法主要包括热加工和冷加工两大类。热加工主要包括铸造、锻压、焊接、热处理等加工方法,它们主要用于生产金属毛坯,如铸件、锻件、焊件等。冷加工主要包括各种机械加工方法,如钳工加工、冲压加工、钻削加工、车削加工、刨削加工、铣削加工、磨削加工、拉削加工、数控加工等,它们主要用于对各种毛坯或原材料进行精确加工,逐步改变毛坯或原材料的形状、尺寸及表面质量,使其获得所需精度要求的合格零件。热处理是改善金属材料性能和质量的重要工艺方法,它包括预先热处理和最终热处理,一般根据加工要求和技术要求穿插安排在金属制品的加工过程中。

对应于金属的各种加工方法,在社会上就呈现出各种不同的职业工种与职业技能,如铸工、锻工、焊工、热处理工、钳工、车工、刨工、铣工等。

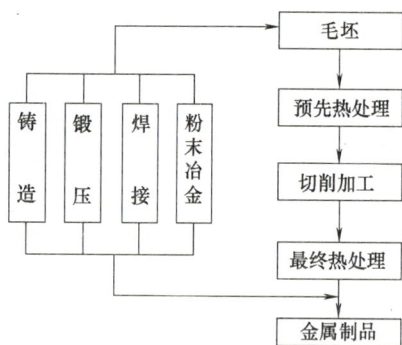

图 0-4 金属制品加工流程示意图

对于复杂的机械设备来说,首先要制造单个的金属制品(或零件),然后再将单个的零件组装成部件或整机。金属制品的加工过程是由一系列的加工工艺流程(或工序)组成的,如图 0-4 所示。合理安排金属制品的加工工艺流程不仅可以获得合格的金属制品,而且可以取得最佳的经济效益。一般将金属制品的加工过程分为三个阶段,即设计阶段、制造阶段和使用阶段。

随着科学技术的不断发展,新的金属加工工艺方法不断涌现,如铸造新技术、锻压新技术、焊接新技术、热处理新技术、机械加工新技术的不断涌现,逐步改善了传统的金属加工方法,解决了新的技术难题,满足了新材料的加工需要。例如,粉末冶金、精密铸造、精密冲裁、埋弧自动焊、数控加工、特种加工等新的金属加工技术正逐步替代传统的金属加工技术,取得了良好的经济效果。目前,在金属制品的加工过程中,各行各业都十分注重采用新材料(如陶瓷材料、高分子材料、复合材料等)、新能源(如电化学能、激光、电子束、离子束、超声波等)、新技术(如计算机辅助设计、计算机辅助制造等)和新设备(如数字控制设备等),提高金属材料的综合利用率,进一步使金属制品的加工工艺技术向着高效率、自动化、高精度、环保和清洁化方向发展。

五、金属加工与实训课程的性质与任务

本课程是中等职业学校机械类专业及工程技术类相关专业的一门基础课程。其主要任务是:使学生掌握必备的金属材料、热处理、金属加工工艺知识和技能;培养学生分析问题和解决问题的能力,具备继续学习专业技术的能力;培养其在机械类专业领域的基本从业能力;贯穿职业道德和职业意识的培养,形成严谨、敬业的工作作风,为今后解决生产实际问题和职业生涯的发展奠定基础。

六、金属加工与实训课程的教学目标

使学生能正确选用常用金属材料;熟悉一般机械加工的工艺路线与热处理工序;掌握钳工、车工、铣工、焊工等金属加工的基础操作技能;会使用常用的工、量、刃具;能阅读中等复杂程度的零件图及常见工种的工艺卡,并能按工艺卡要求实施加工工艺。

具备运用工具书、网络等查阅和处理金属加工工艺信息的能力;养成自主学习的习惯,培养探究工程实际中有关的金属工艺问题的意识,提高适应职业变化的能力;遵守职业道德和职业规范,树立安全生产、节能环保和产品质量等职业意识。

七、金属加工安全生产规范要求

安全生产是指采取一系列措施使生产过程在符合规定的物质条件和工作秩序下进行,有效消除或控制危险和有害因素,无人身伤亡和财产损失等生产事故发生,从而保障人员安全与健康、设备和设施免受损坏、环境免遭破坏,使生产经营活动得以顺利进行的一种状态。安全生产对于金属加工行业来说是一项非常重要的教育内容(见图0-5)。忽视安全生产,不仅会对人身造成伤害,而且会给企业、社会和国家造成经济损失。因此,对于从事金属加工行业的工作人员来说,一定要将"安全第一,预防为主"的思想放在第一位,牢固地树立安全生产意识,并在日常生产中积极落实安全生产制度。

图0-5　安全生产教育宣传图

在金属加工企业工作或实习过程中,应注意以下几个方面的基本安全要求。

(1) 要尽快熟悉工作环境的生产特点。

（2）要了解防火、防漏、防爆、防毒、防化学物品、防机械伤害等基本常识。

（3）要认真熟悉各工种基本的安全生产操作规范,严格按操作规程进行操作,坚决杜绝违规操作行为,应该戴防护用品(如防护眼镜、面罩、手套、鞋、安全帽等)的必须戴好,以防身体受到不必要的伤害。

（4）未经允许或不了解机床(或其他机械设备)性能时不能随意开启设备。

（5）在了解设备的前提下,开启设备时要检查各操作手柄是否处于正常位置。

（6）操作机械设备时,不得擅自离开机械设备。

（7）变换机械设备运转速度时,必须先停止机械设备运转,然后再进行调速。

（8）进行热加工实习实训时,一定要注意防止烫伤、飞溅物、碰伤等。

（9）进行机械加工时,一定要将工件夹紧。清除切屑时,必须用铁钩或毛刷,切削工件时不得用棉纱擦工件或刀具,以免造成事故。

（10）操作结束后,要保持场地和机械设备清洁,场地、工件、工具等整齐、规范。

练 习 题

一、填空题

1. 金属材料包括 _____ 和 _____ 。

2. 金属材料种类多,为了分类方便,可将金属材料分为 _____ 材料和非铁 _____ 两大类。

3. 钢铁材料主要是由 _____ 和 _____ 组成的合金。

4. 钢铁材料按其碳的质量分数 w_C(含碳量)进行分类,可分为 _____ 纯铁($w_C<0.0218\%$)、_____ ($w_C=0.0218\%\sim2.11\%$)和 _____ 铸铁或生铁($w_C>2.11\%$)。

5. 钢按碳的质量分数 w_C 和室温组织的不同,可分为 _____ 共析钢($0.0218\%<w_C<0.77\%$)、共析钢($w_C=0.77\%$)和 _____ 共析钢($0.77\%<w_C\leqslant2.11\%$)。

6. 白口铸铁按碳的质量分数 w_C 和室温组织的不同,可分为 _____ 共晶白口铸铁($2.11\%<w_C<4.3\%$)、共晶白口铸铁($w_C=4.3\%$)和 _____ 共晶白口铸铁($4.3\%<w_C<6.69\%$)。

7. 生铁是由铁矿石经 _____ 冶炼获得的,它是炼钢和铸件生产的主要原材料。

8. 钢材按脱氧程度的不同,可分为 _____ 镇静钢(TZ)、镇静钢(Z)、_____ 镇静钢(b)和沸腾钢(F)四种。

9. 非铁金属(或称有色金属)是指除 _____ 、_____ 、锰以外的所有金属及其合金。

10. 金属加工方法主要包括 _____ 加工和 _____ 加工两大类。

二、判断题

1. 金属材料是由金属元素或以金属元素为主要材料,其他金属或非金属元素为辅构成的,并具有金属特性的工程材料。　　　　　　　　　　　　　　　　（　　）

2. 合金是指两种或两种以上的金属元素或金属与非金属元素组成的金属材料。

　　　　　　　　　　　　　　　　　　　　　　　　　　　　　　　　（　　）

3. 钢铁材料(或称黑色金属)是指以铁或以铁为主而形成的金属材料。　　（　　）

4. 沸腾钢的质量最好。　　（　　）

三、简答题

1. 为什么要将金属制品的加工分为热加工(毛坯制造阶段)和冷加工(切削加工阶段)？

2. 在金属加工企业工作或实习过程中,应注意哪些基本安全要求？

四、交流与探讨活动

1. 同学之间相互交流与探讨,为什么在春秋战国时期,军队的兵器广泛采用青铜制造,而没有采用钢材制造呢？

2. 同学之间相互交流与探讨,如何节约有限的金属矿产资源和金属材料？

单元一

金属材料的力学性能

教学目标

　　第一，要准确理解有关概念；第二，要在头脑中初步建立起力学性能的分类；第三，要熟悉力学性能指标的应用场合。

　　金属材料的性能包括使用性能和工艺性能。其中使用性能是指机械零件在使用条件下，金属材料表现出来的性能，它包括力学性能、物理性能、化学性能等。金属材料使用性能的好坏，决定了它的使用范围与使用寿命；工艺性能是指机械零件在加工制造过程中，金属材料在预先制定的热加工和冷加工工艺条件下所表现出来的性能，它包括铸造性能、压力加工性能、焊接性能、热处理性能及切削加工性能等。金属材料工艺性能的好坏，决定了它在制造过程中加工成型的适应能力。只有了解金属材料的性能，特别是力学性能，才能科学合理地选用金属材料。

模块一　金属材料受到的载荷

一、载荷的类型

　　在机械设计中，载荷通常是指施加于机械或结构上的外力；在动力机械中载荷通常是指完成工作所需的功率。载荷可以从不同的角度进行分类。

　　（1）根据载荷大小、方向和作用点是否随时间变化，可以将载荷分为静载荷和动载荷。其中静载荷包括不随时间变化的恒载（如自重）和加载变化缓慢以至可以略去惯性力作用的准静载（如锅炉压力）；动载荷包括短时间快速作用的冲击载荷（如空气锤）、随时间作周期性变化的循环载荷或周期载荷（如空气压缩机的曲轴）和非周期变化的随机载荷（如汽车发动机的曲轴）。

（2）根据载荷对杆件变形的作用,可将载荷分为拉伸载荷、压缩载荷、弯曲载荷、剪切载荷和扭转载荷等。

拉伸载荷是最常见的载荷,其特点是两力的方向与构件的轴线一致,但力的方向相互背离(见图1-1),如起重机钢丝绳在起吊重物时所受到的载荷就是拉伸载荷。

压缩载荷的方向与构件的轴线一致,但力的方向是相对的(见图1-2),如机床底座承受的自身重量的压力、液压机械中活塞受到的压力等都是压缩载荷。

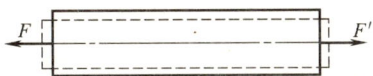

图 1-1　拉伸载荷　　　　　　　　　图 1-2　压缩载荷

当物体受到垂直于其轴线的外力作用时,物体将发生弯曲变形,物体受到的这种载荷就是弯曲载荷。例如,机床在进行切削加工时,工件或机床主轴、刀具就受到了弯曲载荷的作用;此外齿轮传动轴(见图1-3)、汽车减振弹簧、飞机的机翼、建筑物大梁等在工作时也会受到弯曲载荷的作用。

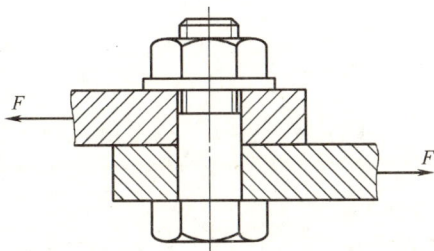

图 1-3　弯曲载荷

被剪切物体受到大小相等、方向相反的两力作用,两力的作用线不在同一直线上,并且两力的作用距离又很近,这种载荷就称为剪切载荷。物体受到一对剪切力作用时,物体将沿剪切面发生错动而导致物体破坏。例如,采用螺栓连接的零件在工作时就受到剪切力的作用(见图1-4);在冲压工序中,利用冲模冲裁板料时,板料也受到剪切力的作用。

当物体受到一对大小相等、方向相反、作用面垂直于轴心线的外力偶作用时,这种载荷就称为扭转载荷。例如,转动汽车方向盘,方向盘就受到了扭转载荷(见图1-5);此外,传动轴、钻头、丝锥等在工作时也受到扭转载荷的作用。

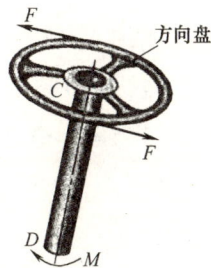

图 1-4　剪切载荷　　　　　　　　　图 1-5　扭转载荷

二、载荷的计算

通常,载荷可用计算方法或实测方法求得。根据额定功率用力学公式计算出的载荷称为名义载荷(又称额定载荷)。它未考虑载荷随时间作用和分布的不均匀性以及其他零件受力情况等因素。这些因素的综合影响常用载荷系数作修正。载荷系数与名义载荷的乘积称为计算载荷,它是设计计算的依据。

三、金属材料的受力现象

金属在外力作用下,将会发生变形和破坏,其一般变化过程是:弹性变形→塑性变形→断裂。

弹性变形是指金属在外力作用下,形状和尺寸发生改变,当外力卸除后金属又恢复到其原始形状和尺寸的特性。塑性变形是指金属在断裂前发生的不可逆永久变形。永久变形是指金属在力的作用下产生的形状、尺寸的改变,外力去除后,不能恢复到原来的形状和尺寸的变形。

金属受外力作用后导致金属内部之间相互作用的力,称为内力。单位面积上的内力,称为应力(N/mm^2)。金属的强度指标就是用应力来度量的。应变是指由外力所引起的金属原始尺寸或形状的相对变化(%)。

四、金属材料的力学性能

金属材料的力学性能又称为机械性能,是指金属材料在外力作用下表现出来的性能。金属材料的力学性能是评定金属材料质量的主要判据,也是零件设计和选材时的主要依据。按外加载荷性质的不同,金属材料的力学性能指标可分为强度、塑性、硬度、韧性和疲劳强度等。

模块二　金属材料的强度与塑性

一、强度

强度是金属材料在力的作用下,抵抗永久变形和断裂的能力。金属材料的强度指标可以通过静拉伸试验测得。

1. 力-伸长曲线图

如图 1-6 所示为退火低碳钢的力-伸长曲线图。从力-伸长曲线可以看出,拉伸试样从

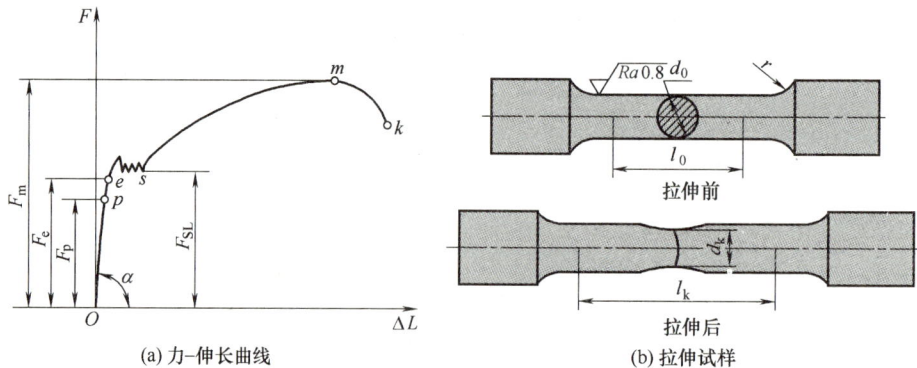

(a) 力-伸长曲线　　(b) 拉伸试样

图 1-6　退火低碳钢力-伸长曲线及拉伸试样

开始拉伸到断裂要经过弹性变形阶段、屈服阶段、变形强化阶段、缩颈与断裂四个阶段。

（1）弹性变形阶段。观察图 1-6 中力-伸长曲线可以看出，在斜直线 Op 阶段，当拉伸力 F 增加时，拉伸试样伸长量 ΔL 也呈正比增加。当去除拉伸力 F 后，拉伸试样伸长变形消失，拉伸试样恢复其原来形状，其变形规律符合胡克定律，表现为弹性变形。图中 F_p 是拉伸试样保持完全弹性变形的最大拉伸力。

（2）屈服阶段。当拉伸力超过 F_p 时，拉伸试样将产生塑性变形，去除拉伸力后，变形不能完全恢复，塑性伸长将被保留下来。当拉伸力继续增加到一定值时，力-伸长曲线出现一个波动平台，即在拉伸力几乎不变的情况下，拉伸试样会明显地伸长，这种现象称为屈服现象。拉伸力 F_s 称为屈服拉伸力。

（3）变形强化阶段。当拉伸力超过屈服拉伸力后，拉伸试样抵抗变形的能力将会提高，产生冷变形强化现象。在力-伸长曲线上表现为一段上升曲线，即随着塑性变形的增大，拉伸试样抵抗变形的力也逐渐增大。

（4）缩颈与断裂阶段。当拉伸力达到 F_m 时，拉伸试样的局部截面开始收缩，产生缩颈现象。由于缩颈使拉伸试样局部截面迅速缩小，单位面积上的拉伸力增大，变形集中于缩颈区，最后延续到 m 点时拉伸试样被拉断。缩颈现象在力-伸长曲线上表现为一段下降曲线。F_m 是拉伸试样拉断前能承受的最大拉伸力，称为极限拉伸力。

2. 强度指标

金属材料的强度指标主要有：屈服强度（一般以 R_{eL} 表示）、规定残余延伸强度（如 $R_{r0.2}$）、抗拉强度（R_m）等。

（1）屈服强度。试样在拉伸试验过程中力不增加（保持恒定）仍然能继续伸长（变形）时的应力称为屈服强度。屈服强度（R_e）包括上屈服强度（R_{eH}）和下屈服强度（R_{eL}），由于下屈服强度的数值较为稳定，因此，一般将下屈服强度作为金属材料的屈服强度。屈服强度的单位是 N/mm^2 或 MPa。屈服强度 R_{eL} 可用下式计算：

$$R_{eL} = F_{sL}/S_0$$

式中：F_{sL}——拉伸试样屈服时的拉伸力，N；

S_0——拉伸试样的原始横截面积，mm^2。

（2）规定残余延伸强度。工业上使用的部分金属材料，如高碳钢、铸铁等，在进行拉伸试验时，没有明显的屈服现象，也不会产生颈缩现象，这就需要规定一个相当于屈服强度的强度指标，即"规定残余延伸强度"。

规定残余延伸强度是指试样卸除应力后，残余延伸率等于规定的原始标距（L_0）或引伸计标距（L_e）百分率时对应的应力。规定残余延伸强度用符号 R 并加角标 r 和规定残余伸长率表示。例如，$R_{r0.2}$ 表示规定残余伸长率为 0.2% 时的应力，并将此值作为没有产生明显屈服现象时金属材料的屈服强度（或条件屈服强度）。

金属零件及其结构件在工作过程中一般不允许产生塑性变形，因此，设计零件和结构件时，屈服强度是工程技术上重要的力学性能指标之一，也是大多数机械零件和结构件选材和设计的依据。

3. 抗拉强度

抗拉强度是指拉伸试样拉断前承受的最大标称拉应力。抗拉强度用符号 R_m 表示，

单位为 N/mm^2 或 MPa。R_m 可用下式计算：

$$R_m = F_m/S_0$$

式中：F_m ——拉伸试样承受的最大载荷，N；

　　　S_0 ——拉伸试样原始横截面积，mm^2。

R_m 是表征金属材料由均匀塑性变形向局部集中塑性变形过渡的临界值，也是表征金属材料在静拉伸条件下最大承载能力。对于塑性金属材料来说，拉伸试样在承受最大拉应力 R_m 之前，变形是均匀一致的。但超过 R_m 后，金属材料开始出现缩颈现象，即产生集中变形。

二、塑性指标

塑性是指金属材料在断裂前发生不可逆永久变形的能力。金属材料的塑性可以用拉伸试样断裂时的最大相对变形量来表示。工程上广泛使用的表征材料塑性大小的主要指标是断后伸长率和断面收缩率。

（1）断后伸长率。拉伸试样在进行拉伸试验时，在力的作用下产生塑性变形，原始试样中的标距会不断地伸长。试样拉断后的标距伸长量与原始标距的百分比称为断后伸长率，用符号 A 或 $A_{11.3}$ 表示。A 或 $A_{11.3}$ 可用下式计算：

$$A \text{ 或 } A_{11.3} = (L_U - L_0)/L_0 \times 100\%$$

式中：L_U ——拉断拉伸试样对接后测出的标距长度，mm；

　　　L_0 ——拉伸试样原始标距长度，mm。

由于圆形横截面比例试样分为长拉伸试样和短拉伸试样，其中使用长拉伸试样测定的断后伸长率用符号 $A_{11.3}$ 表示，使用短拉伸试样测定的断后伸长率用符号 A 表示。同一种金属材料的断后伸长率 A 或 $A_{11.3}$ 数值是不相等的，因而不能直接用 A 和 $A_{11.3}$ 进行比较。一般短拉伸试样的 A 值大于长拉伸试样的 $A_{11.3}$。

（2）断面收缩率。断面收缩率是指圆形横截面比例试样拉断后缩颈处横截面积的最大缩减量与原始横截面积的百分比。断面收缩率用符号 Z 表示。Z 值可用下式计算：

$$Z = (S_0 - S_U)/S_0 \times 100\%$$

式中：S_0 ——拉伸试样原始横截面积，mm^2；

　　　S_U ——拉伸试样断口处的横截面积，mm^2。

金属材料的塑性大小，对零件的加工和使用具有重要的实际意义。塑性好的金属材料不仅能顺利地进行锻压、轧制等成型工艺，而且在使用过程中如果发生超载，则由于塑性变形，可以避免或缓冲突然断裂。所以，大多数机械零件除要求具有较高的强度外，还须有一定的塑性。对于铸铁、陶瓷等脆性材料，由于塑性较低，拉伸时几乎不产生明显的塑性变形，超载时会突然断裂，使用过程中必须注意。

目前金属材料室温拉伸试验方法推广采用 GB/T 228—2010 新标准，本教材所涉及的力学性能数据尽量采用新标准。原有的采用旧标准 GB/T 228—1987 进行测定和标注的金属材料力学性能数据仍可沿用。关于金属材料强度与塑性的新、旧标准名词和符号对照见表 1-1。

表 1-1　金属材料强度与塑性的新、旧标准名词和符号对照

GB/T 228—2010 新标准		GB/T 228—1987 旧标准	
名　词	符　号	名　词	符　号
断面收缩率	Z	断面收缩率	ϕ
断后伸长率	A 和 $A_{11.3}$	断后伸长率	δ_5 和 δ_{10}
屈服强度	—	屈服点	σ_s
上屈服强度	R_{eH}	上屈服点	σ_{sU}
下屈服强度	R_{eL}	下屈服点	σ_{sL}
规定残余延伸强度	R_r，如 $R_{r0.2}$	规定残余延伸应力	σ_r，如 $\sigma_{r0.2}$
抗拉强度	R_m	抗拉强度	σ_b

模块三　金属材料的硬度

硬度是金属材料抵抗外物压入的能力。它直接反映金属材料的软硬程度,也反映金属材料的耐磨性和切削加工性。常用的硬度表示方法有布氏硬度(HBW)、洛氏硬度(HRA、HRB、HRC 等)和维氏硬度(HV)。

一、布氏硬度

目前,金属布氏硬度试验方法执行 GB/T 231.1—2009 标准,用符号 HBW 表示,本标准规定的布氏硬度试验范围上限为 650HBW。布氏硬度是用一定直径的硬质合金球,以相应的试验力压入试样表面,经规定的保持时间后,卸除试验力,测量试样表面的压痕直径 D,然后根据压痕直径 D 计算其硬度值的方法,如图 1-7 所示。布氏硬度值是用球面压痕单位表面积上所承受的平均压力表示的。试验时只要测量出压痕直径 D(mm),可通过查布氏硬度表得出 HBW 值。

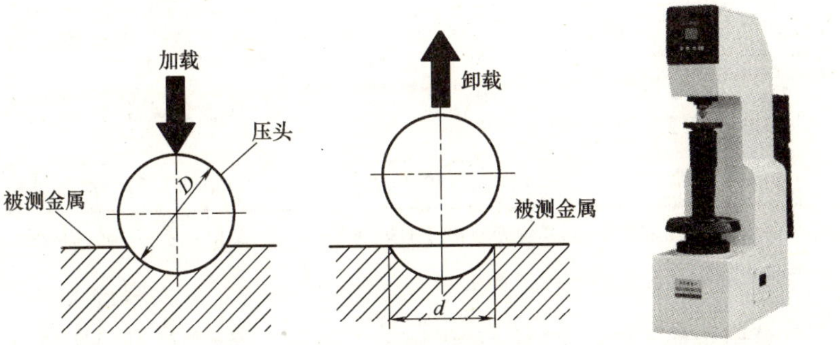

(a) 压头压入试样　　　　(b) 卸载后残留压痕　　　　(c) 布氏硬度计

图 1-7　布氏硬度试验原理图及设备

布氏硬度值标注在硬度符号"HBW"前面。除了保持时间是 10～15s 的试验条件外,在其他条件下测得的硬度值,均应在符号"HBW"后面用相应的数字写明压头直径、试验

力大小和试验力保持时间,如 250HBW10/1000/30 表示用直径 $D=10$mm 的硬质合金球,在 1000kgf(9.807kN)试验力作用下,保持 30s 测得的布氏硬度值是 250;420HBW5/750 表示用直径 $D=5$mm 的硬质合金球,在 750kgf(7.355kN)试验力作用下保持 10~15s 测得的布氏硬度值是 420。

布氏硬度反映的硬度值比较准确,数据重复性强。但由于其压痕较大,对金属材料表面的损伤较大,因此,不宜测定太小或太薄的试样。通常布氏硬度适合于测定非铁金属、铸铁及经退火、正火、调质处理后的各类钢材。

二、洛氏硬度

目前,金属洛氏硬度试验方法执行 GB/T 230.1—2009 标准。洛氏硬度是以锥角为120°的金刚石圆锥体或直径为 1.5875mm 的球(淬火钢球或硬质合金球),压入试样表面,如图 1-8 所示。根据试样残余压痕深度增量来衡量试样的硬度大小。残余压痕深度 h 增量小,金属材料的硬度高。

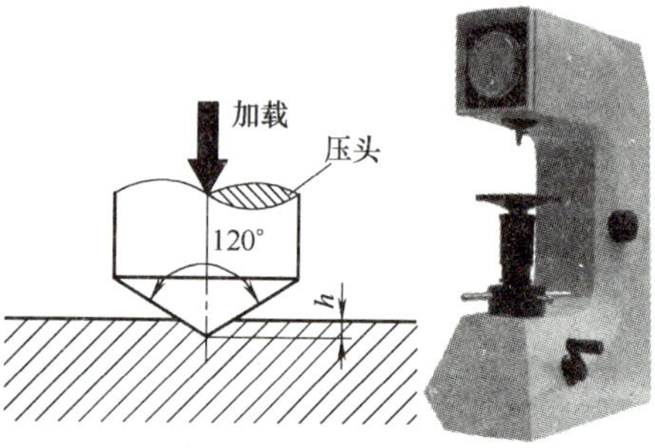

(a) 压头压入试样　　(b) 洛氏硬度计

图 1-8　洛氏硬度试验原理图及设备

洛氏硬度计采用不同的压头和载荷,并对应不同的硬度标尺,每种标尺由一个专用字母表示,标注在符号"HR"后面,如 HRA、HRB、HRC 等(见表 1-2)。不同标尺的洛氏硬度值彼此之间没有直接的换算关系。测定的硬度数值写在符号"HR"的前面,符号"HR"后面写使用的标尺,如 45HRC 表示用"C"标尺测定的洛氏硬度值为 45。

表 1-2　常用洛氏硬度的试验条件、硬度测试范围和应用举例

硬度符号	压头材料	总试验力 F/(N/kgf)	硬度测试范围	应用举例
HRA	120°金刚石圆锥	588.4/60	20~88	硬质合金、碳化物、浅层表面硬化钢
HRB	ϕ1.5875mm 的淬火钢球或硬质合金球	980.7/100	20~100	非铁金属、铸铁、经退火或正火的钢
HRC	120°金刚石圆锥	1471.0/150	20~70	淬火钢、调质钢、深层表面硬化钢

注:采用淬火钢球压头测定的硬度值,需在硬度符号 HRB 后面加"S";采用硬质合金球压头测定的硬度值,需在硬度符号 HRB 后面加"W"。

洛氏硬度试验操作简便,压痕小,对试样表面损伤小,硬度值可以直接从试验机上显示出来。但是,由于压痕小,硬度值的准确性不如布氏硬度高,数据的重复性较差。因此,在测试洛氏硬度时,需要至少测取三个不同位置的硬度值,然后再计算这三点硬度的平均值作为被测材料的硬度值。洛氏硬度主要用于直接检验成品或半成品的硬度,特别适合检验经过淬火的零件。

三、维氏硬度

维氏硬度是用正四棱锥形压痕单位表面积上承受的平均压力表示的硬度值。它是以面夹角为 136° 的正四棱锥体金刚石为压头(见图 1-9),在规定的试验力 F(49.03～980.7N)作用下,压入试样表面,经规定保持时间后,卸除试验力,则试样表面上压出一个正四棱锥形的压痕,测量压痕两对角线(d_1 和 d_2)的平均长度,查 GB 4340.4—2009 就可得出维氏硬度值。

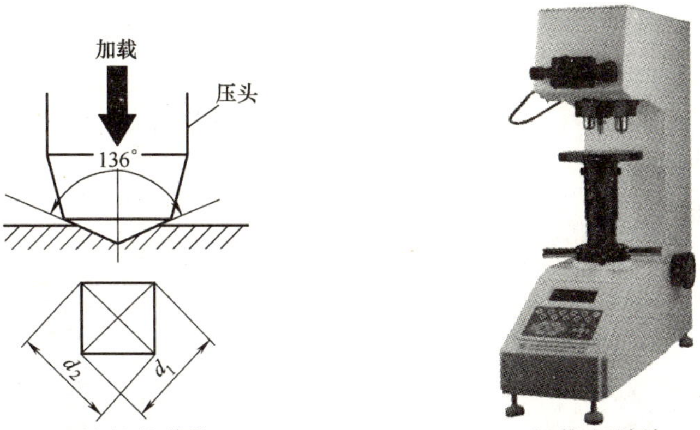

(a) 压头压入试样   (b) 维氏硬度计

图 1-9　维氏硬度试验原理图及设备

维氏硬度测量范围为 5～1000HV,用符号"HV"表示,硬度数值写在符号"HV"的前面,试验条件写在符号"HV"的后面。对于钢和铸铁若试验力保持时间是 10～15s 时,可以不标出试验力保持时间。例如,550HV30 表示用 30kgf(294.2N)的试验力,保持 10～15s 测定的维氏硬度值是 550;550HV30/20 表示用 30kgf(294.2N)的试验力,保持 20s 测定的维氏硬度值是 550。

维氏硬度适用范围宽,从软材料到硬材料都可以进行测量,它主要用于材料研究领域,也适用于零件表面层硬度的测量,测量结果精确、可靠。但进行维氏硬度测试时,对试样表面的质量要求高,测量效率较低,因此,维氏硬度没有洛氏硬度使用方便。

总之,硬度是一项综合力学性能指标,它可以反映出材料的强度和塑性。在工程技术和机械生产方面,常在零件图上标注出相应的硬度指标,并作为零件生产和验收的主要依据之一。一般来说,材料的硬度值越高,零件的耐磨性也越高。

模块四　金属材料的韧性

韧性是金属材料在断裂前吸收变形能量的能力。部分零件工作时受到的力是冲击载荷,如锻锤锤杆、钢钎、冲压模具、曲轴、冲床连杆等,这些零件除要求具备足够的强度、塑性、硬度外,还应具有足够的韧性。金属材料的韧性大小通常采用吸收能量 K(单位是焦耳J)来衡量。测定金属材料的吸收能量 K 可采用 GB/T 229—2007 金属材料夏比摆锤冲击试验方法进行测定。

一、夏比摆锤冲击试样

夏比摆锤冲击试样主要有 V 形缺口试样和 U 形缺口试样两种。带 V 形缺口的试样,称为夏比 V 形缺口试样;带 U 形缺口的试样,称为夏比 U 形缺口试样。

二、夏比摆锤冲击试验方法

夏比摆锤冲击试验方法是在摆锤式冲击试验机上进行的,如图 1-10 所示。试验时,将带有缺口的标准试样安置在冲击试验机的机架上,使试样的缺口位于两支座中间,并背向摆锤的冲击方向。将一定质量的摆锤升高到规定高度 H_1,则摆锤具有势能 A_{KV1}(V 形缺口试样)或 A_{KU1}(U 形缺口试样)。当摆锤落下将试样冲断后,摆锤继续向前升高到 H_2,此时摆锤的剩余势能是 A_{KV2} 或 A_{KU2}。则冲击试样的吸收能量 K 就等于摆锤冲断试样过程中所失去的势能。

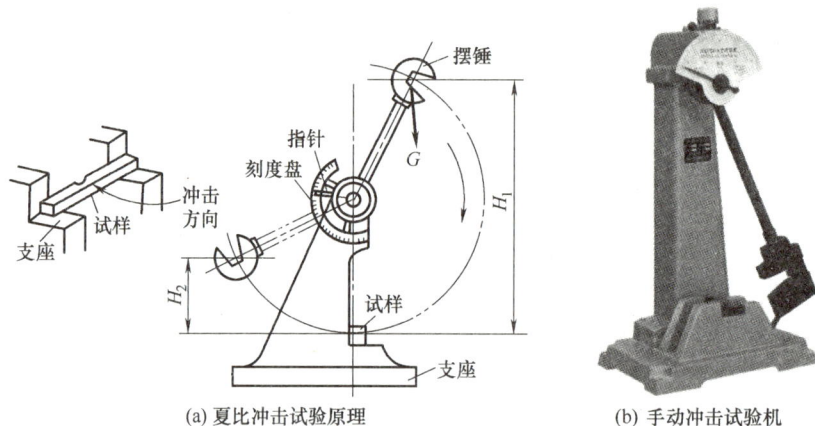

(a) 夏比冲击试验原理   (b) 手动冲击试验机

图 1-10   夏比冲击试验原理及设备

如果是 V 形缺口试样: KV_2 或 $KV_8 = A_{KV1} - A_{KV2}$

如果是 U 形缺口试样: KU_2 或 $KU_8 = A_{KU1} - A_{KU2}$

KV_2 或 KU_2 表示用刀刃半径是 2mm 的摆锤测定的吸收能量。

KV_8 或 KU_8 表示用刀刃半径是 8mm 的摆锤测定的吸收能量。

吸收能量 KV_2 或 KV_8(KU_2 或 KU_8)可以从试验机的刻度盘上直接读出。它是表征金属材料韧性的重要指标。显然,吸收能量大,表示金属材料抵抗冲击试验力而不破坏的能力越强,即韧性越好。

冲击载荷比静载荷的破坏性要大得多,因此,对于承受冲击载荷的金属零件,需要对金属材料的韧性进行测量。另外,吸收能量 K 对组织缺陷非常敏感,它可灵敏地反映出金属材料的质量、宏观缺口和显微组织的差异,能有效地检验金属材料在冶炼、成型加工、热处理工艺等方面的质量。

三、冲击吸收能量与温度的关系

冲击吸收能量对温度非常敏感。有些金属材料在室温时可能并不显示脆性,但在较低温度下,则可能发生脆断。如图 1-11 所示,在进行不同温度的一系列冲击试验时,随试验温度的降低,冲击吸收能量总的变化趋势是随着温度的降低而降低。当温度降至某一数值时,冲击吸收能量急剧下降,金属材料由韧性断裂变为脆性断裂,这种现象称为冷脆转变。金属材料在一系列不同温度的冲击试验中,冲击吸收能量急剧变化或断口韧性急剧转变的温度区域,称为韧脆转变温度。金

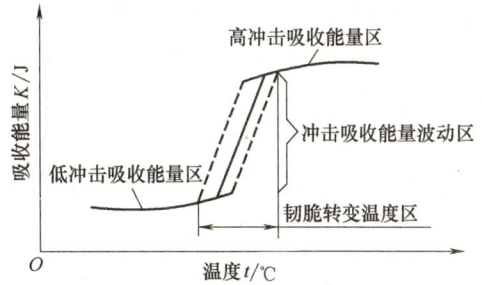

图 1-11 吸收能量-温度曲线

属材料的韧脆转变温度越低,说明金属材料的低温抗冲击性越好。非合金钢的韧脆转变温度约为−20℃,因此,在非常寒冷(室外温度低于−20℃)的地区使用非合金钢构件(如钢轨、车辆、桥梁、运输管道、电力铁塔等)时,易发生脆断现象。所以,在选用金属材料时,一定要考虑金属材料服役条件的最低环境温度必须高于金属材料的韧脆转变温度。

模块五 金属材料的疲劳现象及疲劳强度

一、疲劳现象

金属零件在循环应力作用下,在一处或几处产生局部永久性累积损伤,经一定循环次数后产生裂纹或突然发生完全断裂的过程,称为疲劳(或称疲劳断裂)。

轴、齿轮、连杆、弹簧等金属零件是在循环应力作用下工作的。循环应力是指应力的大小、方向,都随时间发生周期性变化的应力。常见的循环应力是对称循环应力,其最大值 σ_{max} 和最小值 σ_{min} 的绝对值相等,即 $\sigma_{max}/\sigma_{min}=-1$,如图 1-12 所示。

金属发生疲劳断裂的主要特征是:第一,零件工作时承受的实际循环应力值通常低于制作金属材料的屈服强度或规定残余延伸强度,但是零件在这种循环应力作用下,经过一定时间的工作后会发生突然断裂。第二,金属材料疲劳断裂时不产生明显的塑性变形,断裂是突然发生的。第三,疲劳断裂首先是在零件的应力集中区产生,先形成微小的裂纹核心,即微裂源。随后在循环应力作用下,微小裂纹不断扩展长大,形成扩展区。由于微小裂纹不断扩展,使零件的有效工作面逐渐减小,因此,零件所受应力不断增加,当应力超过金属材料的断裂强度时,则突然发生疲劳断裂,形成最后的瞬断区。因此,金属材料的疲劳断裂断口一般由微裂源、扩展区和瞬断区三部分组成,如图 1-13 所示。

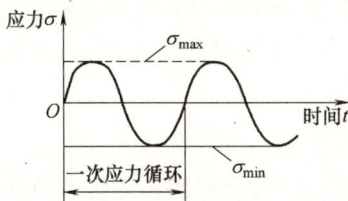

图 1-12 对称循环应力

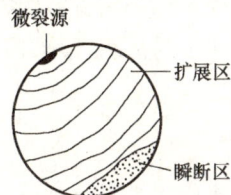

图 1-13 疲劳断口示意图

疲劳断裂的危害很大,常常会造成严重事故。据统计,大部分零件的损坏是因疲劳造成的。因此,研究疲劳现象对于正确使用金属材料,合理设计机械构件具有重要意义。

二、疲劳强度

金属材料所受循环应力 σ 与循环次数 N 之间的关系,可用 σ-N 曲线表示,如图 1-14

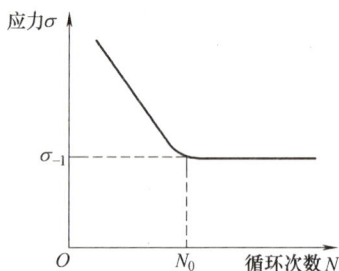

图 1-14　σ-N 曲线

所示。由图可见,当金属材料所受循环应力 σ 低于某一数值时,曲线与横坐标几乎平行,表示金属材料可经受无限多次循环应力作用而不断裂,这一应力值称为金属材料的疲劳强度。由于零件不可能承受无限次数的循环应力作用,因此在工程实践中,一般是求疲劳极限,即对应于指定的循环基数 N_0 下的中值疲劳强度。对于钢铁材料其循环基数 $N_0 = 10^7$,对于非铁金属其循环基数 $N_0 = 10^8$。如果金属构件所受应力是对称循环应力,则其疲劳强度用符号 σ_{-1} 表示。如果金属构件所受应力是脉动循环应力($\sigma_{min} = 0, \sigma > 0$),则其疲劳强度用符号 σ_0 表示。

研究表明:疲劳断裂一般是由金属材料内部的气孔、疏松、夹杂、表面划痕、缺口、应力集中等引起的。因此,改善金属材料的内部组织,减小应力集中,减小零件表面粗糙度值等,可提高零件的疲劳强度。例如,零件表面进行表面强化(如喷丸、滚压、内孔挤压、表面淬火、表面化学热处理等)可改变零件表层的残余应力分布状态,从而提高零件的疲劳强度。

模块六　金属材料的物理性能、化学性能及工艺性能

一、金属材料的物理性能

金属材料的物理性能是指金属材料在重力、电磁场、热力(温度)等物理因素作用下,表现出的性能或固有的属性。物理性能包括密度、熔点、导热性、导电性、热膨胀性和磁性等。

1. 密度

金属材料的密度是指在一定温度下单位体积金属的质量。密度是金属材料的特性之一。不同的金属材料密度是不同的。在体积相同的情况下,金属材料的密度越大,其质量(重量)也就越大。金属材料的密度直接关系到由它所制造设备的自重,如发动机要求采用质轻和惯性小的活塞,常采用密度小的铝合金制造。在航空航天领域,密度是选材的关键性能指标之一。

2. 熔点

金属材料从固态向液态转变时的温度称为熔点。纯金属都有固定的熔点。合金的熔点取决于它的化学成分,如钢和生铁虽然都是铁和碳的合金,但由于其含碳量不同,其熔

点则不同。熔点是金属和合金的冶炼、铸造、焊接等重要的工艺参数。熔点高的金属可以用来制造耐高温零件,它们在火箭、导弹、燃气轮机和喷气飞机等方面有广泛的应用。熔点低的金属可以用来制造印刷铅字(铅与锑的合金)、熔断器(铅、锡、铋、镉的合金)、焊接钎料和防火安全阀等零件。

3. 导热性

金属材料传导热量的能力称为导热性。金属材料导热能力的大小常用热导率(亦称导热系数)λ 表示。金属材料的热导率越大,说明其导热性越好。一般来说,金属材料越纯,其导热能力越好。合金的导热能力比纯金属差。金属材料的导热能力以银为最好,铜、铝次之。

导热性好的金属材料其散热性也良好,如在制造散热器、热交换器与活塞等零件时,就要注意选用导热性好的金属材料。在制定焊接、铸造、锻造和热处理工艺时,也必须考虑金属材料的导热性,防止金属材料在加热或冷却过程中形成较大的内应力,以免金属材料发生变形或开裂。

4. 导电性

金属材料能够传导电流的性能称为导电性。金属材料导电性的好坏,常用电阻率 ρ 表示。电阻率越小,金属材料的导电性就越好。导电性和导热性一样,纯金属的导电性总比合金好。工业上常用纯铜、纯铝制作导电材料,而用导电性差的铜合金(如康铜)和铁铬铝合金制作电热元件。

5. 热膨胀性

金属材料随着温度变化而膨胀或收缩的特性称为热膨胀性。一般来说,金属材料受热时膨胀而且体积增大,冷却时收缩而且体积缩小。热膨胀性的大小用线胀系数 α_1 和体胀系数 α_v 来表示。

体胀系数约为线胀系数的 3 倍。在实际工作中考虑热膨胀性的地方颇多,如铺设钢轨时,在两根钢轨衔接处应留有一定的空隙,以便钢轨在长度方向有膨胀的余地;轴与轴瓦之间要根据膨胀系数来控制其间隙尺寸;在制定焊接、热处理、铸造和锻压工艺时必须考虑材料的热膨胀影响,做到减少工件的变形与开裂;测量工件的尺寸时也要注意热膨胀因素,做到减少测量误差。

6. 磁性

金属材料在磁场中被磁化而呈现磁性强弱的性能称为磁性。通常用磁导率 μ(H/m)表示。根据金属材料在磁场中受到磁化程度的不同,金属材料可分为铁磁性材料、顺磁性材料和抗磁性材料。

(1)铁磁性材料。在外加磁场中,能强烈地被磁化到很大程度的金属材料,如铁、镍、钴等。铁磁性材料当温度升高到某一温度时,就会失去磁性,变为顺磁体,这个转变温度称为居里点,如铁的居里点是 770℃。

(2)顺磁性材料。在外加磁场中呈现十分微弱磁性的金属材料,如钼、铝、铂、锡、锰、铬等。

(3)抗磁性材料。能够抗拒或减弱外加磁场磁化作用的金属材料,如金、银、铜、铅、锌等。

在铁磁性材料中,铁及其合金(包括钢与铸铁)具有明显磁性。镍和钴也具有磁性,但远不如铁。铁磁性材料可用于制造变压器的铁心、发动机的转子、测量仪表等;抗磁性材料则可用作要求避免电磁场干扰的零件和结构材料。

二、金属材料的化学性能

金属材料的化学性能是指金属材料在室温或高温时抵抗各种化学介质作用所表现出来的性能。化学性能包括耐腐蚀性、抗氧化性和抗热性等。金属材料在机械制造中,不但要满足力学性能、物理性能等要求,同时还要具有一定的化学性能,尤其是要求耐腐蚀、耐高温的机械零件更应重视金属材料的化学性能。

1. 耐腐蚀性

金属材料在常温下抵抗氧、水及其他化学介质腐蚀破坏作用的能力称为耐腐蚀性。金属材料的耐腐蚀性是一个重要的性能指标,尤其对在腐蚀介质(如酸、碱、盐、有毒气体等)中工作的零件,其腐蚀现象比在空气中更为严重。因此,在选择金属材料制造这些零件时,应特别注意金属材料的耐腐蚀性,并合理使用耐腐蚀性能良好的金属材料进行制造。耐候钢、铜及铜合金、铝及铝合金等在室温条件下能耐大气腐蚀,一般都具有良好的耐腐蚀性。

2. 抗氧化性

金属材料在加热时抵抗氧化作用的能力称为抗氧化性。金属材料的氧化随着温度的升高而加速,如钢材在铸造、锻造、热处理、焊接等热加工作业时,氧化比较严重。氧化不仅造成材料过量损耗,也会形成各种缺陷,为此常采取措施,避免金属材料发生氧化。耐热钢、高温合金、钛合金等都具有良好的高温抗氧化性。制造热作模具的材料就需要具有较好的抗氧化性。

3. 抗热性

金属材料的抗热性包括热稳定性和耐回火性两个方面。

热稳定性是指金属材料在高温下的化学稳定性,即金属材料在受热过程中保持金相组织和性能的能力。例如,锅炉、加热设备、汽轮机、喷气发动机等设备上的零件需要选择热稳定性好的材料来制造。通常钢的热稳定性采用钢在回火时保温 4h,当硬度达到 45HRC 时的最高加热温度来表示,该方法与钢在回火前的原始硬度有关。

耐回火性是指金属材料随回火温度的升高,其强度和硬度下降快慢的程度,也称为回火抗力或回火软化能力。钢的耐回火性通常以钢的回火温度-硬度曲线来表示,如果硬度下降慢则表示钢的耐回火性高或回火抗力大。

三、金属材料的工艺性能

金属材料的工艺性能直接影响到制造零件的加工质量、生产效率和加工成本,同时也是选择金属材料时必须考虑的重要因素之一。例如,在模具制造的总成本中,特别是小型精密模具,模具钢的费用仅占总成本的 10%～20%,有时会更低。而机械加工、热加工、表面处理、装配和管理费用等则要占总成本的 80％以上。所以,模具钢的工艺性能就成为影响模具制造成本的一个重要因素,也是提高模具质量和使用寿命的关键因素。金属材料的工艺性能主要有铸造性能、压力加工性能、焊接性能、冷加工工艺性能、热处理工艺性能等。

1. 铸造性能

金属材料在铸造成型过程中获得外形准确、内部健全铸件的能力称为铸造性能。铸造性能包括流动性、吸气性、收缩性和偏析等。流动性是指金属液本身的流动能力。收缩性是金属材料从液态凝固和冷却至室温过程中产生的体积和尺寸的缩减现象。金属材料的流动性越好,收缩率越小,表明金属材料的铸造性能越好。在金属材料中灰铸铁和青铜的铸造性能较好。

2. 压力加工性能

金属材料利用压力加工方法塑造成型的难易程度称为压力加工性能。压力加工性能的好坏主要同金属材料的塑性和变形抗力有关。金属材料的塑性越好,变形抗力越小,金属材料的压力加工性能越好。例如,加工黄铜和变形铝合金在室温状态下就有良好的压力加工性能;非合金钢在加热状态下压力加工性能较好;而铸铜、铸铝、铸铁等几乎不能进行压力加工。

3. 焊接性能

焊接性能是指金属材料在限定的施工条件下焊接成按规定设计要求的构件,并满足预定服役要求的能力。焊接性能好的金属材料能获得没有裂缝、气孔等缺陷的焊缝,并且焊接接头具有良好的力学性能。钢的焊接性能主要取决于碳及合金元素的含量,其中影响最大的是碳元素。低碳钢具有良好的焊接性能,而高碳钢、不锈钢、铸铁的焊接性能则较差。

4. 冷加工工艺性能

冷加工工艺性能是指金属材料在冷加工时的难易程度,它主要包括切削、磨削、抛光、冷挤压和冷拉等工艺性能。例如,模具制品一般都要求很高的表面质量、低的表面粗糙度值和很高的精度,因此,模具钢需要较好的切削加工性能和抛光性能等。

5. 热处理工艺性能

热处理工艺性能是指金属材料在热处理过程中获得质量稳定的工件的难易程度。热处理工艺性能的优劣对模具的质量有较大的影响,它要求金属材料在热处理过程中变形小、淬火温度范围宽、过热敏感性小、晶粒长大倾向小、脱碳敏感性低、淬火开裂倾向低等。对钢来说,还要求具有足够的淬硬性和淬透性。

请扫描二维码,了解关于金属力学性能测试技术的相关内容。

文件类型:DOC

文件大小:60KB

练 习 题

一、填空题

1. 金属材料的性能包括_____性能和_____性能。

2. 使用性能包括_____性能、_____性能和_____性能。

3. 根据载荷对杆件变形的作用,可将载荷分为_____载荷、压缩载荷、_____载荷、剪切载荷和扭转载荷等。

4. 金属材料的强度指标主要有_____、_____、_____等。

5. 工程上广泛使用的表征材料塑性大小的主要指标是断后_____率和断面_____率。

6. 常用的硬度表示方法有_____氏硬度、_____氏硬度和_____氏硬度。

7. 在测试洛氏硬度时,需要至少测取_____个不同位置的硬度值,然后再计算这_____点硬度的平均值作为被测材料的硬度值。

8. 夏比摆锤冲击试样有_____形缺口试样和_____形缺口试样两种。

9. 金属材料的疲劳断裂断口一般由_____、_____和_____组成。

10. 物理性能包括密度、_____、_____性、导电性、热膨胀性和磁性等。

11. 化学性能包括耐腐蚀性、_____性和_____性等。

12. 金属材料的工艺性能主要有铸造性能、_____性能、_____性能、冷加工工艺性能、热处理工艺性能等。

二、判断题

1. 金属受外力作用后导致金属内部之间相互作用的力,称为内力。 （ ）

2. 弹性变形会随载荷的去除而消失。 （ ）

3. 所有金属材料在拉伸试验时都会出现显著的屈服现象。 （ ）

4. 同一种金属材料的断后伸长率的 A 和 $A_{11.3}$ 数值是相等的。 （ ）

5. 测定金属的布氏硬度时,当试验条件相同时,压痕直径越小,则金属的硬度越低。

（ ）

6. 洛氏硬度值是根据压头压入被测金属材料的残余压痕深度增量来确定的。

（ ）

7. 吸收能量 K 对温度不敏感。 （ ）

8. 金属材料疲劳断裂时不产生明显的塑性变形,断裂是突然发生的。 （ ）

9. 疲劳断裂一般是由金属材料内部的气孔、疏松、夹杂、表面划痕、缺口、应力集中等引起的。 （ ）

10. 在金属材料中灰铸铁和青铜的铸造性能较好。 （ ）

三、简答题

1. 退火低碳钢试样从开始拉伸到断裂要经过几个阶段?

2. 采用布氏硬度试验测取金属材料的硬度值有哪些优点和缺点？

3. 吸收能量与温度之间有何关系？

4. 金属发生疲劳断裂的主要特征有哪些？

四、课外调研活动

1. 观察你周围的工具、器皿和零件等，分析其性能（使用性能和工艺性能）有哪些要求？

2. 列表分析屈服强度、硬度、吸收能量、疲劳强度等力学性能指标主要应用在哪些场合？

单元二

常用金属材料

教学目标

第一，了解金属材料的分类和牌号的命名方法；第二，了解典型金属材料的性能特点和应用范围，了解典型金属材料的加工工艺过程；第三，了解部分金属材料在典型零件生产中的应用，初步具有选材和加工工艺方面的感性经验。

常用金属材料主要包括钢、铸铁、铝及铝合金、铜及铜合金、钛及钛合金等。了解金属材料方面的相关知识，对于从事机械装备制造、工程建设及国防建设等方面的人员来说具有重要指导意义。

模块一 钢 材

钢材按化学成分可分为非合金钢、低合金钢和合金钢三大类。其中非合金钢是指以铁为主要元素，碳的质量分数一般在 2.11% 以下并含有少量其他元素的钢铁材料。为了改善钢的某些性能或使之具有某些特殊性能（如耐腐蚀性、抗氧化性、耐磨性、热硬性、高淬透性等），在炼钢时有意加入的元素，称为合金元素。含有一种或数种有意添加的合金元素的钢，称为合金钢。

一、非合金钢的分类、牌号及用途

1. 非合金钢的分类

非合金钢分类方法有多种，常用的分类方法有以下几种。

（1）按非合金钢的碳的质量分数分类。非合金钢按其碳的质量分数高低进行分类，可分为低碳钢、中碳钢和高碳钢三类(见表 2-1)。

表 2-1 低碳钢、中碳钢和高碳钢的定义和典型牌号

名称	定　义	典型牌号
低碳钢	是指碳的质量分数 $w_C < 0.25\%$ 的钢铁材料	08 钢、10 钢、15 钢、20 钢等
中碳钢	是指碳的质量分数 $w_C = 0.25\% \sim 0.60\%$ 的钢铁材料	35 钢、40 钢、45 钢、50 钢、55 钢等
高碳钢	是指碳的质量分数 $w_C > 0.60\%$ 的钢铁材料	65 钢、70 钢、75 钢、80 钢、85 钢等

(2) 按非合金钢主要质量等级和主要性能或使用特性分类。非合金钢按其主要质量等级进行分类,可分为普通质量非合金钢、优质非合金钢和特殊质量非合金钢三类(见表 2-2)。

表 2-2 普通质量非合金钢、优质非合金钢和特殊质量非合金钢的定义和典型牌号

名称	定　义	典型牌号
普通质量非合金钢	是指对生产过程中不规定需要特别控制质量的非合金钢	Q195、Q215A、Q215B、Q235A、Q235B、Q235C、Q235D、Q275A、Q275B、Q275C、Q275D 等
优质非合金钢	是指生产过程中需要特别控制质量,以达到比普通质量非合金钢特殊的质量要求的非合金钢。但这种钢的生产控制和质量要求不如特殊质量非合金钢严格	08 钢、10 钢、15 钢、20 钢、25 钢、30 钢、35 钢、40 钢、45 钢、50 钢、55 钢、65 钢、70 钢、75 钢、80 钢、85 钢等
特殊质量非合金钢	是指在生产过程中需要特别严格控制质量和性能(如控制淬透性和纯洁度)的非合金钢	T7、T7A、T8、T8A、T9、T10、T10A、T12、T12A 等

(3) 按非合金钢的用途分类。非合金钢按其用途进行分类,可分为碳素结构钢和碳素工具钢。

碳素结构钢主要用于制造各种机械零件和工程结构件,其碳的质量分数一般都小于 0.70%。此类钢常用于制造齿轮、轴、螺母、弹簧、连杆等机械零件,用于制作桥梁、船舶、建筑等工程结构件。

碳素工具钢主要用于制造工具,如制作刃具、模具、量具等,其碳的质量分数一般都大于 0.70%。

(4) 非合金钢的其他分类方法。非合金钢还可以从其他角度进行分类,如按专业进行分类,可分为锅炉用钢、桥梁用钢、矿用钢、造船用钢、铁道用钢、汽车用钢、建筑结构用钢等;按冶炼方法等进行分类,可分为氧气转炉钢、电弧炉钢等。

2. 碳素结构钢的牌号及用途

碳素结构钢是非合金钢中应用最多的钢种之一,其牌号由屈服强度字母、屈服强度数值、质量等级符号、脱氧方法四部分按顺序组成。碳素结构钢的质量等级分 A、B、C、D 四级,从左至右质量依次提高。屈服强度用"屈"的汉语拼音字母"Q"和一组数字表示;脱氧方法用 F、Z、TZ 分别表示沸腾钢、镇静钢、特殊镇静钢。在牌号中"Z"可以省略。例如，Q235-BF，表示屈服强度大于 235MPa，质量为 B 级的沸腾碳素结构钢。碳素结构钢（GB/T 700—2006）的牌号、化学成分、力学性能及用途见表 2-3。

表 2-3 碳素结构钢的牌号、化学成分和力学性能（板材厚度≤16mm）

牌号	质量等级	w_C/%	R_{eH}/MPa	R_m/MPa	A/%	脱氧方法
Q195	—	≤0.12	≥(195)	315～430	≥33	F、Z
Q215A	A	≤0.15	≥215	335～450	≥31	F、Z
Q215B	B	≤0.15	≥215	335～450	≥31	F、Z
Q235A	A	≤0.22	≥235	375～500	≥26	F、Z
Q235B	B	≤0.20	≥235	375～500	≥26	F、Z
Q235C	C	≤0.17	≥235	375～500	≥26	F、Z
Q235D	D	≤0.17	≥235	375～500	≥26	TZ
Q275A	A	≤0.24	≥275	410～540	≥22	F、Z
Q275B	B	≤0.22	≥275	410～540	≥22	Z
Q275C	C	≤0.20	≥275	410～540	≥22	Z
Q275D	D	≤0.20	≥275	410～540	≥22	TZ

注：A、B 级钢属于一般用途碳素结构钢，相当于普通质量碳素钢；C、D 级钢属于工程结构用碳素钢，相当于优质碳素结构钢。

Q195 系列和 Q215 系列碳素结构钢的塑性好，常用于制作薄板、线材、焊接钢管（图 2-1）、铁钉、铆钉、垫圈、地脚螺栓、冲压件等；Q235 系列的碳素结构钢常用于制作薄板、中板、型材、钢筋、钢管、铆钉、螺栓、连杆、销（见图 2-2）、小轴、法兰盘、机壳、桥梁与建筑结构件、焊接结构件等；Q275 系列的碳素结构钢强度较高，常用于制作要求高强度的拉杆、连杆、键、轴、销钉等。

图 2-1 焊接钢管

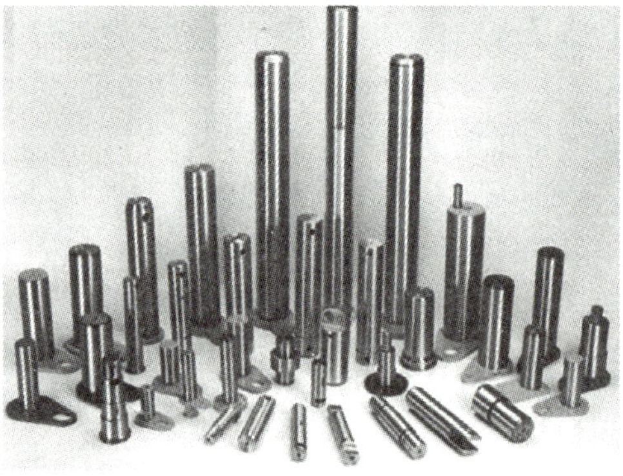

图 2-2 销

3. 优质碳素结构钢的牌号及用途

优质碳素结构钢是优质非合金钢中应用最多的钢种之一，其牌号采用两位数字表示，两位数字表示该钢的平均碳的质量分数的万分之几（以 0.01％为单位），如 35 钢表示平均碳的质量分数 $w_C=0.35\%$ 的优质碳素结构钢；08 表示平均碳的质量分数 $w_C=0.08\%$ 的优质碳素结构钢。如果是沸腾钢或半镇静钢，则在数字后分别加"F"或"b"，如"08F"或"08b"等。

优质碳素结构钢主要有 08F 钢或 08 钢、10F 钢或 10 钢、15 钢、20 钢、25 钢、30 钢、35 钢、40 钢、45 钢、50 钢、55 钢、60 钢、65 钢、70 钢、75 钢、80 钢和 85 钢等。它们可分别归属于冷冲压钢、渗碳钢、调质钢和弹簧钢。

（1）冷冲压钢。冷冲压钢主要有 08 钢、10 钢和 15 钢等，其含碳量低，塑性好，强度低，焊接性能好，主要用于制作薄板、冷冲压零件和焊接件。

（2）渗碳钢。渗碳钢主要有 15 钢、20 钢、25 钢等，其强度较低，塑性和韧性较高，冷冲压性能和焊接性能好，可以制造各种受力不大但要求高韧性的零件，如焊接容器与焊接件、螺钉、杆件、轴套、冷冲压件等。这类钢经渗碳淬火后，表面硬度可达 60HRC 以上，表面耐磨性较好，而心部具有一定的强度和良好的韧性，可用于制造要求表面硬度高、耐磨，并承受冲击载荷的零件。

（3）调质钢。调质钢主要有 30 钢、35 钢、40 钢、45 钢、50 钢、55 钢等，其经过热处理后具有良好的综合力学性能，主要用于制作要求强度、塑性、韧性都较高的零件，如齿轮（见图 2-3）、套筒、轴类等零件。这类钢在机械制造中应用广泛，特别是 40 钢、45 钢在机械零件中应用更广泛。

（4）弹簧钢。弹簧钢主要有 60 钢、65 钢、70 钢、75 钢、80 钢、85 钢等，其经过热处理后可获得较高的规定塑性延伸强度，主要用于制造尺寸较小的弹簧（见图 2-4）、弹性零件及耐磨零件等。

图 2-3　齿轮

图 2-4　弹簧

4. 易切削结构钢的牌号及用途

易切削结构钢是在钢中加入一种或几种元素，利用其本身或与其他元素形成一种对切削加工有利的夹杂物，来改善钢材的切削加工性的钢材。易切削结构钢中常用加入的元素有硫（S）、磷（P）、铅（Pb）、钙（Ca）、硒（Se）、碲（Te）、锰（Mn）等，这些元素可以在钢内形成大量的夹杂物(如 MnS 等),切削时这些夹杂物可起断屑作用,从而减少动力损耗。另外,硫化物在切削过程中还有一定的润滑作用,可以减少刀具与零件表面的摩擦,延长刀具的使用寿命。

易切削结构钢的牌号以"Y+数字"表示,"Y"是"易"字汉语拼音首位字母,数字是易切削结构钢中平均碳的质量分数的万分之几,如 Y12 表示其平均碳的质量分数 $w_C = 0.12\%$ 的易切削结构钢。常用易切削结构钢有 Y08 钢、Y12 钢、Y20 钢、Y30 钢、Y35 钢、Y40Mn 钢、Y45Ca 钢等。

易切削结构钢适合在自动机床上进行高速切削,如 Y45Ca 钢适合于高速切削加工,其生产率比 45 钢高一倍多,节省工时。易切削结构钢主要用于制造受力较小的标准件,如齿轮轴(见图 2-5)、花键轴、螺钉、螺母,垫圈、垫片,缝纫机、计算机和仪表零件等。

图 2-5 齿轮轴

5. 碳素工具钢的牌号及用途

碳素工具钢是特殊质量非合金钢中应用最多的钢种之一。碳素工具钢中碳的质量分数 $w_C > 0.7\%$,有害杂质元素(S、P)含量较少,冶金质量较高,属于优质钢或高级优质钢,它主要用于制造刀具、模具和量具等。碳素工具钢一般需要经过热处理后使用,淬火后具有高硬度和高耐磨性。

碳素工具钢的牌号以"碳"的汉语拼音字首"T"开头,其后的数字表示平均碳的质量分数的千分数。例如,T8 表示平均碳的质量分数是 $w_C = 0.80\%$ 的碳素工具钢。如果是高级优质碳素工具钢,则在钢的牌号后面标以字母"A",如 T12A 表示平均碳的质量分数是 $w_C = 1.20\%$ 的高级优质碳素工具钢。碳素工具钢随着碳的质量分数的增加,其硬度和耐磨性会提高,塑性和韧性会下降。碳素工具钢的牌号、化学成分、硬度和用途见表 2-4。

表 2-4　碳素工具钢的牌号、化学成分、硬度和用途(摘自 GB/T 1298—2008 碳素工具钢)

牌号	化学成分/%			退火状态	试样淬火（水冷）	用途举例
	w_C	w_{Si}	w_{Mn}			
T7 T7A	0.65～0.74	≤0.35	≤0.40	HBW≤187	800～820℃ HRC≥62	用于制作能承受冲击、韧性较好、硬度适当的工具,如錾子、手钳、大锤、旋具、木工工具等
T8 T8A	0.75～0.84	≤0.35	≤0.40	HBW≤187	800～820℃ HRC≥62	用于制作能承受冲击、要求较高硬度与耐磨性的工具,如冲头、剪刀、风动工具及木工工具等
T10 T10A	0.95～1.04	≤0.35	≤0.40	HBW≤197	760～780℃ HRC≥62	用于制作不受剧烈冲击、要求高硬度与高耐磨性的工具,如车刀、刨刀、冲头、丝锥、钻头、手锯锯条、拉丝模、冷冲模等

续表

牌号	化学成分/%			退火状态	试样淬火（水冷）	用途举例
	w_C	w_{Si}	w_{Mn}			
T12 T12A	1.15～1.24	≤0.35	≤0.40	HBW≤207	760～780℃ HRC≥62	用于制作不受冲击、要求高硬度、高耐磨性的工具，如锉刀、刮刀、精车刀、丝锥、板牙、铰刀、量具等

6. 铸造非合金钢

在生产中有许多形状复杂的零件，很难用锻压等方法成型，用铸铁铸造又难以满足力学性能要求，这时可选用铸钢，并采用铸造成型方法来获得铸钢件。铸造非合金钢包括一般工程用铸造碳钢和焊接结构用碳素铸钢。铸造非合金钢广泛用于制造箱体、曲轴、连杆（见图2-6）、轧钢机机架、水压机横梁、锻锤砧座等机械结构件。铸造非合金钢碳的质量分数一般为0.20%～0.60%，若碳的质量分数过高，则钢的塑性差，且铸造时易产生裂纹。

图2-6 连杆

一般工程用铸造碳钢的牌号是用"铸钢"两字的汉语拼音字首"ZG"后面加两组数字组成，第一组数字代表屈服强度的最低值，第二组数字代表抗拉强度的最低值。例如，ZG200-400表示屈服强度≥200MPa，抗拉强度≥400MPa的一般工程用铸造碳钢。一般工程用铸造碳钢的牌号有ZG200-400、ZG230-450、ZG270-500、ZG310-570、ZG340-640。焊接结构用碳素铸钢的牌号表示方法与一般工程用铸造碳钢的牌号基本相同，不同之处是在数字后面加注字母"H"，如ZG200-400H、ZG230-450H、ZG275-485H等。

二、低合金钢和合金钢的分类、牌号及用途

对于要求高强度、高淬透性、高耐磨性或特殊性能要求的零件，非合金钢是不能满足要求的，因此，必须选用低合金钢和合金钢。低合金钢和合金钢中加入的合金元素主要有硅（Si）、锰（Mn）、铬（Cr）、镍（Ni）、钨（W）、钼（Mo）、钒（V）、钛（Ti）、铌（Nb）、钴（Co）、铝（Al）、硼（B）及稀土元素（RE）等。其中稀土是镧、铈、镨、钕、钷、钇等17种金属的总称。稀土可以显著地提高耐热钢、不锈钢、工具钢、磁性材料、超导材料、铸铁等的使用性能，所以，材料专家称稀土是金属材料的"维生素"和"味精"，是制造高精度传感器的重要元素。我国是世界上稀土矿产资源最丰富的国家，工业储量是国外已探明的总储量的5倍多，主要分布在内蒙古、江西、湖南和广东等地区。

一般来说，钢中加入合金元素都能提高钢的强度、硬度、耐磨性、耐回火性。合金元素

对钢的有利作用主要是通过热处理发挥出来的,因此,合金钢大多在热处理状态下使用。

(一) 低合金钢和合金钢的分类

1. 低合金钢的分类

低合金钢是指合金元素的种类和含量低于国家标准规定范围的钢。低合金钢是按其主要质量等级和主要性能或使用特性分类的。

(1) 按主要质量等级分类。低合金钢按其主要质量等级进行分类,可分为普通质量低合金钢、优质低合金钢和特殊质量低合金钢三类(见表 2-5)。

表 2-5　普通质量低合金钢、优质低合金钢和特殊质量低合金钢的定义和种类

名称	定义	种类
普通质量低合金钢	是指不规定在生产过程中需要特别控制质量要求的供作一般用途的低合金钢	一般有低合金结构钢、低合金钢筋钢、铁道用一般低合金钢、矿用一般低合金钢等
优质低合金钢	是指生产过程中需要特别控制质量,以达到比普通质量低合金钢特殊的质量要求的低合金钢。但这种钢的生产控制和质量要求不如特殊质量低合金钢严格	可焊接的低合金高强度钢、锅炉和压力容器用低合金钢、造船用低合金钢、汽车用低合金钢、桥梁用低合金钢、自行车用低合金钢、低合金耐候钢、铁道用低合金钢、矿用低合金钢、输油和输气管线用低合金钢等
特殊质量低合金钢	是指在生产过程中需要特别严格控制质量和性能(特别是严格控制硫、磷等杂质含量和纯洁度)的低合金钢	核能用低合金钢、保证厚度方向性能低合金钢、铁道用低合金车轮钢、低温用低合金钢、舰船兵器等专用特殊低合金钢等

(2) 按主要性能及使用特性分类。低合金钢按主要性能及使用特性进行分类,可分为可焊接的低合金高强度结构钢、低合金耐候钢、低合金钢筋钢、铁道用低合金钢、矿用低合金钢和其他低合金钢。

2. 合金钢的分类

合金钢是指合金元素的种类和含量高于国家标准规定范围的钢。合金钢是按主要质量等级和主要性能或使用特性分类的。

(1) 按主要质量等级分类。合金钢按主要质量等级进行分类,可分为优质合金钢和特殊质量合金钢两类(见表 2-6)。

表 2-6　优质合金钢和特殊质量合金钢的定义和种类

名称	定义	种类
优质合金钢	在生产过程中需要特别控制质量和性能,但其生产控制和质量要求不如特殊质量合金钢严格的合金钢	一般工程结构用合金钢,合金钢筋钢,不规定磁导率的电工用硅(铝)钢,铁道用合金钢,地质、石油钻探用合金钢,耐磨钢和硅锰弹簧钢
特殊质量合金钢	在生产过程中需要特别严格控制质量和性能的合金钢。除优质合金钢以外的所有其他合金钢都是特殊质量合金钢	压力容器用合金钢,经热处理的合金钢筋钢,经热处理的地质、石油钻探用合金钢,合金结构钢,合金弹簧钢,不锈钢,耐热钢,合金工具钢,高速工具钢,轴承钢,高电阻电热钢和合金,无磁钢,永磁钢

(2) 按主要性能及使用特性分类。合金钢按主要性能及使用特性分类,可分为工程结构用合金钢,如一般工程结构用合金钢、合金钢筋钢、高锰耐磨钢等;机械结构用合金钢,如调质处理合金结构钢、表面硬化合金结构钢、合金弹簧钢等;不锈、耐蚀和耐热钢,如不锈钢、抗氧化钢和热强钢等;工具钢,如合金工具钢、高速工具钢;轴承钢,如高碳铬轴承钢、不锈轴承钢等;特殊物理性能钢,如软磁钢、永磁钢、无磁钢以及特殊弹性钢、特殊膨胀钢、高电阻钢和合金等;其他,如铁道用合金钢等。

(二) 低合金钢和合金钢的牌号

1. 低合金高强度结构钢的牌号

低合金高强度结构钢的牌号由代表屈服强度的汉语拼音首位字母"Q"、屈服强度数值、质量等级符号(A、B、C、D、E)三部分按顺序组成。例如,Q460E 表示屈服强度$\geq$ 460MPa,质量等级为 E 级的低合金高强度结构钢。如果是专用结构钢,一般则在低合金高强度结构钢牌号表示方法的基础上附加钢产品的用途符号,如 Q345HP 表示焊接气瓶用钢等。

2. 合金结构钢(包括部分低合结构钢)的牌号

合金结构钢的牌号是按照合金结构钢中碳的质量分数及所含合金元素的种类(元素符号)和其质量分数来编制的。牌号的首部是表示钢中平均碳的质量分数的数字,是表示钢中平均碳的质量分数的万分之几。当合金钢中某种合金元素(Me)的平均质量分数$w_{Me} < 1.5\%$时,牌号中仅标出合金元素符号,不标明其含量;当 $1.5\% \leq w_{Me} < 2.49\%$时,在该元素后面相应地用整数"2"表示其平均质量分数;当 $2.5\% \leq w_{Me} < 3.49\%$时,在该元素后面相应地用整数"3"表示其平均质量分数,以此类推。

例如,60Si2Mn 表示 $w_C = 0.60\%$、$w_{Si} = 2\%$、$w_{Mn} < 1.5\%$的合金结构钢;09Mn2 表示 $w_C = 0.09\%$、$w_{Mn} = 2\%$的合金结构钢。如果钢中含有微量的钒、钛、铝、硼、稀土等合金元素时,即使含量很少,仍然需要在钢中标出合金元素符号,如 20MnVB 钢、40B、40MnVB 钢、25MnTiBRE 钢等。如果合金结构钢是高级优质钢,则在钢牌号后面加"A",如 60Si2MnA;如果合金结构钢是特级优质钢,则在钢的牌号后面加"E"。

3. 合金工具钢和高速钢的牌号

合金工具钢和高速钢的牌号表示方法基本上与合金结构钢类似。当合金工具钢中$w_C < 1.0\%$时,牌号前的"数字"以千分之几(一位数)表示其碳的质量分数;当合金工具钢中 $w_C \geq 1\%$时,为了避免与合金结构钢相混淆,牌号前不标出碳的质量分数的数字。例如,9Mn2V 表示 $w_C = 0.9\%$,$w_{Mn} = 2\%$、$w_V < 1.5\%$的合金工具钢;CrWMn 表示钢中$w_C \geq 1.0\%$、$w_{Cr} < 1.5\%$、$w_W < 1.5\%$、$w_{Mn} < 1.5\%$的合金工具钢;高速钢的 $w_C = 0.7\% \sim 1.5\%$,一般在高速钢的牌号中不标出碳的质量分数值,如 W18Cr4V 钢、W6Mo5Cr4V2 等。

4. 高碳铬轴承钢的牌号

对于高碳铬轴承钢来说,其牌号前面冠以汉语拼音字母"G",其后是铬元素符号 Cr,铬的质量分数以千分之几表示,其余合金元素含量及其表示方法均与合金结构钢牌号中的规定相同,如 GCr4 钢、GCr15 钢、GCr15SiMn 钢等。

5. 不锈钢和耐热钢的牌号

根据 GB/T 20878—2007 规定,不锈钢和耐热钢的牌号表示方法与合金结构钢基本相同,当 $w_C \geqslant 0.04\%$ 时,推荐取两位小数,如 10Cr17Mn9Ni4N 钢;当 $w_C \leqslant 0.03\%$ 时,推荐取 3 位小数,如 022Cr17Ni7N 钢。

(三) 钢铁及合金牌号统一数字代号体系(GB/T 17616—2013)

钢铁及合金牌号统一数字代号体系(GB/T 17616—2013),简称"ISC"。它规定了钢铁及合金产品统一数字代号的编制原则、结构分类、管理及体系表等内容。该标准适用于钢铁及合金产品牌号编制统一数字代号。凡列入国家标准和行业标准的钢铁及合金产品应同时列入产品牌号和统一数字代号,相互对照,两种表示方法均为有效。

统一数字代号由固定的 6 位数组成,如图 2-7 所示。左边第一位用大写的拉丁字母作前缀(一般不使用"I"和"O"字母),后接 5 位阿拉伯数字,如"A×××××"表示合金结构钢,"B×××××"表示轴承钢,"C×××××"表示铸铁、铸钢及铸造合金,"L×××××"表示低合金钢,"Q×××××"表示快淬金属及合金,"S×××××"表示不锈钢和耐热钢,"T×××××"表示工模具钢,"U×××××"表示非合金钢,"W×××××"表示焊接用钢及合金。

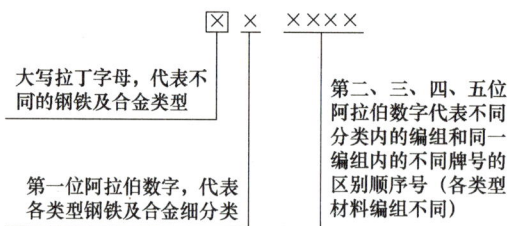

图 2-7　统一数字代号的结构形式

每一个数字代号只适用于一个产品牌号;反之,每一个产品牌号只对应于一个统一数字代号。当产品牌号取消后,一般情况下,原对应的统一数字代号不再分配给另一个产品牌号。

第一位阿拉伯数字有 0~9,对于不同类型的钢铁及合金,每一个数字所代表的含义各不相同。例如,在合金结构钢中,如果统一数字代号是"A0××××",则其中的数字"0"代表 Mn(×)、MnMo(×)系钢;如果统一数字代号是"A1××××",则其中的数字"1"代表 SiMn(×)、SiMnMo(×)系钢;如果统一数字代号是"A4××××",则其中的数字"4"代表 CrNi(×)系钢等。

(四) 国外钢号表示方法简介

随着全球经济一体化趋势的不断加强,生产中会接触或使用到不同国家的钢材,因此,需要了解一些国家钢号的基本表示方法。国外钢号表示方法主要有国际标准化组织(ISO)钢号表示方法、俄罗斯(ΓΟCT)钢号表示方法、美国(SAE、AISI、UNS)钢号表示方法、日本(JIS)钢号表示方法、德国(DIN17007)钢号表示方法、英国(BS)钢号表示方法等。

1. 国际标准化组织（ISO）钢号表示方法

国际标准化组织（ISO）钢号表示方法主要有两种：第一种是以钢的力学强度表示的钢号，其钢号结构是：前缀字母＋力学性能值（数字），必要时附加后缀字母。例如，结构用非合金钢 S235、工程用非合金钢 E235，其中"235"表示屈服强度≥235MPa。以上两类钢的钢号常采用附加字母 A、B、C、D、E 来表示不同质量等级。第二种是以钢的化学成分表示的钢号，这类钢相当于我国的优质碳素钢，其钢号结构是：C＋碳的质量分数 $w_C \times 100$。例如，适用于热处理的非合金钢 C25，表示平均碳的质量分数是 0.25%。

其他种类的钢也以钢的化学成分表示，只是在前缀符号和后缀符号上加以区分，如硫易切削钢 10S20，硫锰易切削钢 44SMn28，经热处理的冷镦钢和冷挤压钢 CE20E4（非合金钢），经热处理的冷镦钢和冷挤压钢 18CrMo4E（合金钢），高速钢 HS2-9-1-8，"2"表示 W 元素质量分数是 2%、"9"表示 Mo 元素质量分数是 9%、"1"表示 V 元素质量分数是 1%、"8"表示 Co 元素质量分数是 8%等。

2. 其他国家的钢号表示方法

俄罗斯（ГОСТ）钢号表示方法沿用了苏联的标准代号，其钢铁牌号的表示方法基本上与我国的钢铁牌号表示方法相同，只有少数钢号例外，但俄罗斯钢号中的化学元素名称及用途等均采用俄文字母来表示，如 A40Γ 表示平均碳的质量分数 $w_C = 0.4\%$，Mn 的含量较高的易切削钢。

美国从事标准化工作的团体约有 400 多个，钢铁产品牌号通常采用各团体标准的牌号表示方法。在美国，涉及金属材料的标准化机构主要有 ASE（美国汽车工程师协会）、AISI（美国钢铁学会）、UNS（金属与合金牌号的统一系统）、ASM（美国金属学会）。ASE 标准的钢号表示方法是采用 4 位数字，前 2 位数字表示钢类，后 2 位数字表示钢的平均碳的质量分数，如碳素钢可表示为"10××"。AISI 标准的钢号表示方法与 ASE 标准基本相同，只是个别钢号带有前缀字母或后缀字母，如加前缀"C"表示碳素钢，加后缀"F"表示易切削钢。UNS 系统是采用一个代表钢或合金的前缀字母和 5 位数字组成，如保证淬透性钢表示为"H×××××"。

日本（JIS）钢号表示方法是按钢铁类别进行分类表示，如 SS400 是普通结构钢，其抗拉强度≥400MPa，碳素工具钢用"SK×"表示，"×"为数字序号。

德国（DIN17007）钢号表示方法是采用 7 位数字组成，第 1 位数字表示类别（如"0"表示生铁或铁合金、"1"表示钢和铸钢等），第 2～5 位数字表示钢种组别，第 6～7 位数字表示钢的制造方法（如"1"表示碱性转炉沸腾钢、"9"表示电炉钢等）和热处理状态（如"1"表示正火、"5"表示调质等）。

英国（BS）钢号表示方法是由 5 位数字和其间加字母组成，第 1 位数字表示类别；第 2～3 位数字表示特性、化学成分或钢组序号；第 4 位是字母，表示供应条件或材料类型；第 5～6 位数字表示钢的碳的质量分数或基本成分相同的钢组中各钢号的区分号，如"4××S××"表示马氏体和铁素体不锈钢。

中国与其他国家在常用钢铁材料牌号方面的对照见表 2-7。

表2-7　中国与其他国家在常用钢铁材料牌号方面的对照

序号	中国 GB	中国 ISC	英国 BS	德国 DIN	俄罗斯 ГОСТ	日本 JIS	韩国 KS	美国 ASTM	美国 UNS	国际标准化组织 ISO
1	Q235A	U12352	080A15	S235JR	СТ3КП-2	SM400A	SS400	A570 Gr.A	K02501	E235B (Fe360A)
2	Y40Mn	L20409	212M44	—	А10Г	SUM42	SUM42	1141	G11410	44SMn28
3	45	U20452	080M46	C45E Ck45	45	S45C	SM45C	1450	G10450	C45E4
4	40Cr	A20402	530M40	41Cr4	40X	SCr440	SCr440	5140	G51400	41Cr4
5	50CrVA	A23503	735A51 735H51	50CrV4	50ГФА	SUP10	SPS6	6150	G61500	51CrV4
6	GCr15	B00150	535A99	100Cr6	ШХ15	SUJ2	STB2	E52100	G52986	100Cr6
7	10Cr17	S11710	430S15	X6Cr17	12X17	SUS430	STS430	430	S43000	X6Cr17
8	T12	T00100	CT120 (BW1C)	C125W2	У12-1	SK120	STC2	WIA-11 $\frac{1}{2}$	T72301	C120
9	Cr12	T21200	BD3	X210Cr12	X12	SKD1	STD1	D3	T30403	210Cr12
10	W18Cr4V	T51841	BT1	S18-0-1	P18	SKH2	SKH2	T1	T12001	HS18-0-1
11	YT14	—	444	S2	T14K8	P20	—	C6 (JIC标准)	—	P20
12	ZG270-500	C22750	A2	GS-52	35Л	SC480	SC480	485-275	J02501	270-480
13	ZG03Cr18Ni10	C53043	304C12	GX2CrNi18-9	03Х18Н9Л	SCS19A	SCS19A	CF-3	J92500	GX2CrNi8-10
14	QT450-10	C01451	450/10	—	Вц45	FCD450-10	GCD450	65-45-12	F33100	450-10

（五）低合金钢的用途

低合金钢主要包括低合金高强度结构钢、低合金耐候钢和低合金专业用钢等。此类钢具有良好的焊接性，大多数在热轧或正火状态下使用。

1. 低合金高强度结构钢

低合金高强度结构钢的合金元素是以锰、钒、钛、铝、铌等元素为主。与非合金钢相比，低合金高强度结构钢具有较高的强度、韧性、耐腐蚀性及良好的焊接性，而且其价格与非合金钢接近。低合金高强度结构钢广泛用于桥梁、车辆、船舶、建筑等。根据 GB/T 1591—2008 颁布的低合金高强度结构钢新标准，常用牌号有 Q345、Q390、Q420、Q460、Q500、Q550、Q620、Q690。

2. 低合金耐候钢

耐候钢是指耐大气腐蚀钢。我国目前使用的耐候钢分为焊接结构用耐候钢和高耐候性结构钢两大类。焊接结构用耐候钢的牌号由"Q＋数字＋NH"组成。其中"Q"是"屈"字汉语拼音首字母，数字表示钢的最低屈服强度数值，字母"NH"是"耐候"两字汉语拼音首字母，牌号后缀质量等级代号（C、D、E），如 Q355NHC 表示屈服强度大于 355MPa，质量等级为 C 级的焊接结构用耐候钢。焊接结构用耐候钢适用于桥梁、建筑及其他要求耐候性的钢结构。

高耐候性结构钢包括铜磷钢和铜磷铬镍钢两类。高耐候性结构钢的牌号由"Q＋数字＋GNH"组成。"GNH"表示"高耐候"三字汉语拼音首字母。含 Cr、Ni 元素较高的高耐候性结构钢在其牌号后面后缀字母"L"，如 Q345GNHL 钢。高耐候性结构钢适用于机车车辆、建筑、塔架（见图 2-8）和其他要求高耐候性的钢结构，并可根据不同需要制成螺栓连接、铆接和焊接结构件。

图 2-8 塔架

3. 低合金专业用钢

低合金专业用钢包括锅炉用钢、压力容器用钢、船舶用钢、桥梁用钢、汽车用钢、铁道用钢、自行车用钢、矿山用钢、工程建设混凝土及预应力用钢和建筑结构用钢等。例如，汽车大梁用钢 370L 钢、420L 钢、09MnREL 钢、16MnL 钢等；钢筋混凝土用余热处理钢筋（20MnSi 钢）和预应力混凝土用热处理钢筋（如 40Si2Mn 钢、48Si2Mn 钢、45Si2Cr 钢）；用于制作重轨的铁道用低合金钢，如 U70Mn 钢、U70MnSi 钢、U75V 钢、U75NbRE 钢等；用于制作轻轨的铁道用低合金钢，如 45SiMnP 钢、50SiMnP 钢、36CuCrP 等；用于制作矿用结构件的矿用低合金钢有高强度圆环链用钢（如 20MnV 钢、25MnV 钢、20MnSiV 钢等）和巷道支护用钢（如 16MnK 钢、20MnVK 钢、25MnK 钢等）。

（六）合金钢的用途

合金钢通常是钢材中冶炼质量最优、强度和硬度较高的钢材，主要用于制造重要的零部件。一般来说，采用合金钢制造的零部件大多数需要经过热处理后才能投入使用。

1. 高锰耐磨钢

耐磨钢是指具有良好耐磨损性能的钢铁材料的总称。耐磨钢出现于 19 世纪后半叶，英国人哈德菲尔德于 1883 年首先取得了高锰耐磨钢的专利，至今已有 100 多年的历史。高锰耐磨钢的 $w_C=1.0\%\sim1.3\%$，$w_{Mn}=11\%\sim14\%$，牌号有 ZGMn13-1、ZGMn13-2、ZGMn13-3、ZGMn13-4 和 ZGMn13-5 等。

高锰耐磨钢一般需要经过水韧处理后才能投入使用。水韧处理是指将高锰耐磨钢加热到 $1000\sim1100℃$，保温一段时间，使钢中碳化物全部溶解到奥氏体中，然后在水中冷却，由于冷却迅速，碳化物来不及从奥氏体中析出，从而使高锰耐磨钢获得单一的奥氏体组织。高锰耐磨钢经水韧处理后，其韧性与塑性好，硬度低（180～220HBW），但它在较大的压应力或冲击力的作用下，由于表面层的塑性变形，迅速产生冷变形强化，同时伴随有形变马氏体产生，可使钢的表面硬度急剧提高到 52～56HRC。当旧表面磨损后，新露出的表面又可在冲击与摩擦作用下，获得新的耐磨层。

高锰耐磨钢的耐磨性在高压应力作用下表现很好，比非合金钢高十几倍，但在低压应力作用下其耐磨性较差。

高锰耐磨钢不易进行切削加工，但其铸造性能好，可通过铸造制成各种复杂形状的铸件，故高锰耐磨钢一般是经铸造和水韧处理后才投入使用。高锰耐磨钢常用于制造拖拉机与坦克的履带板、球磨机衬板、挖掘机铲齿与履带板、破碎机颚板、铁路道岔（见图 2-9）、防弹钢板、保险箱钢板

图 2-9　铁路道岔

等。此外，高锰耐磨钢是无磁性的，也可用于制造既耐磨又抗磁化的零件，如吸料器的电磁铁罩等。

2. 机械结构用合金钢

机械结构用合金钢主要用于制造机械零件，如轴、连杆、销、套、齿轮、弹簧、轴承等，此类钢按其用途和热处理特点进行分类，可分为合金渗碳钢、合金调质钢、合金弹簧钢和超高强度钢等。

（1）合金渗碳钢。合金渗碳钢是指用于制造渗碳零件的合金钢。合金渗碳钢的 $w_C=0.10\%\sim0.25\%$，主要加入的合金元素有 Cr、Ni、Mn、B、W、Mo、V、Ti 等。合金渗碳钢的成分设计要点是以低碳保证零件心部具有良好的塑性和韧性，加入合金元素是为了提高钢的淬透性和细化奥氏体晶粒。常用合金渗碳钢的牌号、热处理规范、性能和用途见表 2-8。

表 2-8　常用合金渗碳钢的牌号、热处理规范、性能和用途

牌号	渗碳温度/℃	淬火温度/℃	回火温度/℃	R_m/MPa	R_{eL}/MPa	A/%	Z/%	KU/J	应用举例
20Cr	910～950	780～820，水冷或油冷	200	835	540	10	40	47	制造齿轮、小轴、蜗杆、凸轮、活塞销等
20CrMnTi		870，油冷	200	1080	850	10	45	55	制造汽车和拖拉机的各种变速齿轮、齿轮轴、蜗杆、爪形离合器等
20CrMnMo		850，油冷	200	1180	885	10	45	55	制造拖拉机主动齿轮、活塞销、球头销等

（2）合金调质钢。合金调质钢是在中碳钢的基础上加入一种或数种合金元素，以提高钢的淬透性和耐回火性，使之在调质处理后具有良好的综合力学性能的钢。合金调质钢的 $w_C=0.25\%\sim0.50\%$，常加入的合金元素有 Mn、Si、Cr、B、Mo 等。合金调质钢的成分设计要点是以中碳保证钢具有较高的强度以及避免发生脆性断裂，加入合金元素是为了提高钢的淬透性、细化奥氏体晶粒和提高钢的回火温度性。合金调质钢常用来制造负荷较大的重要零件，如发动机轴、连杆、套及传动齿轮等。常用合金调质钢的牌号、热处理规范、力学性能和用途见表 2-9。

表 2-9　常用合金调质钢的牌号、热处理规范、力学性能和用途

牌号	淬火温度/℃	回火温度/℃	R_m/MPa	R_{eL}/MPa	A/%	Z/%	KU/J	用途举例
40Cr	850，油冷	520，水、油冷	980	785	9	45	47	制造机床齿轮、顶尖套，汽车半轴，进气阀等
40MnB	850，油冷	500，水、油冷	980	785	10	45	47	制造汽车转向轴、半轴、蜗杆以及机床主轴、齿轮等
40CrMnMo	850，油冷	600，水、油冷	980	785	10	45	63	制造重载荷轴、齿轮、连杆等

对于表面要求高硬度、高耐磨性和高疲劳强度的零件，可采用渗氮钢 38CrMoAl 制造。38CrMoAl 钢的热处理工艺是调质和渗氮处理，它主要用于制作精密磨床主轴、精密镗床丝杠、精密齿轮、压缩机活塞杆等。

（3）合金弹簧钢。合金弹簧钢是用于制造截面尺寸较大、屈服强度较高的弹簧钢。合金弹簧钢的 $w_C = 0.45\% \sim 0.70\%$，常加入的合金元素有 Mn、Si、Cr、V、Mo、W、B 等。常用合金弹簧钢的牌号、热处理规范、性能和用途见表 2-10。

表 2-10　常用合金弹簧钢的牌号、热处理规范、性能和用途

牌号	淬火温度 /℃	回火温度 /℃	R_m /MPa	R_{eL} /MPa	$A_{11.3}$ /%	Z /%	用途举例
60Si2Mn	870，油冷	480	≥1274	≥1176	≥6	≥30	制造汽车、拖拉机、机车车辆的减振板簧和螺旋弹簧
60Mn	830，油	540	≥1000	≥800	≥8	≥30	制造冷卷弹簧、阀门弹簧、离合器簧片、刹车弹簧等
50CrVA	850，油冷	500	≥1274	≥1127	≥10(A)	≥40	制造高载荷重要弹簧及工作温度<350℃的阀门弹簧、活塞弹簧、安全阀弹簧等

弹簧按加工成型方法进行分类，可分为冷成型弹簧和热成型弹簧。冷成型弹簧是指弹簧直径小于 10mm 的弹簧（如钟表弹簧、仪表弹簧、阀门弹簧等），它是采用钢丝或钢带制作，成型前钢丝或钢带先经过冷拉（或冷轧）或者淬火加中温回火，使钢丝或钢带具有较高的规定塑性延伸强度，然后将其冷卷成型，弹簧冷成型后在 250～300℃ 进行去应力退火，以消除冷成型时产生的内应力，稳定弹簧尺寸和形状。热成型弹簧是指弹簧直径大于 10mm 的弹簧，其热成型后进行淬火和中温回火，以提高弹簧钢的弹性极限和疲劳强度。

（4）超高强度钢。超高强度钢一般是指 $R_{eL} > 1370$MPa、$R_m > 1500$MPa 的特殊质量合金结构钢。超高强度钢主要用于航空和航天工业，如 35Si2MnMoVA 钢抗拉强度可达 1700MPa，用于制造飞机的起落架、框架、发动机曲轴等；40SiMnCrWMoRE 钢在 300～500℃ 工作时仍能保持高强度、抗氧化性和抗热疲劳性，用于制造超音速飞机的机体构件。

3. 高碳铬轴承钢

高碳铬轴承钢主要用于制造滚动轴承（见图 2-10）的滚动体和内圈、外圈，其次也可用于制作量具、模具、低合金刃具等。这些零件都要求钢具有均匀的组织、高硬度、高耐磨性、高耐压强度和高疲劳强度等。高碳铬轴承钢的 $w_C = 0.95\% \sim 1.10\%$，钢中 $w_{Cr} = 0.4\% \sim 1.65\%$，这样设计高碳铬轴承钢的化学成分是为了保证钢获得高淬透性，并使碳化物呈均匀而细小状态，以提高钢的耐磨性。对于大型滚动轴承，还需在钢中加入 Si、Mn 等合金元素，以进一步提高

图 2-10　滚动轴承

钢的淬透性。最常用的高碳铬轴承钢是 GCr15。

高碳铬轴承钢的热处理主要是锻造后进行球化退火,制成滚动轴承后进行淬火和低温回火,得到极细的回火马氏体及碳化物组织,其硬度大于 62HRC。常用高碳铬轴承钢的牌号、化学成分、热处理规范和用途见表 2-11。

表 2-11　高碳铬轴承钢的牌号、化学成分、热处理规范和用途

牌号	w_C	w_{Cr}	w_{Mn}	w_{Si}	淬火温度 /℃	回火温度 /℃	回火后硬度 /HRC	应用范围
GCr15	0.95~ 1.05	1.4~ 1.65	0.25~ 0.45	0.15~ 0.35	825~ 845	150~ 170	62~66	制造内燃机、汽车、拖拉机、机床等设备上的滚动轴承
GCr15SiMn	0.95~ 1.05	1.4~ 1.65	0.95~ 1.25	0.45~ 0.75	820~ 840	150~ 180	≥62	制造大型轴承或特大轴承的滚动体和内、外圈

4. 合金工具钢

合金工具钢是指用于制造量具、刃具、耐冲击工具、模具等的钢种。合金工具钢的牌号较多,在加入的合金元素种类、数量以及碳的质量分数方面存在较大的差异,因此,其性能和用途也各有不同。

(1) 制作量具及刃具用的合金工具钢。此类合金工具钢主要用于制造金属切削刀具(刃具)、量具和冷冲模等。常用的制作量具及刃具用的合金工具钢主要有 9SiCr 钢、9Cr2 钢、CrWMn 钢、Cr2 钢和 9Mn2V 钢等,它们主要用来制造淬火变形小、精度高的低速切削工具(冷剪切刀、板牙、丝锥、铰刀、搓丝板、拉刀、圆锯)、冷冲模、量具(量规、精密丝杠)和耐磨零件。

此类合金工具钢碳的质量分数较高,$w_C=0.95\%\sim1.10\%$,主要加入的合金元素有 Mn、Si、Cr、V、Mo、W 等,以保证钢材获得高硬度和高耐磨性。制作量具及刃具用的合金工具钢的热硬性比碳素工具钢稍高些,一般仅能在 250℃ 以下保持高硬度和高耐磨性。

制作量具及刃具类零件的加工工艺流程是:下料→锻造→毛坯→球化退火→粗加工→精加工→马氏体分级淬火或贝氏体等温淬火→低温回火→磨削加工→检验→投入使用。

(2) 制作耐冲击工具的合金工具钢。耐冲击工具主要是指风镐钎(见图 2-11)、錾、冲裁切边复合模、金属冷剪刀片、铆钉冲头、冲孔冲头及小型热作模具等。此类钢是在铬硅钢基础上加入 $w_W=2.0\%\sim2.5\%$ 的钨冶炼而成的。加入钨元素的目的是使钢获得高淬透性、高温强度和回火稳定性。常用的制作耐冲击工具的合金工具钢主要有 4CrW2Si 钢、5CrW2Si 钢、6CrW2Si 钢等。此类工具不仅要求高硬度和高耐磨性,还要求有良好的冲击韧性,一般需要经过淬火加中温回火后使用。

(3) 制作冷作模具的合金工具钢。冷作模具主要是指冷冲模(见图 2-12)、拉丝模、搓丝板、冷挤压模等。常用的制作冷作模具的合金工具钢主要有 Cr12MoV 钢、Cr12 钢、CrWMn 钢、9CrWMn 钢等。冷作模具要求高硬度和高耐磨性,还要求有一定的冲击韧性和抗疲劳性。制作冷作模具的合金工具钢的碳的质量分数较高,$w_C=0.95\%\sim2.0\%$,主

要加入的合金元素有 Cr、Mo、W、V 等,这样设计钢的化学成分的目的是保证钢材获得高硬度和高耐磨性。制作冷作模具的合金工具钢一般需要淬火加低温回火后使用,而且热处理后变形小。

图 2-11　风镐钎

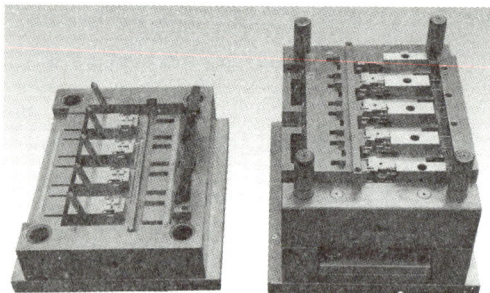

图 2-12　冷冲模

(4) 制作热作模具用的合金工具钢。**热作模具** 主要是指热锻模、压铸模、热挤压模、精锻模、非铁金属成型模等。热作模具要求高强度、较好的韧性和耐磨性,还要求有较高的抗热疲劳性能。制作热作模具的合金工具钢的碳的质量分数 $w_C = 0.3\% \sim 0.6\%$,主要加入的合金元素有 Cr、Mn、Ni、Mo、W、V、Si 等。这样设计钢的化学成分的目的是保证钢材获得高抗热疲劳性能。常用的制作热作模具的合金工具钢主要有 5CrNiMo 钢、5CrMnMo 钢、3Cr2W8V 钢、8Cr3 钢、4Cr3Mo3SiV 钢等。热作模具钢一般需要经调质处理或淬火加中温回火后使用,而且热处理后变形小。

(5) 高速工具钢(简称高速钢)。**高速工具钢是指用于制作中速或高速切削工具(车刀、铣刀、麻花钻头、齿轮刀具、拉刀等)的高碳合金钢**。高速工具钢的 $w_C = 0.7\% \sim 1.65\%$,加入的合金元素是 W、Mo、Cr、V、Co 等,合金元素含量达 $10\% \sim 25\%$。这样设计钢的化学成分的目的是形成大量的碳化物,提高钢的耐磨性和热硬性。**热硬性是指钢能够在 600℃ 以下保持高硬度和高耐磨性的能力。**

高速工具钢主要用于制造各种切削刀具,也可用于制造某些重载冷作模具。高速工具钢经淬火和回火后,可以获得高硬度、高耐磨性和高热硬性。用高速工具钢制作的刀具的切削速度比一般工具钢高得多,而且高速工具钢的强度也比碳素工具钢和低合金工具钢高 $30\% \sim 50\%$。但高速工具钢导热性差,热加工工艺复杂,钢价较高,应尽量节约使用。常用高速工具钢的牌号、化学成分、热处理规范和硬度见表 2-12。

表 2-12　常用高速工具钢的牌号、化学成分、热处理规范和硬度

牌号	化学成分/%					热处理温度/℃			回火后硬度
	w_C	w_W	w_{Mo}	w_{Cr}	w_V	预热	淬火	回火	
W18Cr4V	0.70～0.80	17.5～19.0	≤0.30	3.80～4.40	1.00～1.40	820～870	1270～1285	550～570(三次)	HRC≥63
W6Mo5Cr4V2	0.80～0.90	5.50～6.75	4.50～5.50	3.80～4.40	1.75～2.20	820～840	1210～1230	540～560(三次)	HRC≥64

5. 不锈钢

不锈钢是指以不锈、耐蚀性为主要特性,且铬的质量分数至少为 10.5%,碳的质量分数最大不超过 1.2% 的钢。不锈钢化学成分的主要特点是铬和镍的含量较高,这样可以使不锈钢中的铬元素在氧化性介质中形成一层致密的具有保护作用的 Cr_2O_3 薄膜,覆盖住整个不锈钢表面,防止不锈钢被不断地氧化和腐蚀。不锈钢最突出的性能是良好的耐蚀性,其次还具有良好的力学性能以及良好的冷、热加工和焊接工艺性能。

不锈钢按其使用时的组织特征进行分类,可分为奥氏体型不锈钢(如 12Cr18Ni9 钢、06Cr19Ni10 钢、022Cr17Ni7N 等)、铁素体型不锈钢(如 10Cr17 钢、008Cr30Mo2 钢等)、马氏体型不锈钢(如 12Cr13 钢、06Cr11Ti、68Cr17 钢等)、奥氏体-铁素体型不锈钢(如 022Cr19Ni5Mo3Si2N 钢、14Cr18Ni11Si4AlTi 钢等)和沉淀硬化型不锈钢(如 05Cr17Ni4Cu4Nb 钢、07Cr15Ni7Mo2Al 钢)五类。不锈钢主要用于制作建筑装饰品、电器、医疗器械、食品设备、化工设备、耐腐蚀部件(如轴、弹簧、容器、刃具、量具、滚珠轴承)等。

6. 耐热钢

在航空、航天、火力发电设备、发动机、化工、冶金等领域中,许多零部件是在高温下工作的,要求其具有良好的耐热性。耐热性包括金属材料在高温下具有抗氧化性(热稳定性)和高温热强性(蠕变强度)两个方面。高温抗氧化性是指金属材料在高温下对氧化作用的抗力;热强性是指金属材料在高温下对机械载荷作用的抗力,即高温强度。

耐热钢是指在高温下具有良好的化学稳定性或较高强度的钢。钢材的强度随着温度的升高会逐渐下降,而且不同的钢材在高温条件下其强度下降的程度是不同的。在耐热钢中主要加入 Cr、Al、Si、Mo、W、Ti 等合金元素,这些元素在高温下与氧作用,在钢材表面会形成一层致密的高熔点氧化膜(如 Cr_2O_3、Al_2O_3、SiO_2),能有效地保护钢材在高温下不被氧化,也可以阻碍晶粒长大,提高耐热钢的高温热强性。

耐热钢分为抗氧化钢和热强钢。抗氧化钢是指在高温下能够抵抗气体腐蚀而不会使氧化皮剥落的钢,主要用于长期在高温下工作但强度要求较低的零件,如渗碳炉构件、加热炉传送带料盘、燃气轮机的燃烧室等。常用的抗氧化钢种有 26Cr18Mn12Si2N 钢、22Cr20Mn10Ni2Si2N 钢等。热强钢是指在高温条件下能够抵抗气体腐蚀而又有较高强度的钢。例如,12CrMo 钢、15CrMo 钢、15CrMoV 钢、24CrMoV 钢可制造在 350℃ 以下工作的锅炉钢管件等,14Cr11MoV 钢、158Cr12MoV 钢可用于制造 540℃ 以下工作的汽轮机叶片、发动机排气阀、螺栓紧固件等,42Cr9Si2 钢可用于制造工作温度不高于 800℃ 的内燃机重载荷排气阀。

7. 特殊物理性能钢

特殊物理性能钢是指在钢的定义范围内具有特殊磁性、电性、弹性、膨胀性等物理特性的钢,它包括软磁钢、永(硬)磁钢、无磁钢(低磁钢)、特殊弹性钢、特殊膨胀钢、高电阻钢及合金等。

(1) 软磁钢。软磁钢是指钢材容易被反复磁化,并在外磁场除去后磁性基本消失的特殊物理性能钢。软磁钢包括两部分:一部分是指一般电工用硅钢、纯铁;另一部分是指除一般电工用硅钢、纯铁以外的要求磁导率特性的特殊合金钢，如 $w_{Al}=6\%\sim16\%$ 的铁铝系软磁合金。软磁钢常用于制作电动机的转子与定子、电源变压器（见图 2-13）、继电器等。软磁钢经去应力退火后不仅可以提高其磁性，而且有利于其进行冲压加工。

（2）永（硬）磁钢。永（硬）磁钢是指具有永久磁性的钢，包括变形永磁钢、铸造永磁钢和粉末烧结永磁钢等。永磁钢主要用于制造无线电及通信器材里的永久磁铁装置以及仪器仪表中的马蹄形磁铁（见图 2-14）。

图 2-13　电源变压器

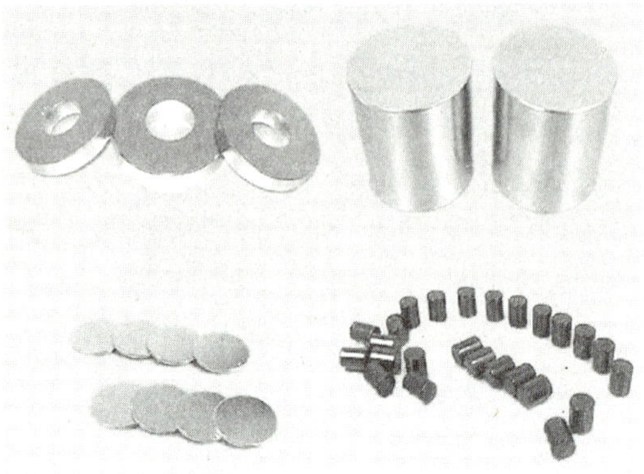

图 2-14　各种形状的永磁铁

（3）无磁钢（低磁钢）。无磁钢是指在常温状态下不具有磁性（实际是磁导率和剩磁很低）的稳定的奥氏体型合金钢。常见的有铬镍奥氏体型钢、高锰铝奥氏体型钢（如45Mn17Al3）等。无磁钢常用于制作无磁模具、无磁轴承、电机绑扎钢丝绳与护环、变压器盖板、电动仪表壳体与指针等，如 7Mn15Cr2Al3V2WMo 钢常用于制作无磁模具和无磁轴承。

（4）特殊弹性钢。特殊弹性钢是指具有特殊弹性的合金钢，不包括一般常用的非合金弹簧钢和合金弹簧钢。例如，化学成分为 $w_C=0.05\%$、$w_{Si}=0.8\%$、$w_{Mn}=1.0\%$、$w_{Ni}=35.5\%$、$w_{Cr}=12.5\%$、$w_{Ti}=3.0\%$、$w_{Al}=1.5\%$、$w_{Fe}=45.65\%$ 的特殊弹性钢经过时效后，可获得高弹性和高强度，而且该钢既耐腐蚀又具有弱磁性，可用于制造仪器中的各种膜片、膜盒、波纹管和弹性元件。

（5）特殊膨胀钢。特殊膨胀钢是指具有特殊膨胀性能的合金钢。例如，w_{Cr} 约为28%的特殊膨胀性能钢，在一定温度范围内具有与软玻璃相近的平均线膨胀系数，可与相应的软玻璃进行匹配封接。

（6）高电阻钢及合金。高电阻钢及合金是指具有较高电阻值的合金钢或合金。它主要是铁铬铝系（如 75Fe-20Cr-5Al 合金钢，其 $\rho=1.35/\mu\Omega\cdot m$）高电阻电热合金钢等。

8. 铸造合金钢

铸造合金钢包括一般工程与结构用低合金铸钢、大型低合金铸钢、特殊铸钢三类。一般工程与结构用低合金铸钢的牌号表示方法基本上与铸造非合金钢相同，所不同的是需要在"ZG"后加注字母"D"，如 ZGD270-480、ZGD290-510、ZGD345-570 等。大型低合金铸钢一般应用于较重要的、复杂的，而且要求具有较高强度、塑性与韧性以及特殊性能的结构件,如机架(见图 2-15)、缸体、齿轮、连杆等。大型低合金铸钢的牌号是在合金钢的牌号前加"ZG",其后第一组数字表示低合金铸钢的碳的质量分数,随后排列的是各主要合金元素符号及其百分质量分数,如 ZG35CrMnSi、ZG34Cr2Ni2Mo、ZG65Mn等。特殊铸钢是指具有特殊性能的铸钢,它包括耐磨铸钢(如 ZGMn13-1 等)、耐热铸钢(ZG30Cr7Si2 等)和耐蚀铸钢(ZG10Cr13等),它们分别用于制造铸造成型的耐磨件、耐热件及耐腐蚀件。

图 2-15　铸钢机架

请扫描二维码,了解关于大马士革钢的相关内容。

文件类型:DOC

文件大小:191KB

模块二　常用铸铁

铸铁是碳的质量分数 $w_C > 2.11\%$,在凝固过程中经历共晶转变,含有较高硅元素及杂质元素含量较多的铁基合金的总称。铸铁包括白口铸铁、灰铸铁、可锻铸铁、球墨铸铁、蠕墨铸铁、合金铸铁等。铸铁具有良好的铸造性能、减摩性能、吸振性能、切削加工性能及低的缺口敏感性,生产工艺简单、成本低廉,经合金化后还具有良好的耐热性和耐腐蚀性等,广泛应用于农业机械、汽车制造、冶金机械、矿山机械、化工机械、机械装备等行业。但铸铁强度较低,塑性与韧性较差,不能进行锻造、轧制、拉丝等加工。

一、灰铸铁的牌号、性能及用途

灰铸铁是指碳主要以片状石墨形式析出的铸铁,因断口呈灰色,故称灰铸铁。灰铸铁分为铁素体灰铸铁、铁素体-珠光体灰铸铁和珠光体灰铸铁,它们在室温下的显微组织状态分别是铁素体(F)＋片状石墨(G)、铁素体(F)＋珠光体(P)＋片状石墨(G)、珠光体(P)＋片状石墨(G),如图 2-16 所示。

1. 灰铸铁的牌号

灰铸铁的牌号用"HT"及数字组成。其中"HT"是"灰铁"两字汉语拼音的第一个字母,其后的数字表示灰铸铁的最低抗拉强度,如 HT250 表示最低抗拉强度是 250MPa 的灰铸铁。

2. 灰铸铁的性能及用途

灰铸铁具有优良的铸造性能、良好的吸振性能、较低的缺口敏感性能、良好的切削加

(a) 铁素体灰铸铁    (b) 珠光体灰铸铁

图 2-16   灰铸铁的显微组织

工性能和减磨性能。但抗拉强度、塑性和韧性比钢低得多。常用灰铸铁的牌号、力学性能及用途见表 2-13。

表 2-13   灰铸铁的牌号、力学性能及用途

类　别	牌号	R_m/MPa	硬度/HBW	用　途
铁素体灰铸铁	HT100	≥100	143～229	制造低载荷和不重要零件,如盖、外罩、手轮、支架、底座等
铁素体-珠光体灰铸铁	HT150	≥150	163～229	制造承受中等载荷的零件,如支柱、底座、床身、齿轮箱、工作台、阀体、轴承座、带轮、管路附件及一般工作条件要求的零件
珠光体灰铸铁	HT250	≥250	170～241	制造承受较大载荷和重要的零件,如泵壳、活塞、汽缸体、齿轮、机座、床身、活塞、制动轮、液压缸等
孕育铸铁	HT350	≥350	197～269	制造床身导轨、冲床等受力较大的床身、机座、主轴箱、卡盘、齿轮等,高压油缸、泵体、阀体、衬套、凸轮等

二、球墨铸铁的牌号、性能及用途

球墨铸铁是指铁液经过球化处理而不是在凝固后经过热处理,使石墨大部分或全部呈球状,有时少量石墨呈团絮状的铸铁。球墨铸铁是 20 世纪 40 年代末发展起来的一种新型高强度铸铁,它是由普通灰铸铁熔化的铁液,经过球化处理后得到的。球化处理的方法是在铁液出炉后,浇注前加入一定量的球化剂(稀土镁合金等)和等量的孕育剂,使石墨呈球状析出。球墨铸铁分为铁素体球墨铸铁、铁素体-珠光体球墨铸铁、珠光体球墨铸铁、贝氏体球墨铸铁、马氏体球墨铸铁,它们在室温下的显微组织状态分别是铁素体(F)+球状石墨(G)、铁素体(F)+珠光体(P)+球状石墨(G)、珠光体(P)+球状石墨(G)、贝氏体(B)+球状石墨(G)、马氏体(M)+球状石墨(G),如图 2-17 所示。

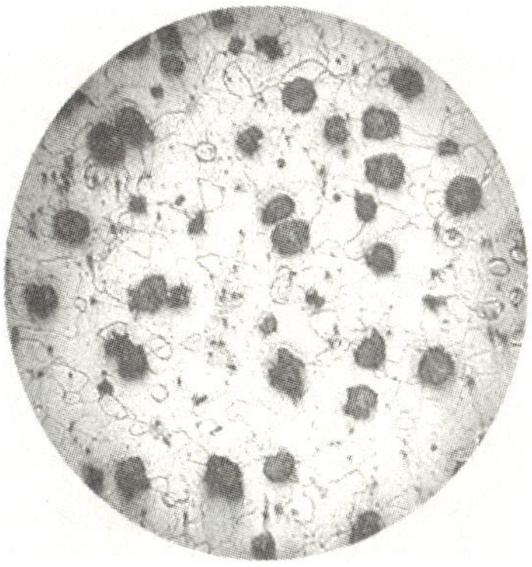

(a) 铁素体球墨铸铁 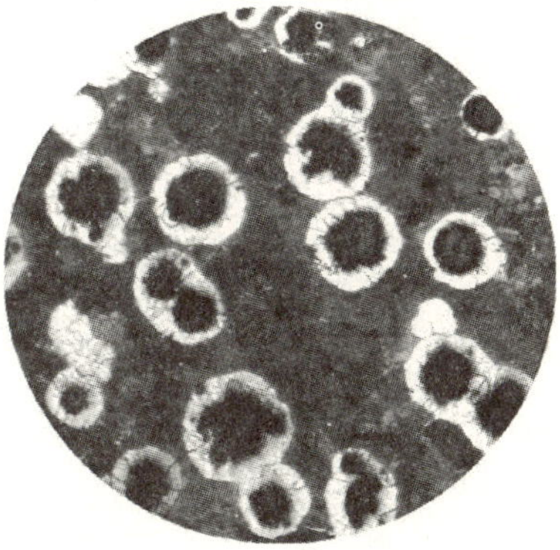　　　　　(b) 珠光体球墨铸铁

图 2-17　球墨铸铁的显微组织

1. 球墨铸铁的牌号

球墨铸铁的牌号用"QT"符号及其后面两组数字表示。"QT"是"球铁"两字汉语拼音的第一个字母，两组数字分别代表其最低抗拉强度和最低断后伸长率，如 QT400-15 表示最低抗拉强度是 400MPa、最低断后伸长率是 15% 的球墨铸铁。

2. 球墨铸铁的性能及用途

球墨铸铁与灰铸铁相比，具有较高的强度和良好的塑性与韧性，特别是稀土镁球墨铸铁的出现，使球墨铸铁在某些性能方面可与钢相媲美，如屈服强度比碳素结构钢高，疲劳强度接近中碳钢。同时，球墨铸铁还具有与灰铸铁相类似的优良性能。此外，球墨铸铁通过各种热处理，可以明显地提高其力学性能。但是，球墨铸铁的收缩率较大，流动性稍差，对原材料及处理工艺要求较高。目前，球墨铸铁主要用于制造一些受力复杂，强度、韧性和耐磨性要求较高的零件，如曲轴（见图 2-18）、连杆、齿轮、机床主轴、市政工程用井盖等。表 2-14 为部分球墨铸铁的牌号、力学性能及用途。

图 2-18　曲轴

表 2-14   球墨铸铁的牌号、力学性能及用途

基体类型	牌号	R_m /MPa	$R_{r0.2}$ /MPa	$A_{11.3}$ /%	硬度 /HBW	用 途
铁素体球墨铸铁	QT450-10	≥450	≥310	≥10	160～210	制造阀体,汽车或内燃机车上的零件,机床零件,减速器壳,齿轮壳,汽轮壳,低压气缸,阀盖支架,铁路垫板等
铁素体-珠光体球墨铸铁	QT500-7	≥500	≥320	≥7	170～230	制造油泵齿轮,水轮机阀门体,铁路机车车辆轴瓦,飞轮,支架,链轮,电动机壳,齿轮箱,千斤顶座,市政井盖等
珠光体球墨铸铁	QT700-2	≥700	≥420	≥2	225～305	制造柴油机曲轴,凸轮轴,汽缸体,汽缸套,活塞环,球磨机齿轴等
贝氏体球墨铸铁或马氏体球墨铸铁	QT900-2	≥900	≥600	≥2	280～360	制造汽车的螺旋锥齿轮,转向节,传动轴,拖拉机减速齿轮,内燃机的凸轮轴或曲轴等

三、蠕墨铸铁的牌号、性能及用途

蠕墨铸铁是指金相组织中石墨形态主要为蠕虫状的铸铁。蠕墨铸铁是 20 世纪 60 年代开发的一种新型铸铁材料。它是用高碳、低硫、低磷的铁液加入蠕化剂(稀土镁钛合金、稀土镁钙合金、稀土硅铁合金等),经蠕化处理后获得的高强度铸铁。蠕墨铸铁分为铁素体蠕墨铸铁、铁素体-珠光体蠕墨铸铁和珠光体蠕墨铸铁,它们在室温下的显微组织状态分别是铁素体(F)＋蠕虫状石墨(G)、铁素体(F)＋珠光体(P)＋蠕虫状石墨(G)、珠光体(P)＋蠕虫状石墨(G),如图 2-19 所示。

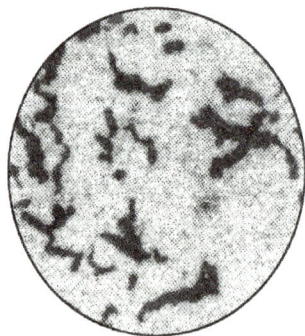

(a) 铁素体蠕墨铸铁   (b) 铁素体-珠光体蠕墨铸铁

图 2-19   蠕墨铸铁的显微组织

1. 蠕墨铸铁的牌号

蠕墨铸铁的牌号用"RuT"符号及其数字表示。"RuT"是"蠕铁"两字汉语拼音字母,其后数字表示最低抗拉强度,如 RuT380 表示最低抗拉强度是 380MPa 的蠕墨铸铁。

2. 蠕墨铸铁的性能及用途

蠕墨铸铁具有良好的综合性能,其力学性能介余灰铸铁和球墨铸铁之间,但蠕墨铸铁

在铸造性能、导热性能等方面要比球墨铸铁好。蠕墨铸铁常用于制造受热、要求组织致密、强度较高、形状复杂的大型铸件,如机床的立柱,柴油机的气缸盖、缸套和排气管等。常用蠕墨铸铁牌号、力学性能及用途见表2-15。

表 2-15　蠕墨铸铁的牌号、力学性能及用途

基体类型	牌号	R_m /MPa	$R_{r0.2}$ /MPa	$A_{11.3}$ /%	硬度 /HBW	应用举例
珠光体	RuT420	≥420	≥335	≥0.75	200～280	制造要求高强度或良好耐磨性的零件,如活塞环、气缸套、制动盘、泵体等
珠光体	RuT380	≥380	≥300	≥0.75	193～274	
铁素体-珠光体	RuT340	≥340	≥270	≥1.0	170～249	制造齿轮箱、飞轮、起重机卷筒、刹车鼓等
铁素体-珠光体	RuT300	≥300	≥240	≥1.5	140～217	制造排气管、气缸盖、液压件、变速箱体、纺织机零件、钢锭模等
铁素体	RuT260	≥260	≥195	≥3.0	121～197	制造增压器废气进气壳体,汽车、拖拉机的底盘零件等

四、可锻铸铁的牌号、性能及用途

可锻铸铁俗称玛钢、马铁,是由一定化学成分的白口铸铁经石墨化退火,使渗碳体分解而获得团絮状石墨的铸铁。白口铸铁是碳主要以游离碳化铁形式出现的铸铁,因断口呈银白色,故称白口铸铁。可锻铸铁按其退火方法进行分类,可分为黑心可锻铸铁、珠光体可锻铸铁和白心可锻铸铁,它们在室温下的显微组织状态分别是铁素体(F)+团絮状石墨(G)、珠光体(P)+团絮状石墨(G)、铁素体(F)+珠光体(P)+团絮状石墨(G),如图2-20所示。

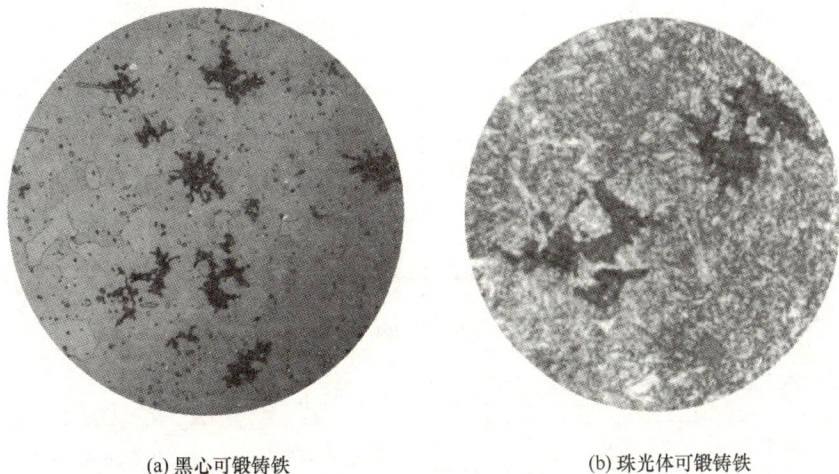

(a) 黑心可锻铸铁　　　　(b) 珠光体可锻铸铁

图 2-20　可锻铸铁的显微组织

1. 可锻铸铁的牌号

可锻铸铁的牌号是由三个字母及两组数字组成。其中前两个字母"KT"是"可铁"两字汉语拼音的首字母;第三个字母代表类别,"H"表示"黑心"(即铁素体基体),"Z"表示珠

光体基体,"B"表示白心(铸件中心是珠光体,表面是铁素体);后两组数字分别表示可锻铸铁的最低抗拉强度和最低断后伸长率。例如,KTH350-10 表示最低抗拉强度是350MPa、最低断后伸长率是 10％的黑心可锻铸铁。

2. 可锻铸铁的性能及用途

可锻铸铁的力学性能比灰铸铁高,具有较高塑性和韧性,而且低温韧性好。可锻铸铁铁液处理简单,产品质量比球墨铸铁稳定,容易组织流水线生产,广泛应用于汽车、拖拉机、机械制造及建筑行业,制造形状复杂、承受冲击载荷的薄壁(厚度<25mm)、中小型铸件,如管件、阀门、电动机壳、万向节(见图 2-21)、农机具等。但可锻铸铁的石墨化退火时间较长(几十小时),能源消耗较大。表 2-16 列出了可锻铸铁的牌号、力学性能及用途。

图 2-21　万向节

表 2-16　可锻铸铁的牌号、力学性能及用途

类型	牌号	R_m /MPa	$A_{11.3}$ /％	硬度 /HBW	应用举例
黑心可锻铸铁	KTH300-06	≥300	≥6	≤150	制造管道配件,如弯头、三通、管体、阀门等
	KTH330-08	≥330	≥8		制造钩型扳手、铁道扣板、车轮壳和农具等
	KTH350-10	≥350	≥10		制造汽车、拖拉机的后桥外壳、转向节壳、弹簧钢板支座、制动器壳等,差速器壳,电动机壳,农具等
	KTH370-12	≥370	≥12		
珠光体可锻铸铁	KTZ550-04	≥550	≥4	180～230	制造曲轴,连杆,齿轮,凸轮轴,摇臂,活塞环,轴套,万向节头,农具,矿车轮等
	KTZ700-02	≥700	≥2	240～290	
白心可锻铸铁	KTB380-12	≥380	≥12	≤200	制造壁厚小于 15mm 的铸件和焊接后不需进行热处理的铸件等
	KTB400-05	≥400	≥5	≤220	

五、合金铸铁

常规元素硅、锰高于普通铸铁规定含量或含有其他合金元素,具有较高力学性能或某种特殊性能的铸铁称为合金铸铁。常用的合金铸铁有耐磨铸铁、耐热铸铁及耐蚀铸铁等。

1. 耐磨铸铁

不易磨损的铸铁称为耐磨铸铁。耐磨铸铁主要是通过激冷或加入某些合金元素在铸铁中形成耐磨损的基体组织和一定数量的硬化相达到提高其耐磨性的。耐磨铸铁包括减磨铸铁和抗磨铸铁两大类。

(1) 减磨铸铁。减磨铸铁是在润滑条件下工作的耐磨铸铁，如机床导轨、汽缸套、活塞环(见图 2-22)、轴承等。减磨铸铁要求磨损小、摩擦因数小、导热性好、切削加工性好。为了满足上述性能要求，减磨铸铁的组织应为软基体上均匀分布着硬组织。这种组织工作时，在摩擦力的作用下，软基体下凹，保存油膜，均匀分布的硬组织起耐磨作用。例如，珠光体灰铸铁基本上符合上述性能要求，在珠光体基体中铁素体为软基体，渗碳体为硬组织，石墨片本身是良好的润滑剂，并且由于石墨组织具有"松散"特点，所以，石墨所在之处可以储存润滑油，从而达到润滑摩擦表面的效果。常用减磨铸铁是耐磨灰铸铁，其牌号用字母"HTM"表示，数字表示合金元素的百分质量分数，如 HTMCu1Cr1Mo 等。

(2) 抗磨铸铁。具有较好的抗磨料磨损的铸铁称为抗磨铸铁。抗磨铸铁是在无润滑、干摩擦条件下工作的，如犁铧、轧辊、抛丸机叶片、球磨机磨球、煤粉机锤头、拖拉机履带板、发动机凸轮等。抗磨铸铁要求具有均匀的高硬度组织，其内部组织一般是莱氏体、马氏体、贝氏体等。生产中通常采用激冷方式或向铸铁中加入铬、钨、钼、铜、锰、磷、硼等元素，在铸铁中形成一定数量的硬化相来提高其耐磨性，如合金白口铸铁、中锰球墨铸铁、冷硬铸铁等，都是较好的抗磨铸铁。

抗磨白口铸铁的牌号由"BTM"、合金元素符号和数字组成，如 BTMCr15Mo 等。如果是抗磨球墨铸铁，则牌号中用字母"QTM"表示，数字表示合金元素的百分质量分数，如

图 2-22 活塞环

QTMMn8-30 等。如果是冷硬灰铸铁，则牌号中用字母"HTL"表示，数字表示合金元素的百分质量分数，如 HTLCr1Ni1Mo。

2. 耐热铸铁

可以在高温下使用，其抗氧化或抗生长性能符合使用要求的铸铁称为耐热铸铁。铸铁在反复加热、冷却时产生体积长大的现象称为铸铁的生长。在高温下铸铁产生的体积膨胀是不可逆的，这是由铸铁内部发生的氧化现象和石墨化现象引起的。因此，铸铁在高温下损坏的形式主要是在反复加热、冷却过程中，发生相变(渗碳体分解)和氧化，从而引起铸铁生长以及产生微裂纹。

为了提高铸铁的耐热性，常向铸铁中加入硅、铝、铬等合金元素，使铸铁表面形成一层致密的 SiO_2、Al_2O_3、Cr_2O_3 氧化膜，阻止氧化性气体渗入铸铁内部产生内氧化，从而抑制

铸铁的生长。常用耐热铸铁牌号有 HTRCr、HTRCr2、HTRSi5、QTRSi4、QTRAl22 等。耐热铸铁主要用于制作工业加热炉附件,如炉底板、炉条、烟道挡板、废气道、传递链构件、渗碳坩埚、热交换器、压铸模等。

3. 耐蚀铸铁

能耐化学、电化学腐蚀的铸铁称为耐蚀铸铁。耐蚀铸铁中通常加入的合金元素是硅、铝、铬、镍、钼、铜等,这些合金元素能使铸铁表面生成一层致密稳定的氧化物保护膜,从而提高耐蚀铸铁的耐腐蚀能力。常用的耐蚀铸铁有高硅耐蚀铸铁、高硅钼耐蚀铸铁、高铝耐蚀铸铁、高铬耐蚀铸铁、镍铸铁等。耐蚀铸铁主要用于化工机械,如管道、阀门、耐酸泵、离心泵、反应锅及容器等。

常用的高硅耐蚀铸铁的牌号有 HTSSi11Cu2CrRE、HTSSi5RE、HTSSi15Cr4Mo3RE、HTSSi15Cr4RE 等。牌号中的"HTS"表示高硅耐蚀铸铁,"RE"是稀土代号,数字表示合金元素的百分质量分数。

模块三　常用非铁金属及其合金

非铁金属(或有色金属)的产量仅占世界金属材料产量的 5%,但由于非铁金属具有钢铁材料所不具备的某些物理性能和化学性能,因而非铁金属是国民经济发展中不可缺少的重要材料,广泛应用于机械制造、航天、航空、航海、汽车、石化、电力、电器、核能及计算机等行业。例如,飞机、导弹、火箭、卫星、核潜艇等尖端武器以及原子能、电视、通信、雷达、电子计算机等所需的元器件大多是由非铁金属中的轻金属和稀有金属制成的。将来非铁金属在人类社会发展中的地位会越来越重要,它不仅是世界上重要的战略储备物资,而且也是人类生活中不可缺少的消费物资。目前工业发达国家,都在竞相发展非铁金属工业,增加非铁金属的战略储备。常用的非铁金属主要有铝及铝合金、铜及铜合金、钛及钛合金、镁及镁合金、滑动轴承合金、硬质合金等。

一、铝及铝合金

铝及铝合金是非铁金属中应用最广的金属材料,它包括纯铝和铝合金。铝及铝合金广泛用于电气、汽车、车辆、化工、航空、建筑等行业。

1. 纯铝的性能、牌号及用途

纯铝分为工业高纯铝($w_{Al} \geqslant 99.85\%$)和工业纯铝($99.85\% > w_{Al} \geqslant 99.0\%$)。纯铝的密度是 $2.7g/cm^3$,属于轻金属;纯铝的熔点是 660℃,无铁磁性;纯铝的导电和导热性能仅次于银和铜;纯铝与氧的亲和力强,容易在其表面形成致密的 Al_2O_3 薄膜,该薄膜能有效地防止内部金属继续氧化,故纯铝在非工业污染的大气中具有良好的耐腐蚀性,但纯铝不耐碱、酸、盐等介质的腐蚀;纯铝塑性好($A_{11.3} \approx 40\%$,$Z \approx 80\%$),但强度低($R_m \approx 80 \sim 100MPa$);纯铝不能用热处理进行强化,冷变形是其提高强度的主要手段,纯铝经冷变形强化后,其强度可提高到 $R_m = 150 \sim 250MPa$,而塑性则下降到 $Z = 50\% \sim 60\%$。

根据 GB/T 16474—2011《变形铝及铝合金牌号表示方法》的规定,我国纯铝牌号用 $1\times\times\times$ 四位数字或四位字符表示,牌号的最后两位数字表示最低铝百分含量。当最低铝百分含量精确到 0.01% 时,牌号的最后两位数字就是最低铝百分含量中小数点后面的两位。

对于命名为国际四位数字体系牌号的纯铝,牌号中的第二位数字表示对杂质范围的修约。如果数字是"0",则表示该工业纯铝的杂质范围为生产中正常范围;如果是"1～9"中的任一个自然数,则表示生产中应对某一种或几种杂质或合金元素加以专门控制。例如,1350 工业纯铝是一种 $w_{Al}\geqslant99.50\%$ 的电工铝,其中有 3 种杂质应受到控制,即 $w_{V+Ti}\leqslant0.02\%$、$w_B\leqslant0.05\%$、$w_{Ca}\leqslant0.03\%$。

对于未命名为国际四位数字体系牌号的纯铝,牌号中的第二位字母表示原始纯铝的改型情况。如果牌号的第二位字母是"A",则表示原始纯铝;如果牌号的第二位字母是"B～Y"的其他字母,则表示对原始纯铝的改型合金。例如,1A99(原 LG5),其 $w_{Al}=$ 99.99%;1A97(原 LG4),其 $w_{Al}=99.97\%$;1060(原工业纯铝 L2),其 $w_{Al}=99.6\%$。

纯铝主要用于熔炼铝合金,制造电线、电缆、电器元件、换热器件、器皿以及要求制作质轻、导热、导电、耐大气腐蚀但强度要求不高的机电构件等。

2. 铝合金的性能、牌号及用途

铝合金是以铝为基础,加入一种或几种其他元素(如铜、镁、硅、锰、锌等)构成的合金。铝合金经过冷加工或热处理,其抗拉强度可提高到 500MPa 以上。铝合金具有比强度(抗拉强度与密度的比值)高、良好的耐腐蚀性和可加工性,在航空和航天工业中应用广泛。

(1) 铝合金的分类。如图 2-23 所示,铝合金可分为变形铝合金和铸造铝合金。变形铝合金是指塑性高、韧性好,适合于压力加工的铝合金;铸造铝合金是指塑性差,适合于铸造成型的铝合金。铝合金按能否进行热处理强化分类,可分为不能进行热处理强化的铝合金和能进行热处理强化的铝合金。变形铝合金按其性能特点和用途进行分类,又可分为防锈铝、硬铝、超硬铝、锻铝等。

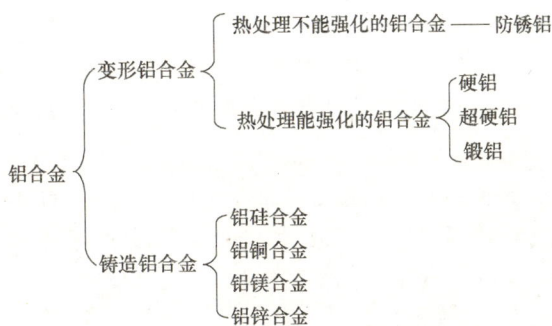

图 2-23　铝合金的分类

(2) 变形铝合金。变形铝合金的代号用"L+代号+数字"表示。"L"是"铝"字汉语拼音字首;其后的代号表示变形铝合金的类别,如"F"表示防锈铝,"Y"表示硬铝,"C"表示超硬铝,"D"表示锻铝;数字表示合金的顺序号。例如,LD5 表示 5 号锻铝合金。在 GB/T 16474—2011《变形铝及铝合金牌号表示方法》中,规定铝合金牌号直接引用国际四位数字体系或采用四位字符体系牌号。

防锈铝属于热处理不能强化的变形铝合金(如 Al-Mn 系和 Al-Mg 系铝合金),它一般通过冷变形加工提高其强度,如 5A02(LF2)、5A03(LF3)、5A05(LF5)、5B05(LF10)、3A21(LF21)等。防锈铝具有比纯铝更好的耐腐蚀性,具有良好的塑性及焊接性能,主要用于制造要求具有耐腐蚀性的油箱(见图 2-24)、导油管、食品用器皿、装饰件、铆钉、轻载荷零件、焊条及防锈蒙皮等。

硬铝属于热处理能强化的变形铝合金(如 Al-Cu-Mg 系铝合金),它可以通过热处理提高其强度,如 2A01(LY1)、2A02(LY2)、2A06(LY6)、2B11(LY8)、2A12(LY12)、2A17(LY17)等。硬铝具有强烈的时效硬化能力,在室温具有较高的强度和耐热性,但其耐腐蚀性比纯铝差,尤其是耐海洋大气腐蚀的性能较低,焊接性也较差,所以,有些硬铝的板材常在其表面包覆一层纯铝后使用。硬铝主要用于制造中等强度的构件和零件,如飞机的铆钉、螺栓、蒙皮、骨架、螺旋浆叶、翼肋和翼梁(见图 2-25)等。

图 2-24　油箱

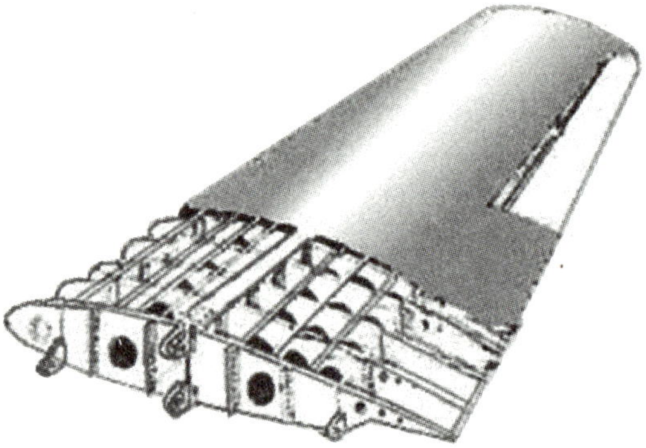

图 2-25　飞机翼肋和翼梁

超硬铝属于热处理能强化的变形铝合金(如 Al-Cu-Mg-Zn 系铝合金),它是在硬铝的基础上再添加锌元素形成的,如 7A03(LC3)、7A04(LC4)、7A09(LC9)、7A10(LC10)等。超硬铝经固溶处理和人工时效后,可以获得在室温条件下强度最高的铝合金,但超硬铝应力腐蚀倾向较大,主要用于制造受力大的重要构件及高载荷零件,如飞机的大梁、桁架、活塞、加强框、起落架、蒙皮等。

锻铝也属于热处理能强化的变形铝合金(如 Al-Cu-Mg-Si 系铝合金),它具有良好的热加工性能、焊接性能,力学性能与硬铝相近,切削加工性能较好,但耐腐蚀性能较低,它适合于锻造加工,如 6A02(LD2)、2A50(LD5)、2B50(LD6)、2A80(LD8)、2A14(LD10)等,可用来制造各种复杂形状的模锻件。

根据 GB/T 16474—2011《变形铝及铝合金牌号表示方法》的规定,我国变形铝及铝合金牌号表示采用国际四位数字体系牌号和四位字符体系牌号两种命名方法。在变形铝及铝合金国际四位数字体系牌号组织中命名的变形铝及铝合金,直接采用四位数字体系牌号;在变形铝及铝合金国际四位数字体系牌号组织中未命名的变形铝及铝合金,应采用四位字符体系牌号命名。两种牌号命名方法的区别仅在第二位。

对于命名为国际四位数字体系牌号的变形铝合金,应采用四位数字体系,其牌号采用

"2××××～8××××"形式表示。其中第一位数字表示变形铝及铝合金的组别见表2-17；牌号的第二位数字表示对铝合金的修约。如果数字是"0"，则表示原始合金，如果是"1～9"中的任一个自然数，则表示对铝合金的修约次数；牌号中的最后两位数字无特殊意义，仅表示同一系列中的不同铝合金。

对于未命名为国际四位数字体系牌号的变形铝及铝合金，应采用四位字符体系，其牌号的第一、三、四位是阿拉伯数字，第二位是英文大写字母（除字母C、I、L、N、O、P、Q、Z之外）。牌号中的第一位数字表示变形铝及铝合金的组别，见表2-17；牌号的第二位字母表示原始纯铝或铝合金的改型情况。如果牌号的第二位字母是"A"，则表示原始合金；如果牌号的第二位字母是"B～Y"的其他字母，则表示对原始合金的改型合金。牌号中的最后两位数字无特殊意义，仅表示同一系列中的不同铝合金。

表2-17 铝及铝合金的组别分类

组　　别	牌号系列
纯铝（铝的质量分数不小于99.00%）	1×××
以铜为主要合金元素的铝合金	2×××
以锰为主要合金元素的铝合金	3×××
以硅为主要合金元素的铝合金	4×××
以镁为主要合金元素的铝合金	5×××
以镁和硅为主要合金元素并以Mg_2Si为强化相的铝合金	6×××
以锌为主要合金元素的铝合金	7×××
以其他合金元素为主要合金元素的铝合金	8×××
备用合金组	9×××

（3）铸造铝合金。它具有良好的铸造性能，塑性与韧性较低，不能进行压力加工。铸造铝合金按所添加合金元素进行分类，可分为Al-Si系、Al-Cu系、Al-Mg系和Al-Zn系铸造铝合金。铸造铝合金牌号由铝和主要合金元素的化学符号，以及表示主要合金元素名义质量百分含量的数字组成，并在其牌号前面冠以"铸"字的汉语拼音字母的字首"Z"。例如，ZAlSi12，表示$w_{Si}=12\%$，$w_{Al}=88\%$的铸造铝合金。铸造铝合金可用来制造内燃机活塞、汽缸体

图2-26 铸造铝合金汽缸体

（图2-26）、汽缸套、风扇叶片、形状复杂的薄壁零件以及仪器外壳、油泵壳体、活塞、支臂、挂架梁等。

3. 铝合金的热处理

对于能进行热处理强化的铝合金来说，当其经淬火（固溶处理）后，其硬度和强度不能立即提高，而塑性与韧性则显著提高。但淬火后的铝合金在室温放置一段时间后，会发生

时效现象,导致铝合金的硬度和强度显著提高,而塑性与韧性则明显下降,如图 2-27 所示。铝合金发生时效的主要原因是铝合金经淬火后,获得的过饱和固溶体是不稳定的组织,有析出第二相金属化合物的趋势。铝合金的时效方法可分为自然时效和人工时效两种。铝合金经固溶处理后,在室温下进行的时效称为"自然时效";铝合金经固溶处理后,在加热条件(一般是 100～200℃)下进行的时效称为"人工时效"。

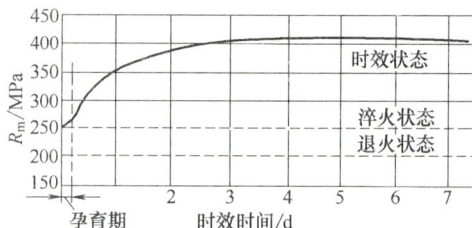

图 2-27　铝合金($w_{Cu}=4\%$)自然时效曲线

铝合金常用的热处理方法有退火、淬火加时效等。退火可消除铝合金的加工硬化,恢复其塑性变形能力,也可消除铝合金铸件的内应力和化学成分偏析;淬火加时效是铝合金强化的主要方法。

二、铜及铜合金

虽然铜元素在地壳中的储量较少,但铜及铜合金是人类使用最早的金属之一。历史学家就以铜器具为标志来划分人类社会的发展阶段——铜器时代。目前,在国民经济生产中使用的铜及其合金主要有加工铜(纯铜)、黄铜、青铜及白铜。

1. 加工铜(纯铜)的性能、牌号及用途

加工铜呈玫瑰红色,故俗称紫铜,又称电解铜。加工铜的熔点是 1083℃,密度是 $8.91g/cm^3$,属于重金属。加工铜具有良好的导电性和导热性,而且无磁性。加工铜在含有 CO_2 的湿空气中,其表面容易生成碱性碳酸盐类的绿色薄膜($CuCO_3 \cdot Cu(OH)_2$),俗称铜绿。加工铜在大气、淡水等介质中均有良好的耐腐蚀性,在非氧化性酸溶液中也能耐腐蚀,但在氧化性酸(如 HNO_3、浓 H_2SO_4 等)溶液以及各种盐类溶液(包括海水)中则容易受到腐蚀。加工铜的强度($R_m=200～250MPa$)不高,硬度(40～50HBW)较低,塑性($A_{11.3}=45\%～50\%$)与低温韧性较好,容易进行压力加工。加工铜经冷塑性变形后可提高其强度,但塑性有所下降。

加工铜的牌号用汉语拼音字母"T"加顺序号表示,共有 T1、T2、T3 三种,顺序号数字越大,则其纯度越低。由于加工铜的强度低,因此,不宜作为结构材料使用。加工铜主要用于制造电线、电缆、电子器件、导热器件、雷管、耐腐蚀器件以及作为冶炼铜合金的原料等。

2. 铜合金的性能、牌号及用途

在纯铜中加入其他合金元素形成的合金称为铜合金。铜合金按其化学成分进行分类,可分为黄铜、白铜和青铜三类。

（1）黄铜。黄铜是指以铜为基体金属，以锌为主加元素的铜合金。黄铜包括普通黄铜和特殊黄铜。普通黄铜是由铜和锌组成的铜合金；特殊黄铜是在普通黄铜中再加入其他合金元素所形成的铜合金，如铅黄铜、锰黄铜、铝黄铜、镍黄铜、铁黄铜、锡黄铜、加砷黄铜、硅黄铜等。根据生产方法的不同，黄铜又可分为加工黄铜与铸造黄铜两类。

普通黄铜的牌号是用"黄"字汉语拼音字首"H"加数字表示，其中数字表示平均铜的质量分数，如 H90 表示 $w_{Cu}=90\%$，$w_{Zn}=10\%$ 的普通黄铜。对于特殊黄铜来说，其牌号用"黄"字汉语拼音字首"H"加主加元素（Zn 除外）符号，加铜及相应主加元素的质量分数来表示，如 HPb59-1 表示 $w_{Cu}=59\%$，$w_{Pb}=1\%$ 的特殊黄铜（或称铅黄铜）。

普通黄铜色泽美观，具有良好的耐腐蚀性和加工性能。常用普通黄铜有 H96、H90、H85、H80、H70、H68、H65、H63、H62、H59 等，主要用于制作导电零件、双金属片、证章、艺术品、散热器、波纹管（见图 2-28）、弹壳、各种构件、支架、排水管、管接头、油管、轴套、销钉、螺母、垫片、弹簧、电镀件等。

为了提高黄铜的力学性能、工艺性能和化学性能，在普通黄铜的基础上加入铅、铝、硅、锰、锡、镍、砷、铁等元素，可分别形成铅黄铜、铝黄铜、硅黄铜、锰黄铜、锡黄铜等特殊黄铜。例如，加入铅可以改善黄铜的切削加工性；加入铝、镍、锰、硅等元素能提高黄铜的强度和硬度，改善黄铜的耐蚀性、耐热性和铸造性能；加入锡能增加黄铜的强度和在海水中的耐腐蚀性，因此，锡黄铜也有海军黄铜之称；加入砷可以减少或防止黄铜脱锌。常用特殊黄铜的力学性能和用途见表 2-18。

图 2-28　波纹管

表 2-18　常用特殊黄铜的力学性能和用途

合金类型	牌号	R_m /MPa	$A_{11.3}$ /%	HBW	用 途 举 例
铅黄铜	HPb59-1	400/650	45/16	44/80	轴、轴套、螺栓、螺钉、螺母、分流器、导电排
铝黄铜	HAl77-2	400/650	55/12	60/170	室温下工作的高强度零件及耐腐蚀零件
硅黄铜	HSi80-3	300/600	58/4	90/110	船舶零件、水管零件或耐磨锡青铜的代用材料
锰黄铜	HMn58-2	392/686	40/10	85/175	船舶零件、轴承、耐磨零件、耐腐蚀零件及弱电用零件
锡黄铜	HSn90-1	275/510	45/5	—	汽车、拖拉机弹性套管，耐腐蚀零件，耐磨损零件
镍黄铜	HNi65-5	392/686	65/4	—	压力表管、造纸网、船舶用冷凝器管，是锡磷青铜的代用品
铁黄铜	HFe59-1-1	411/686	50/10	88/160	不重要的耐磨零件或耐腐蚀零件，如衬套、垫圈、齿轮等

注：力学性能中的分子为退火状态数值，分母为硬化状态数值。

（2）白铜。白铜是指以铜为基体金属，以镍为主加元素的铜合金。白铜包括普通白铜和特殊白铜。普通白铜是由铜和镍组成的铜合金;特殊白铜是在普通白铜中再加入其他合金元素形成的铜合金,如锌白铜、锰白铜、铝白铜等。根据生产方法的不同,白铜又可分为加工白铜与铸造白铜两类。

普通白铜是铜镍二元合金,它具有优良的塑性、很好的耐腐蚀性、耐热性,特殊的电性能和冷热加工性能。普通白铜是制造精密机械零件、仪表零件、冷凝器(见图 2-29)、蒸馏器、热交换器、日用水龙头和电器元件不可缺少的材料。普通白铜的牌号用"B+数字"表示,其中"B"是"白"字的汉语拼音字首,数字表示镍的质量百分数。例如,B30 表示 $w_{Ni}=30\%$,$w_{Cu}=70\%$ 的普通白铜。常用普通白铜有 B0.6、B5、B19、B25、B30 等。

特殊白铜是在普通白铜中加入锌、铝、铁、锰等元素形成的白铜。合金元素的加入是为了改善白铜的力学性能、工艺性能和电热性能以及获得某些特殊性能,如锰白铜(又称康铜)具有较高的电阻率、热电势、较低的电阻温度系数、良好的耐热性和耐腐蚀性,常用来制造热电偶(见图 2-30)、变阻器及加热器等。特殊白铜的牌号用"B+主加元素符号+几组数字"表示,数字依次表示镍和主加元素的质量百分数,如 BMn3-12 表示平均 $w_{Ni}=3\%$、$w_{Mn}=12\%$ 的锰白铜。常用特殊白铜有 BA16-1.5(铝白铜)、BFe30-1.1(铁白铜)、BMn3-12(锰白铜)等。

图 2-29 冷凝器

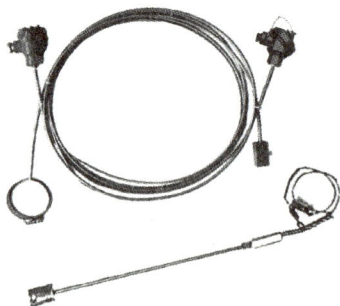

图 2-30 热电偶

(3) 青铜。青铜是指以除锌和镍以外的合金元素为主添加元素的铜合金(或指除黄铜和白铜以外的铜合金)。例如,以锡为合金元素的青铜称为锡青铜,以铝为主要合金元素的青铜称铝青铜。其他青铜主要有铍青铜、硅青铜、锰青铜等。根据生产方法的不同,青铜可分为加工青铜与铸造青铜两类。

青铜因其外观呈青灰色而得名。加工青铜的牌号是用"Q+第一个主加元素的化学符号及数字+其他元素符号及数字"方式表示,"Q"是"青"字汉语拼音字首,数字依次表示第一个主加元素和加入元素的平均质量百分数。例如,QBe2 是 $w_{Be}=2\%$ 的铍青铜;QSn4-3 是 $w_{Sn}=4\%$,$w_{Zn}=3\%$ 的锡青铜。加工青铜主要用于制作齿轮、轴套、蜗轮、蜗杆以及抗磁零件等。

3. 铸造铜合金

铸造铜合金是指用来生产铜合金铸件的合金。铸造铜合金的牌号表示方法由"ZCu+主加元素符号+主加元素质量百分数+其他加入元素符号和质量百分数"组成。例如,ZCuZn30 表示 $w_{Zn}=30\%$ 的铸造铜合金。常用的铸造铜合金有 ZCuZn38、

ZCuZn16Si4、ZCuZn40Pb2、ZCuZn25Al6Fe3Mn3、ZCuSn10Zn2、ZCuAl9Mn2、ZCuPb30等。铸造锡青铜适合于铸造对外形及尺寸要求较高的铸件以及形状复杂、壁厚较大的零件。

三、钛及钛合金

钛及钛合金是 20 世纪 40 年代末发展起来的金属材料,广泛应用于航空、航天、化工、造船、机电产品、医疗卫生、国防、新能源开发等领域。钛合金是金属中的佼佼者,除了具有密度小、强度高、比强度高、耐高温、耐腐蚀和良好的冷热加工性能等优点外,还具有特殊的记忆功能。钛及其钛合金主要用于制造要求塑性高、有适当的强度、耐腐蚀和可焊接的零件。此外,利用钛及钛合金的记忆功能还可制造牙齿矫形弓丝、人工关节、智能开关、管道连接接头等构件。

1. 加工钛（纯钛）的性能、牌号及用途

加工钛呈银白色,密度为 $4.51g/cm^3$,熔点为 $1668℃$,热膨胀系数小,塑性好,强度低,容易加工成型。在 $882.5℃$ 钛发生同素异构转变:α-Ti↔β-Ti,在 $882.5℃$ 以上存在的是体心立方结构的 β-Ti;在 $882.5℃$ 以下存在的是密排六方结构的 α-Ti。钛与氧和氮的亲和力较大,非常容易与氧和氮结合形成一层致密的氧化物和氮化物薄膜,其稳定性高于铝及不锈钢的氧化膜,故在许多介质中钛的耐腐蚀性比大多数不锈钢更优良,尤其是抗海水的腐蚀能力非常突出。

按《钛及钛合金牌号和化学成分》(GB/T 3620.1—2007),加工钛的牌号用"TA＋顺序号"表示,如 TA2 表示 2 号工业纯钛。工业纯钛的牌号有 TA1、TA2、TA3、TA4 四个牌号,顺序号越大,杂质含量越多。加工钛主要用于制造飞机骨架、蒙皮、发动机部件等;在化工部门主要用于制造热交换器、泵体、搅拌器、蒸馏塔、叶轮、阀门等;在海水净化装置及舰船方面用于制造相关耐腐蚀零部件,如阀门、管道等;另外,加工钛还可用于制造压缩机气阀、柴油机活塞等。

2. 钛合金

为了提高加工钛的强度和耐热性等,可加入铝、锆、钼、钒、锰、铬、铁等合金元素,形成不同类型的钛合金。钛合金按其退火后的组织形态进行分类,可分为 α 型钛合金、β 型钛合金和 $\alpha+\beta$ 型钛合金。

钛合金的牌号用"T＋合金类别代号＋顺序号"表示。"T"是"钛"字汉语拼音字首,合金类别代号分别用 A、B、C 表示 α 型钛合金、β 型钛合金、$\alpha+\beta$ 型钛合金。例如,TA5 表示 5 号 α 型钛合金;TB3 表示 3 号 β 型钛合金;TC4 表示 4 号 $\alpha+\beta$ 型钛合金。

常用的 α 型钛合金有 TA5、TA6、TA7、TA9、TA10 等。α 型钛合金一般用于制造使用温度不超过 $500℃$ 的零件,如飞机蒙皮、骨架零件,航空发动机压气机叶片和管道,导弹的燃料箱,超音速飞机的涡轮机匣,火箭和飞船的高压低温容器等。

常用的 β 型钛合金有 TB2、TB3、TB4、TB5 等。β 型钛合金一般用于制造使用温度在 $350℃$ 以下的结构零件和紧固件,如压气机叶片、轴、轮盘及航空航天结构件等。

常用的 $\alpha+\beta$ 型钛合金有 TC1、TC2、TC3、TC4、TC9、TC10、TC11、TC12 等。$\alpha+\beta$ 型

钛合金一般用于制造使用温度在500℃以下和低温下工作的结构零件,如各种容器、泵、低温部件、舰艇耐压壳体、坦克履带、飞机发动机结构件和叶片、火箭发动机外壳、火箭和导弹的液氢燃料箱部件等。钛合金中 α＋β 型钛合金可以适应各种不同的用途,是应用最广的钛合金。

四、镁及镁合金

1. 纯镁的性能、牌号及用途

纯镁具有金属光泽,呈亮白色,具有密排六方晶格。纯镁的熔点是650℃,密度是1.738g/cm³,其密度是钢的1/4,是铝的2/3,也是最轻的非铁金属。镁具有较高的比强度,切削加工性能比钢铁材料好,能够进行高速切削,抗冲击能力强,尺寸稳定性高。

镁的化学活性很强,耐腐蚀性差。另外,镁在空气中容易氧化,尤其在高温时,氧化反应放出的热量不能及时散失,很容易在空气中燃烧,而且镁在空气中形成的氧化膜疏松多孔,故保护性很差。在潮湿的大气、淡水、海水及大多数酸、盐溶液中镁很容易受到腐蚀。纯镁的力学性能较差,特别是塑性比铝低得多,大约为 $A_{11.3}=10\%$。

纯镁的牌号有3种,其化学成分见表2-19。镁主要用于制作合金以及作为保护其他金属的牺牲阴极。

表 2-19　纯镁的牌号与化学成分

牌号	$w_{Mg}/\%$	杂质含量(质量分数)/%				
		Si	Ni	Cr	Al	Cl
1 号纯镁	≤99.95	≤0.01	—	≤0.005	≤0.01	≤0.003
2 号纯镁	≤99.92	≤0.01	≤0.01	≤0.01	≤0.02	≤0.005
3 号纯镁	≤99.85	≤0.03	≤0.02	≤0.02	≤0.05	≤0.005

2. 镁合金的性能、牌号及用途

(1) 镁合金的性能。镁合金是以镁为基础加入其他元素组成的合金。镁合金中主要加入的合金元素有铝(Al)、锌(Zn)、锰(Mn)、铈(Ce)、钍(Th)以及少量的锆(Zr)或镉(Cd)等。

总体来说,镁合金的密度略比塑料大,但在同样强度情况下,镁合金的零件可以做得比塑料薄而且轻;镁合金的比强度比铝合金高,因此,在不减小零部件的强度条件下,可减轻铝合金件的重量;镁合金受到冲击载荷时,其吸收能量比铝合金高约50%,因此,镁合金具有良好的减振性能和降噪性能,是制造飞机轮毂的理想材料;镁合金具有良好的耐腐蚀性能。但镁合金在潮湿空气中容易氧化和腐蚀,因此镁合金零件使用前,其表面需要经过化学处理或涂漆。镁合金具有良好的电磁屏蔽性能和防辐射性能,镁合金的电磁波屏蔽性能比在塑料上电镀屏蔽膜效果好,因此,使用镁合金可省去电磁波屏蔽膜的电镀工序。镁合金的熔点比铝合金熔点略低,其压铸成型性能好。镁合金铸件的抗拉强度与铝合金铸件相当,一般可达250MPa,最高可达600MPa。

(2) 镁合金的牌号。镁合金包括变形镁合金和铸造镁合金两大类。目前,在工业中应用较广泛的镁合金主要有 4 个系列：AZ 系列（Mg-Al-Zn 合金）、AM 系列（Mg-Al-Mn 合金）、AS 系列（Mg-Al-Si 合金）和 AE 系列（Mg-Al-RE 合金）。

根据 GB/T 5153—2003《变形镁及镁合金牌号和化学成分》的规定，镁合金牌号采用"英文字母（两个）＋数字（两个）＋英文字母"进行表示。其中前面两个字母的含义是：第一个字母表示含量最大的合金元素，第二个字母表示含量为第二的合金元素。其中两位数字表示两个主要合金元素的含量：第一个数字表示第一个字母所代表的合金元素的百分质量分数，第二个数字表示第二个字母所代表的合金元素的百分质量分数。其中最后面的英文字母表示标识代号，用以标识各具体组成元素相异或元素含量有微小差别的不同合金，一般用后缀字母 A、B、C、D、E 进行标识。

例如，AZ91E 表示主要合金元素是 Al 和 Zn，其名义百分质量分别是 9％和 1％，"E"表示 AZ91E 是含 9％Al 和 1％Zn 合金系列的第五位。

（3）镁合金的用途。在实用金属中，镁合金是最轻的金属。目前，镁合金中使用最广、最多的是镁铝合金，其次是镁锰合金和镁锌锆合金。镁合金主要用于航空、航天、国防、交通运输、化工等工业部门。

在航空、航天器制造方面，镁合金是航空、航天工业不可缺少的材料，可用于制作飞机轮毂、摇臂、襟翼、舱门和舵面等活动零件，发动机齿轮机匣、油泵和油管，B-52 轰炸机的机身部分，地空导弹的仪表舱、尾舱和发动机支架等。

在国防建设方面，镁合金是减小武器装备质量，实现武器装备轻量化，提高武器装备各项战术性能的理想结构材料。例如，直升机、歼击机、B-52 轰炸机、火箭、导弹等都要大量使用镁合金制作机身及内部零件；坦克、装甲车、军用吉普车、枪械武器等也使用镁合金制作相关零件；用镁合金制造子弹壳、炮弹壳，可使单兵子弹负载增加 1 倍，也可使单兵综合作战系统降到 6.37kg。

在交通工具制造方面，镁合金可用于制造汽车的离合器壳体、阀盖、仪表板、变速箱体、曲轴箱、发动机前盖、气缸盖、空调机外壳、方向盘（见图 2-31）、转向支架、刹车支架、座椅框架、车镜支架、分配支架等零件。

在手机、笔记本电脑、数码相机机身制造方面，镁合金可用于制造液晶屏幕的支承框架和背面的壳体。镁合金外壳既可以提供优越的电磁保护作用，而且镁合金外壳的外观及触摸质感极佳，使手机、笔记本电脑、数码相机产品更具豪华感，也保证了外壳在空气中不易被腐蚀。

在电源制造方面，镁电源类产品都是高能无污染电源，如制造镁锰干电池、镁空气电池、镁海水电池、鱼雷电源以及动力电池、高电位镁合金牺牲阳极板（用于金属保护）。

在电器、生活用品制造方面，镁合金可用于制造散热器，复合材料，LED 灯饰、环保建筑装饰板材、体育器材、医疗器械、工具、高级眼镜架、手表壳、高级旅行用品、低载荷构件，以及制作要求高质

图 2-31　方向盘

量、高强度、高韧性配件等。

相对于开发应用比较成熟、历史悠远的钢铁材料、铝及其合金、铜及其合金来说,镁合金的开发和应用还只是刚刚兴起,随着科技的发展,镁合金在未来的应用领域将会不断扩展。

五、滑动轴承合金

滑动轴承一般由轴承体和轴瓦构成,如图 2-32 所示。滑动轴承承压面积大,承载能力强,工作平稳、噪声小,检修方便,应用广泛。滑动轴承合金是用于制造滑动轴承轴瓦及其内衬的铸造合金,它具有良好的耐磨性、磨合性、抗咬合性、减摩性、导热性和耐腐蚀性等,主要用于制造汽轮机、柴油机、发动机、压缩机、电动机、空压机、减速器中的滑动轴承等。

1. 滑动轴承合金的组织状态类型

滑动轴承合金的组织状态有两种类型:第一种类型是在软的基体上分布着硬质点(见图 2-33);第二种类型是在硬的基体上分布着软质点。在滑动轴承工作时,滑动轴承合金组织中软的部分逐渐地被磨损,形成下凹区域并储存润滑油,使磨合表面形成连续的油膜,硬质点则凸出并支承轴颈,使轴与轴瓦的实际接触面积减少,从而减少了轴瓦对轴颈的摩擦和磨损。软基体组织的滑动轴承合金具有较好的磨合性、抗冲击性和抗振动能力,但此类滑动轴承合金承载能力较低,如锡基滑动轴承合金和铅基滑动轴承合金。硬基体(但其硬度低于轴颈硬度)组织的滑动轴承合金能承受较高的载荷,但磨合性较差,如铜基滑动轴承合金和铝基滑动轴承合金等。

图 2-32　滑动轴承

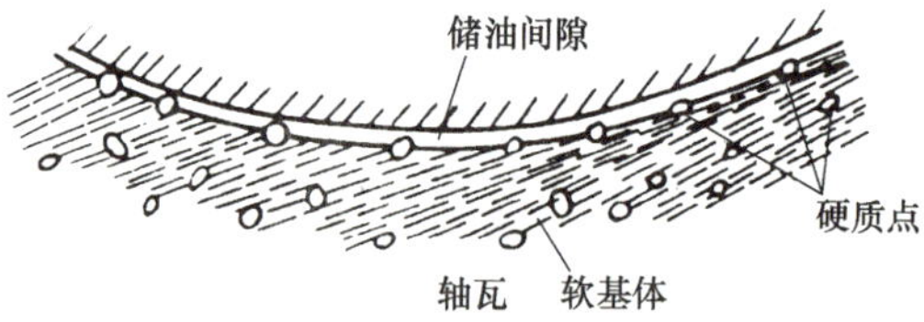

图 2-33　滑动轴承合金的组织状态示意图

2. 常用滑动轴承合金

常用滑动轴承合金有锡基、铅基、铜基、铝基等滑动轴承合金,它们一般采用铸造方式成型。铸造滑动轴承合金牌号由字母"Z+基体金属元素+主添加合金元素的化学符号+主添加合金元素平均质量百分数的数字+辅添加合金元素的化学符号+辅添加合金元素平均质量百分数的数字"组成。如果合金元素的质量百分数不小于 1%,该数字用整数表示,如果合金元素的质量百分数小于 1%,一般不标数字,必要时可用一位小数表示。例如,ZSnSb11Cu6 表示 $w_{Sb}=11\%$、$w_{Cu}=6\%$、其余 $w_{Sn}=83\%$ 的铸造锡基滑动轴承合金;ZPbSb16Sn16Cu2 表示 $w_{Sb}=16\%$、$w_{Sn}=16\%$、$w_{Cu}=2\%$、其余 $w_{Sb}=66\%$ 的铸造铅基滑动轴承合金。除上述几种滑动轴承合金外,灰铸铁也可以用于制造低速、不重要的滑动轴承,其组织中的钢基体为硬基体,石墨为软质点并起一定的润滑作用。

模块四 新型工程材料

一、工程材料概述

工程材料主要是指结构材料,是指用于制造机械、车辆、建筑、船舶、桥梁、化工、石油、矿山、冶金、仪器仪表、航空航天、海洋、国防等领域的工程结构件的结构材料。有时也将材料分为传统工程材料和新型工程材料。其中传统工程材料一般是指需求量和生产规模大的材料;新型工程材料是指新出现的,建立在新思路、新概念、新工艺的基础上,具有传统工程材料所不具备的优异性能和特殊功能的材料,如信息材料、能源材料、生物材料、汽车材料、超导材料、纳米材料等。严格地说,传统工程材料和新型工程材料两者之间并无严格的界限,因为传统工程材料也在不断地提高质量、降低成本、扩大品种,在加工工艺和性能方面不断得到更新和提高。

工程材料按组成特点进行分类,可分为金属材料、陶瓷材料、有机高分子材料和复合材料四大类。下面主要介绍陶瓷材料、有机高分子材料和复合材料。

二、陶瓷材料

陶瓷材料是无机非金属材料的统称,是用天然的或人工合成的粉状化合物,通过成型和高温烧结而制成的多晶体固体材料。陶瓷材料包括陶瓷、瓷器、玻璃、搪瓷、耐火材料、砖瓦、水泥、石膏等。由于陶瓷材料具有耐高温、耐腐蚀、硬度高等优点,它不仅用于制造餐具类生活制品,而且在现代工业中得到越来越广泛的应用。目前,陶瓷材料已同金属材料、有机高分子材料成为现代工程材料的三大支柱。陶瓷按其成分和来源进行分类,可分为普通陶瓷(传统陶瓷)和特种陶瓷(近代陶瓷)两大类。

普通陶瓷是以天然的硅酸盐矿物,如黏土、长石、石英等原料为主,经过粉碎、成型和烧结制成的产品。它包括日用陶瓷、建筑陶瓷、卫生陶瓷、电绝缘陶瓷、化工陶瓷(耐酸碱用瓷)和多孔陶瓷(过滤、隔热用瓷)等。普通陶瓷制作成本低,成型性好,质地坚硬,不氧化,耐腐蚀,不导电,能耐一定高温(最高 1200℃),产量大,用途广,广泛应用于日用、电气、化工、建筑、纺织等行业中要求使用温度不高、强度不高的构件,如铺设地面的地砖、输水管道、绝缘件等。

特种陶瓷主要是指采用高纯度人工合成化合物,如 Al_2O_3、ZrO_2、MgO、BeO、SiC、Si_3N_4、BN 等,制成具有特殊物理化学性能的新型陶瓷(包括功能陶瓷)。特种陶瓷包括金属陶瓷(如硬质合金)、氧化物陶瓷(如氧化铝陶瓷)、氮化物陶瓷(如氮化硅陶瓷、氮化硼陶瓷)、硅化物陶瓷(如二硅化钼陶瓷)、碳化物陶瓷(如碳化硅陶瓷)、硼化物陶瓷(如二硼化钛陶瓷)、氟化物陶瓷、半导体陶瓷、磁性陶瓷、压电陶瓷等,其生产工艺过程与普通陶瓷相同。特种陶瓷除了具有普通陶瓷的性能外，还至少具有一种适应工程上需要的特殊性能，高强度、高硬度、耐腐蚀、导电、绝缘、磁性、透光、半导体、压电、光电、超导、生物相容等。特种陶瓷主要用于制造高温容器、熔炼金属坩埚、热电偶套管、内燃机火花塞、切削高硬度材料的刀具(见图 2-34)、轴承、金属拉丝模、挤压模、火箭喷嘴、阀门、密封件等。

图 2-34   氮化硼陶瓷刀具

三、有机高分子材料

高分子化合物或高分子聚合物(简称高聚物)是指由众多原子或原子团主要以共价键结合而成的相对分子量在一万以上的化合物(见表2-20)。高分子是生命存在的形式，所有的生命体都可以看作是高分子的集合。高分子材料也称为聚合物材料，是以高分子化合物为基体，再配有其他添加剂(助剂)构成的材料，它分为有机高分子材料和无机高分子材料。其中有机高分子材料是由相对分子质量大于 10^4 并以碳、氢元素为主的有机高分子化合物组成。一般说来，有机高分子化合物具有较好的强度、弹性和塑性。

表 2-20   常见物质的分子量

分类	低分子物质					高分子物质			
物质名称	水	石英	铁	乙烯	单糖	天然高分子		人工合成高分子	
	H_2O	SiO_2	Fe	$CH_2\!=\!CH_2$	$C_6H_{12}O_6$	橡胶	淀粉	聚苯乙烯	聚氯乙烯
分子量	18	60	56	28	180	20000～500000	＞200000	＞50000	20000～160000

有机高分子材料按用途和使用状态进行分类，可分为塑料、橡胶、胶粘剂、合成纤维等；有机高分子材料按来源可分为天然、半合成(改性天然高分子材料)和人工合成高分子材料。天然高分子材料包括松香、蛋白质、天然橡胶、皮革、蚕丝、木材等。天然高分子材料是生命起源和进化的基础。人类社会一开始就利用天然高分子材料作为生活资料和生产资料，并掌握了其加工技术。例如，人类利用蚕丝、棉、毛等织成织物，用木材、棉、麻等造纸。19 世纪 30 年代末期，人类进入天然高分子化学改性阶段，出现了半合成高分子材料。到 1907 年人类研制出了合成高分子酚醛树脂，标志着人类应用合成高分子材料的开

始。目前广泛使用的高分子材料主要是人工合成的,合成高分子材料已成为国民经济建设中的重要材料之一。

塑料是指以合成树脂高分子化合物(有时用单体直接在加工过程中聚合)为主要成分,加入某些添加剂之后且在一定温度、压力下塑制成型的材料或制品的总称。常用塑料主要有聚乙烯(PE)、聚丙烯(PP)、聚氯乙烯(PVC)、聚苯乙烯(PS)、聚酰胺(PA)、聚甲醛(POM)、聚碳酸酯(PC)、酚醛塑料(PF)、环氧塑料(EP)等。

橡胶是以生胶为基体原料,加入适量配合剂,经硫化处理后形成的有机高分子材料。通常橡胶制品还加入增强骨架材料(如各种纤维、金属丝及其编织物等),其主要作用是增加橡胶制品的强度,并限制其变形。常用橡胶主要有天然橡胶(代号 NR)、丁苯橡胶(代号 SBR)、顺丁橡胶(代号 BR)、氯丁橡胶(代号 CR)、硅橡胶(代号 SR)、氟橡胶(代号 FPM)等。

胶粘剂是指能将同种或两种或两种以上同质或异质的制件(或材料)连接在一起,固化后具有足够强度的有机或无机的、天然或合成的一类物质,统称为胶粘剂或粘接剂、粘合剂、习惯上简称为胶。胶粘剂以流变性质进行分类,可分为热固性胶粘剂、热塑性胶粘剂、合成橡胶胶粘剂和复合型胶粘剂。

纤维是指长度与直径之比大于 100 甚至达 1000,并具有一定柔韧性的物质。合成纤维是将人工合成的、具有适宜分子量并具有可溶(或可熔)性的线型聚合物,经纺丝成型和后处理而制得的化学纤维。通常将这类具有成纤性能的聚合物称为成纤聚合物。与天然纤维和人造纤维相比,合成纤维的原料是由人工合成方法制得的,生产不受自然条件的限制。合成纤维除了具有化学纤维的一般优越性能,如强度高、质轻、易洗快干、弹性好、不怕霉蛀等外,不同品种的合成纤维各具有某些独特性能。合成纤维广泛用于制作衣物、生活用品、汽车与飞机轮胎的帘子线、渔网、防弹衣、汽车安全带、索桥、船缆、降落伞(见图 2-35)及绝缘布等,是一种发展迅速的有机高分子材料。合成纤维品种多,大规模生产的约有 40 种,其中发展最快的合成纤维是聚酯纤维(涤纶)、聚酰胺纤维(锦纶)、聚丙烯腈纤维(腈纶)、聚乙烯醇纤维(维纶)、聚丙烯纤维(丙纶)、聚氯乙烯纤维(氯纶),通称六大纶。

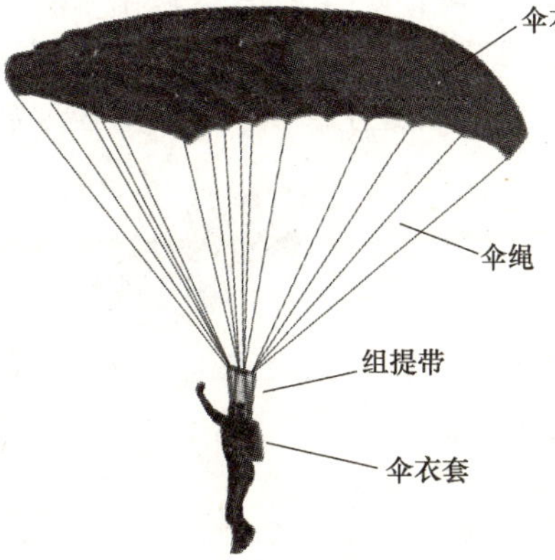

有机高分子材料与我们的日常生活和生产越来越密切了,如塑料、橡胶、胶粘剂和纤维制品等,在我们的日常生活中随处可见。可以说,如果没有橡胶,就没有充气轮胎,也就不会有发达的交通运输业,交通运输业需要大量的橡胶。例如,一辆汽车(见图 2-36)约需要 240kg 橡胶,一艘轮船约需要 70t 橡胶,一架飞机至少需要 600kg 橡胶等。随着有机高分子材料给我们的生活和生产带来便利的同时,部分有机高分子材料也给我们的环境带来了破坏,如"白色垃圾"、土地污染等问题。因此,在享受现代文明生活时,我们每一位地球公民都应该有环境保护意识,并落实在日常行动中。

伞衣
伞绳
组提带
伞衣套

图 2-35　降落伞

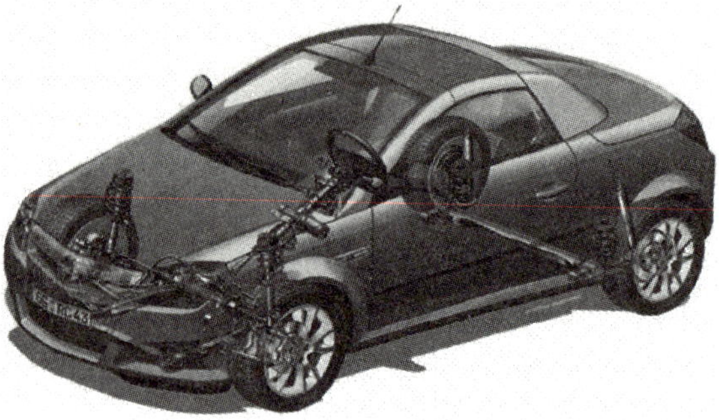

图 2-36 汽车

四、复合材料

复合材料是由两种或两种以上不同性质的材料,通过物理或化学的方法,在宏观(微观)上组成具有新性能的材料。各种材料在性能上取长补短,产生协同效应,使复合材料的综合性能不仅优于原组成材料,还能满足各种不同的要求。自然界中有许多天然材料都可看作是复合材料,如树木是由纤维素和木质素复合而得;纸张是由纤维物质与胶质物质组成的复合材料;又如动物的骨骼也可看作是由硬而脆的无机磷酸盐和软而韧的蛋白质骨胶组成的复合材料。人类很早之前就开始仿制天然复合材料了,并在生产和生活中制成了一些初期的复合材料,如在建造房屋时,往泥浆中加入麦秸、稻草、麻、毛发等增加泥土的强度;还有利用水泥、砂子、石子、钢筋形成钢筋混凝等。

不同材料复合后,通常是其中一种材料作为基体材料,起粘结作用;另一种材料作为增强剂材料,起承载作用。复合材料的基体材料分为金属和非金属两大类。金属基体主要有铝、镁、铜、钛及其合金等。非金属基体主要有合成树脂、橡胶、陶瓷、石墨、碳等。增强材料主要有玻璃纤维、碳纤维、硼纤维、芳纶纤维、碳化硅纤维、石棉纤维、晶须、金属丝和硬质细粒等。复合材料按其增强剂种类和结构形式进行分类,可分为纤维增强复合材料、层叠增强复合材料和颗粒增强复合材料三类,如图 2-37 所示。

(a)纤维增强复合材料   (b)层叠增强复合材料   (c)颗粒增强复合材料

图 2-37 复合材料结构形式示意图

复合材料一般是由强度和弹性模量较高但脆性大的增强剂与韧性好但强度和弹性模量低的基体组成,它是将增强材料均匀地分散在基体材料中,以克服单一材料的某些弱点。例如,汽车上普遍使用的玻璃纤维挡泥板,就是由玻璃纤维与有机高分子材料复合而成的;光导纤维是由石英玻璃纤维与塑料组成的复合材料。

复合材料的最大优点是可根据人的要求来改善材料的使用性能。目前新型复合材料的研制和应用也越来越多,有人预言 21 世纪是复合材料时代。目前应用最多的复合材料是纤维增强复合材料,如玻璃钢(玻璃纤维增强热固性树脂复合材料)和碳纤维增强树脂基复合材料。

玻璃钢的性能特点是强度较高,接近或超过铜合金和铝合金。密度为 $1.5\sim2.8g/cm^3$,只有钢的 $1/4\sim1/5$。此外,玻璃钢还有较好的耐腐蚀性。玻璃钢的主要缺点是耐热性差、易老化、易蠕变及弹性模量较小等,玻璃钢的弹性模量只有钢的 $1/5\sim1/10$,用作受力构件时,刚度较差,容易导致构件变形。玻璃钢主要用于制造各种罐、管道、泵、阀门、储槽、电动机罩、发电机罩、皮带轮防护罩、风扇叶片、齿轮、轴承、开关装置、高压绝缘子、印制电路、汽车配件、船体及其部件等。

碳纤维增强树脂基复合材料不仅保持了玻璃钢的许多优点,而且许多性能优于玻璃钢。例如,其强度和弹性模量都超过铝合金,而接近高强度钢,完全弥补了玻璃钢弹性模量小的缺点,此外,还具有优良的耐磨性、减磨性及自润滑性、耐腐蚀性、耐热性等优点。碳纤维增强树脂基复合材料可用于制造承载零件(如连杆、齿轮、发动机外壳)、耐磨零件(如活塞、轴承)、化工机械零件(如容器、管道、泵)、航空航天飞行器构件(如外表面防热层、飞机机身(见图 2-38)、螺旋桨、尾翼、发动机叶片、人造卫星壳体及天线构架)、运动器械(如羽毛球拍、网球拍及渔竿)。

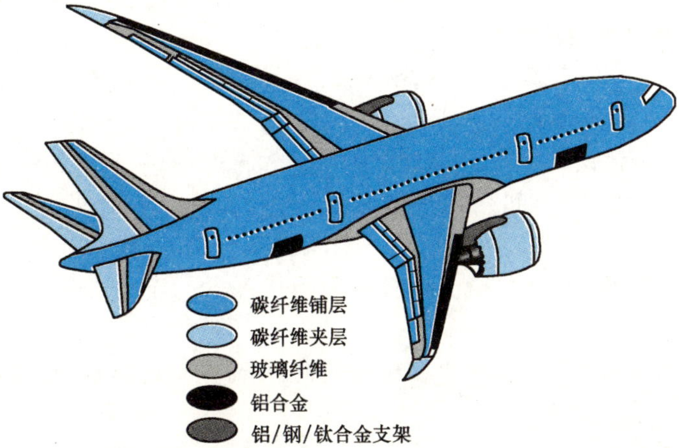

图 2-38　飞机机身

练 习 题

一、填空题

1. 非合金钢按其碳的质量分数高低进行分类,可分为_____碳钢、_____碳钢和_____碳钢三类。

2. 非合金钢按其主要质量等级进行分类,可分为_____非合金钢、_____非合金钢和特殊质量非合金钢三类。

3. T10A 钢按其用途进行分类,属于_____钢;T10A 钢按其碳的质量分数进行分类,属于_____钢;T10A 钢按其主要质量等级进行分类,属于_____钢。

4. 40 钢按其用途进行分类,属于_____钢;40 钢按其主要质量等级分类,属于_____钢。

5. 低合金钢按其主要质量等级进行分类,可分为_____低合金钢、_____低合金钢和特殊质量低合金钢三类。

6. 合金钢按其主要质量等级进行分类,可分为_____合金钢和_____合金钢两类。

7. 60Si2Mn 是_____钢,它的最终热处理方法是_____。

8. 高速工具钢经淬火和回火后,可以获得高_____、高_____和高热硬性。

9. 不锈钢是指以不锈、耐蚀性为主要特性,且铬含量至少为_____,碳的质量分数最大不超过_____的钢。

10. 钢的耐热性包括钢在高温下具有_____和_____两个方面。

11. 特殊物理性能钢包括_____磁钢、_____磁钢、_____磁钢以及特殊弹性钢、特殊膨胀钢、高电阻钢及合金等。

12. 铸铁包括_____铸铁、_____铸铁、_____铸铁、_____铸铁、蠕墨铸铁、合金铸铁等。

13. 常用的合金铸铁有_____铸铁、_____铸铁及_____铸铁等。

14. 变形铝合金按特点和用途进行分类,可分为_____铝、_____铝、_____铝、_____铝等。

15. 铜合金按其化学成分进行分类,可分为_____铜、_____铜和_____铜三类。

16. 普通黄铜是由_____和_____组成的铜合金;在普通黄铜中再加入其他元素形成的铜合金称为_____黄铜。

17. 普通白铜是由_____和_____组成的铜合金;在普通白铜中再加入其他元素形成的铜合金称为_____白铜。

18. 钛合金按退火后的组织形态进行分类,可分为_____型钛合金、_____型钛合金和_____型钛合金。

19. 镁合金包括_____镁合金和_____镁合金两大类。

20. 常用的滑动轴承合金有_____基、_____基、_____基、_____基滑动轴承合金等。

21. 工程材料按组成特点进行分类,可分为_____材料、_____材料、_____高分子材料和复合材料四大类。

22. 陶瓷按其成分和来源进行分类,可分为_____陶瓷(传统陶瓷)和_____陶瓷(近代陶瓷)两大类。

23. 有机高分子材料按用途和使用状态进行分类,可分为_____、_____、胶粘剂、合成纤维等。

24. 复合材料按增强剂种类和结构形式进行分类，可分为＿＿＿＿＿＿＿＿增强复合材料、＿＿＿＿＿＿＿＿增强复合材料和＿＿＿＿＿＿＿＿增强复合材料三类。

二、判断题

1. T12A 钢的碳的质量分数是 12％。（　　）
2. 高碳钢的质量优于中碳钢，中碳钢的质量优于低碳钢。（　　）
3. 碳素工具钢的碳的质量分数一般都大于 0.7％。（　　）
4. 铸钢可用于铸造生产形状复杂而力学性能要求较高的零件。（　　）
5. 合金工具钢是指用于制造量具、刃具、耐冲击工具、模具等的钢种。（　　）
6. 3Cr2W8V 钢一般用来制造冷作模具。（　　）
7. GCr15 钢是高碳铬轴承钢，其铬的质量分数是 15％。（　　）
8. Cr12MoVA 钢是不锈钢。（　　）
9. 40Cr 钢是最常用的合金调质钢。（　　）
10. 软磁钢是指钢材容易被反复磁化，并在外磁场去除后磁性基本消失的特殊物理性能钢。（　　）
11. 可锻铸铁比灰铸铁的塑性好，因此，可以进行锻压加工。（　　）
12. 变形铝合金不适合于压力加工。（　　）
13. 特殊黄铜是不含锌元素的黄铜。（　　）
14. 工业纯钛的牌号有 TA1、TA2、TA3、TA4 四个牌号，顺序号越大，杂质含量越多。（　　）
15. 镁合金的密度略比塑料大，但在同样强度情况下，镁合金的零件可以做得比塑料薄而且轻。（　　）
16. 陶瓷材料是无机非金属材料的统称，是用天然的或人工合成的粉状化合物，通过成型和高温烧结而制成的多晶体固体材料。（　　）
17. 复合材料是由两种或两种以上不同性质的材料，通过物理或化学的方法，在宏观（微观）上组成具有新性能的材料。（　　）

三、简答题

1. 耐磨钢常用牌号有哪些？耐磨钢为什么具有良好的耐磨性？
2. 冷作模具钢与热作模具钢在碳的质量分数和热处理工艺方面有何不同？
3. 高速工具钢有何性能特点？高速工具钢主要应用在哪些方面？
4. 说明下列钢材牌号属何类钢？其数字和符号各表示什么？
①Q420B；②Q355NHC；③20CrMnTi；④9CrSi；⑤50CrVA；⑥GCr15SiMn；⑦Cr12MoV；⑧W6Mo5Cr4V2；⑨10Cr17。
5. 下列铸铁牌号属何类铸铁？其数字和符号各表示什么？
①HT250；②QT500-7；③KTH350-10；④KTZ550-04；⑤KTB380-12；⑥RuT300；⑦RTSi5。
6. 铝合金热处理强化的原理与钢热处理强化原理有何不同？
7. 滑动轴承合金的组织状态有哪些类型？各有何特点？

四、课外调研活动

1. 观察你周围的工具、器皿和零件等，它们是选用什么材料制造的？分析其性能（使用性能和工艺性能）有哪些要求？

2. 针对某一新材料，请查阅相关资料，并向其他同学介绍其性能特点和用途。

单元三

钢的热处理

教学目标

　　第一，了解热处理的概念、目的、原理和分类；第二，理解退火、正火、淬火、回火、调质、时效处理的目的、方法及应用；第三，了解钢的表面热处理和化学热处理的一般方法；第四，熟悉典型热处理工艺在典型零件生产中的应用，如了解弹簧、轴、齿轮等零件的热处理工艺；第五，了解热处理的新技术和新工艺。

模块一　热处理基础知识

一、热处理概述

　　热处理是采用适当的方式对金属材料或工件进行加热、保温和冷却以获得预期的组织结构与性能的工艺。热处理是钢铁材料和机械零件制造过程中的中间工序。热处理的目的是改善钢材表面或内部的组织状态，获得需要的工艺性能和使用性能，提高钢制零件的使用寿命，节约钢材，充分发挥钢材的潜力。热处理设备主要包括加热设备、冷却设备和辅助设备等。常用的加热设备主要有箱式电阻炉（见图3-1）、盐浴炉、井式炉、火焰加热炉等；常用的冷却设备主要有水槽、油槽、盐浴、缓冷坑、吹风机等。

图 3-1　箱式电阻炉

二、热处理的原理

　　热处理的基本原理是借助铁碳合金相图（见图 3-2），通过钢在加热和冷却时内部组织发生相变的基本规律，使钢材（或零件）获得人们需要的组织和使用性能，从而实现改善钢材性能的目的。热处理的工艺过程一般由加热、保温、冷却三个阶段组成,如图 3-3 所示。"加热"和"保温"是为"冷却"提供组织准备,"冷却"是借助不同的冷却速度,达到钢材发生不同的相变,从而使钢材获得需要的组织和性能。零件进行热处理的基本过程就是确定科学合理的加热温度、保温时间和冷却介质等参数。

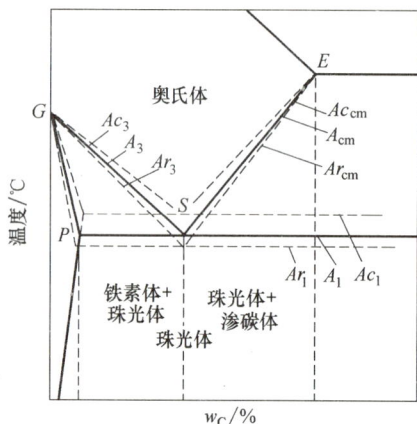

图 3-2　铁碳合金相图上各相变点的位置

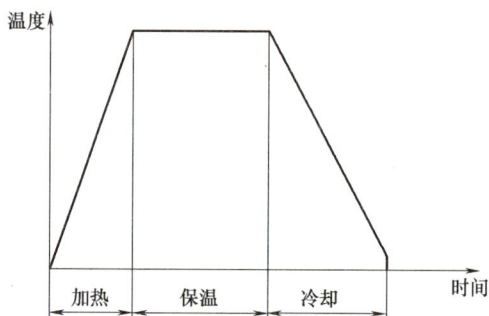

图 3-3　热处理工艺曲线

金属材料在加热或冷却过程中,发生相变的温度称为相变点(或临界点)。铁碳合金状态图中 A_1、A_3、A_{cm} 是平衡条件下的相变点。铁碳合金相图中的相变点是在缓慢加热或缓慢冷却条件下测得的,但是在实际生产过程中,由于加热过程或冷却过程并不是非常缓慢地进行的,所以,实际生产中钢铁材料发生相变的温度与铁碳合金相图中所示的理论相变点 A_1、A_3、A_{cm} 之间有一定的偏离。实际生产过程中钢铁材料随着加热速度或冷却速度的增加,其相变点的偏离程度将逐渐增大。钢铁材料在实际加热时的相变点可标注为 Ac_1、Ac_3、Ac_{cm};钢铁材料在实际冷却时的临界点可标注为 Ar_1、Ar_3、Ar_{cm}。

大多数零件的热处理都是将其先加热到临界点以上某一温度区间,使其全部或部分得到均匀的奥氏体组织,但奥氏体一般不是人们最终需要的组织,而是在随后的冷却过程中,采用合理的冷却方法(或冷却速度),使零件发生相变,获得预期需要的组织,如马氏体(M)、贝氏体(B)、索氏体(S)、珠光体(P)、铁素体(F)、渗碳体(Fe_3C)等组织。

三、热处理的分类和应用

根据零件热处理的目的、加热和冷却方法的不同,热处理工艺可分为整体热处理、表面热处理和化学热处理三大类。热处理按其工序位置和目的的不同,又可分为预备热处理和最终热处理。预备热处理是指为调整原始组织,以保证工件最终热处理或(和)切削加工质量,预先进行的热处理工艺,如退火、正火、调质等;最终热处理是指使钢件达到使用性能要求的热处理,如淬火与回火、表面淬火、渗氮等。

整体热处理是对工件整体进行穿透加热的热处理。它包括退火、正火、淬火、淬火和回火、调质、固溶处理、水韧处理、固溶处理和时效。

表面热处理是指为改变工件表面的组织和性能,仅对其表面进行热处理的工艺。它包括表面淬火和回火、物理气相沉积、化学气相沉积、等离子体化学气相沉积、激光辅助化学气相沉积、火焰沉积、盐浴沉积、离子镀等。

化学热处理是将工件置于适当的活性介质中加热、保温，使一种或几种元素渗入它的表层，以改变其化学成分、组织和性能的热处理工艺。它包括渗碳、碳氮共渗、渗氮、氮碳共渗、渗其他非金属、渗金属、多元共渗、溶渗等。

热处理是机械制造行业重要的加工工艺，对于机械零件来说，大部分都需要进行热处理，例如，机床中60%～70%的零件需要进行热处理，汽车、拖拉机中70%～80%的零件需要进行热处理，飞机中约100%的零件需要进行热处理，如齿轮、轴承、轴、连杆、刀具、精密量具、工具、模具、弹簧以及耐磨件等都需要经过热处理后，才能投入使用。

四、热处理安全文明操作规程

在见习热处理操作过程中，在车间内会接触高温、冷却及各种辅助设备，以及热水，电，气（如乙炔、氧气、氨气等），易燃、易爆、有毒物品和化学介质。因此，为了保证操作正确和人身安全，需要见习人员熟悉如下基本的热处理安全文明操作规程。

（1）操作人员应穿戴好劳保防护用品。

（2）清理好操作场地，检查电源、测量仪表和各种设备是否正常，水源是否通畅。

（3）熟悉各类仪器设备的结构和特点，严格按设备操作规程进行操作。未经指导人员许可，不得擅自开闭电源和使用各类设备和仪器。

（4）使用电炉前，必须仔细检查电源开关、插座和导线，保证设备绝缘良好，防止设备漏电。

（5）必须在断电情况下往炉内装料或取工件，并注意轻拿轻放，工件或操作工具不得接触或碰撞加热元件。严禁用手直接接触加热工件，应按操作要求使用专用工具或夹具来取放工件，并戴好防护手套，以防烫伤。

（6）严禁在工作场地堆放易燃、易爆物品，并保持工作通道畅通和正常通风。

（7）化学药品要妥善保管，并由指定人员负责领取和登记。

（8）使用显微镜时，手和样品要保持清洁，试样上不得有水和腐蚀剂残余。装卸金相显微镜附件要轻拿轻放，严禁用手或其他物品触摸镜头，更不要用嘴吹镜头。金相显微镜使用完毕后应关闭照明电源，盖好防尘罩。

（9）使用硬度计时，必须按照试验方法规定的测量硬度范围进行，以免压头使用不当而损坏。若不能确定被测试样的硬度范围，应先采用较小的试验力进行试验。硬度计使用完毕后应将手柄推向后方，压头使用完毕后应用纱布擦拭干净，压头应涂上少许防锈油，以防锈蚀；硬度计应经常保持清洁，使用完毕后应盖好防尘罩。

（10）要认真研究图纸要求及工艺要求，严格按照工艺规程操作。

（11）注意检查热电偶安装位置。热电偶插入炉内后，应保证不与工件相碰。

（12）操作结束后，要检查各控制开关均处于关闭状态后，打扫场地卫生，工具和仪器放好，并熟知其使用方法及保养方法。

（13）不要随意带外来人员进入热处理车间，要做好防盗、防火、防泄漏工作。

模块二　退火与正火

退火与正火主要用来处理毛坯件(如铸件、锻件、焊件等),为以后的切削加工和最终热处理做组织准备。钢材适宜切削加工的硬度范围一般是 170～270HBW。如果钢材的硬度低于 170HBW,则容易发生"粘刀"现象,并影响工件表面的切削质量和切削效率。如果钢材的硬度高于 270HBW,则不容易进行切削,并加剧切削刀具的磨损。可以通过选择合理的退火工艺或正火工艺使钢材获得适宜切削加工的硬度范围。一般来说,选择退火,可以降低钢材的硬度;而选择正火,则可以提高钢材的硬度。

一、退火

退火是将工件加热到适当温度,保持一定时间,然后缓慢冷却的热处理工艺。根据钢材的化学成分和退火目的进行分类,退火一般分为完全退火、不完全退火、等温退火、球化退火、去应力退火、均匀化退火等。常用退火工艺曲线如图 3-4 所示。退火的目的是:第一,消除钢铁材料的内应力;第二,降低钢铁材料的硬度,提高其塑性;第三,细化钢铁材料的组织,均匀其化学成分,并为最终热处理做好组织准备。退火广泛应用于机械零件的加工过程中,退火属于预备热处理工序,一般安排在铸造、锻造、焊接等工序之后,粗切削加工之前,主要用来消除前一工序中所产生的某些组织缺陷或残余内应力,为后续工序做好组织准备。

1. 完全退火

完全退火是将工件完全奥氏体化后缓慢冷却,获得接近平衡组织的退火。钢件经完全退火后所获得的室温组织是铁素体和珠光体。完全退火的主要目的是细化组织,降低硬度,提高塑性,消除化学成分偏析。

完全退火主要适用于亚共析钢 $(0.0218\% \leqslant w_C < 0.77\%)$ 制作的铸件、锻件、焊件等,其加热温度是 $Ac_3 + (30 \sim 50)℃$。但用过共析钢 $(0.77\% < w_C \leqslant$

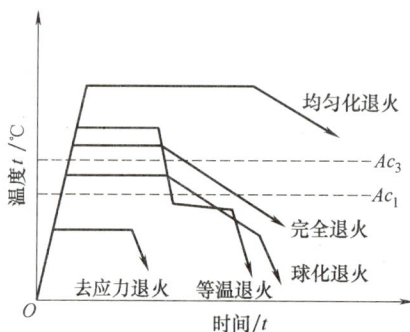

图 3-4　常用退火工艺曲线示意图

$2.11\%)$ 制作的工件不宜采用完全退火,因为过共析钢加热到 Ac_{cm} 线以上后,二次渗碳体 (Fe_3C_{II}) 会以网状形式沿奥氏体晶界析出(见图 3-5),使过共析钢的强度和韧性显著降低,同时也使工件在淬火过程中容易产生淬火裂纹。

2. 不完全退火

不完全退火是指将工件加热到 $Ac_1 + (30 \sim 50)℃$,保温后缓慢冷却的退火,它主要应用于晶粒并未粗化的中碳钢、高碳钢和低合金钢等锻件。不完全退火的主要目的是降低工件的硬度,改善切削加工性能,消除内应力。不完全退火的优点是加热温度低,消耗的热能少,可降低退火成本。

3. 球化退火

球化退火是使工件中碳化物球状化而进行的退火。球化退火得到的室温组织是铁素体基体上均匀分布着球状(或粒状)碳化物(或渗碳体),即球状珠光体组织,如图 3-6 所示。工件在球化退火保温阶段,没有溶解的片状碳化物会自发地趋于球状(球体表面积最小)化,并在随后的缓冷过程中,最终形成球状珠光体组织。球化退火的加热温度在 $Ac_1 \pm (20\sim30)$℃温度区间交替加热及冷却或在稍低于 Ac_1 温度保温,然后缓慢冷却。球化退火的主要目的是使碳化物(或渗碳体)球化,降低钢材硬度,改善钢材切削加工性,并为淬火作组织准备。球化退火主要用于过共析钢和共析钢制造的刃具、风动工具、木工工具、量具、模具、滚动轴承等。

图 3-5 T12 钢中的网状二次渗碳体显微组织

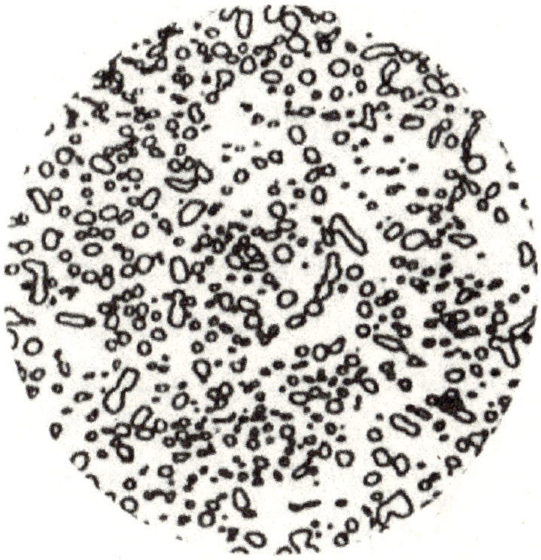

图 3-6 球状珠光体显微组织

4. 等温退火

等温退火是指工件加热到高于 Ac_3(或 Ac_1)的温度,保持适当时间后,较快地冷却到珠光体转变温度并等温保持,使奥氏体转变为珠光体类组织后在空气中冷却的退火。亚共析钢的加热温度是 $Ac_3 + (30\sim50)$℃;共析钢和过共析钢的加热温度是 $Ac_1 + (20\sim40)$℃。等温退火的目的与完全退火基本相同,但等温退火可以缩短退火时间,获得比较均匀的组织与性能,其应用与完全退火和球化退火相同。

5. 去应力退火

去应力退火是指为去除工件塑性形变加工、切削加工或焊接造成的内应力及铸件内存在的残余应力而进行的退火。去应力退火的加热温度是 $Ac_1 - (100\sim200)$℃,通常是500~650℃,其主要目的是消除工件在变形加工、切削加工、铸造、锻造、热处理、焊接等过程中产生的残余应力,减小工件变形,稳定工件形状尺寸。去应力退火主要用于去除铸件、锻件、焊件及精密加工件中的残余应力。钢材在去应力退火的加热及冷却过程中无相变过程发生。

6. 均匀化退火

均匀化退火又称为扩散退火,它是以减少工件化学成分和组织的不均匀程度为主要目的,将工件加热到高温并长时间保温,然后缓慢冷却的退火。均匀化退火的加热温度是 $Ac_3+(150\sim200)℃$,通常在 $1000\sim1200℃$ 进行加热。均匀化退火的主要目的是减少钢的化学成分偏析,消除枝晶偏析和组织不均匀性,其主要应用于质量要求高的合金钢铸锭、铸件和锻坯等。

二、正火

正火是指工件加热奥氏体化后在空气中或其他介质中冷却获得以珠光体组织为主的热处理工艺。正火的目的是细化晶粒,提高钢材硬度,消除钢材中的网状碳化物(或渗碳体),并为淬火、切削加工等后续工序作组织准备。

正火与退火相比,具有如下特点:加热温度比退火高;冷却速度比退火快,过冷度较大;正火后得到的室温组织比退火细,强度和硬度比退火稍高些;正火比退火操作简便、生产周期短、生产效率高、能源消耗少、生产成本低。

正火主要用于以下场合。

(1) 用于改善低碳钢($w_C<0.25\%$)和低碳合金钢($w_C<0.25\%$)的切削加工性能。低碳钢($w_C<0.25\%$)和低碳合金钢($w_C<0.25\%$)退火后铁素体所占比例较大,硬度偏低,切削加工时有"粘刀"现象,而且表面粗糙度值 Ra 较大,通过正火能将其硬度提高到 $170\sim270HBW$,改善其切削加工性。因此,低碳钢、低碳合金钢一般选择正火作为预备热处理;而 $w_C>0.5\%$ 的中碳钢、高碳钢($w_C>0.6\%$)、合金钢($w_C>0.6\%$)一般选择退火作为预备热处理。

(2) 用于消除钢中的网状碳化物,为球化退火作组织准备。对于过共析钢,正火加热到 Ac_{cm} 以上时可使网状碳化物充分溶解到奥氏体中,空冷时则碳化物来不及析出,这样便消除了钢中的网状碳化物组织,同时也细化了珠光体组织,有利于后续的球化退火和淬火。

(3) 用于普通结构零件或某些大型非合金钢工件的最终热处理。因为钢经过正火后可细化晶粒,钢的力学性能较高,能够满足普通结构零件的性能要求,而且大型或复杂零件淬火时可能有开裂危险,因此,如铁道车辆的车轴等就采用正火工艺作为最终热处理。

(4) 对于淬火不合格的返修件,利用正火可消除返修件的淬火应力,细化组织,防止返修件重新淬火时产生变形与开裂。

模块三　淬　　火

淬火是指工件加热奥氏体化后以适当方式冷却获得马氏体或(和)贝氏体组织的热处理工艺。马氏体是碳或合金元素在 α-Fe 中的过饱和固溶体,是单相亚稳组织,硬度较高,用符号"M"表示。马氏体中由于溶入过多的碳原子,使 α-Fe 晶格发生畸变,提高了其塑性变形抗力,故马氏体的硬度主要取决于马氏体中含碳量的高低,其中含碳量越高,则其硬度也越高。

一、淬火的目的

淬火的主要目的是使钢铁材料获得马氏体(或贝氏体)组织,提高钢材的硬度和强度,并与回火工艺合理配合,获得需要的使用性能。一些重要的结构件,特别是在动载荷与摩擦力作用下的零件,以及各种类型的重要工具(如刀具、钻头、丝锥、板牙、精密量具等)及重要零件(销、套、轴、滚动轴承、模具、风动工具、阀等)都要进行淬火处理。

二、淬火加热温度

钢的淬火加热温度一般可由铁碳合金相图确定(见图 3-7),不同的钢种其淬火加热温度不同。为了防止奥氏体晶粒粗化,淬火温度不宜选得过高,一般仅比临界点(Ac_1 或 Ac_3)高 30～50℃。

亚共析钢的淬火加热温度是 $Ac_3 + (30～50)$℃。在此温度范围内加热时,亚共析钢可获得全部细小的奥氏体晶粒,淬火后又可得到均匀细小的马氏体组织。如果加热温度过高,容易导致奥氏体晶粒粗大,使亚共析钢淬火后的使用性能变差;如果加热温度过低,会造成淬火组织中存在未溶的铁素体组织,导致亚共析钢淬火后的硬度降低,不能满足预期的技术要求。

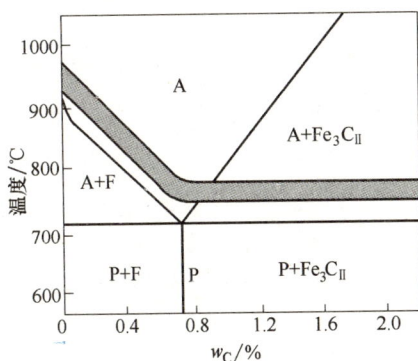

图 3-7　非合金钢的淬火加热温度范围

共析钢的加热温度可参照亚共析钢或过共析钢的加热温度范围来选择。

过共析钢的淬火加热温度是 $Ac_1 + (30～50)$℃。在此温度范围内加热时,过共析钢中的组织是奥氏体和碳化物(或渗碳体)颗粒,淬火后可以获得细小的马氏体和球状碳化物(或渗碳体),能够保证过共析钢淬火后获得高硬度和高耐磨性。如果加热温度超过 Ac_{cm},将导致过共析钢中的碳化物(或渗碳体)消失,奥氏体晶粒粗化,淬火后得到粗大针状马氏体,而且残余奥氏体量增多,硬度和耐磨性降低,脆性增大;相反,如果淬火温度过低,则可能得到非马氏体组织(如铁素体),则过共析钢的硬度会达不到预期的技术要求。

三、淬火介质

淬火冷却时所用的物质称为淬火介质。不同的淬火介质具有不同的冷却特性。淬火时为了保证获得马氏体或贝氏体组织,需要选用合理的淬火介质或冷却速度,保证钢件淬火过程中不能产生较大的内应力、淬火变形以及开裂。常用的淬火冷却介质有水、油、水溶液(如盐水、碱水等)、熔盐、熔融金属、空气等。各种常用淬火介质的冷却能力见表 3-1。

表 3-1 各种常用淬火介质的冷却速度

淬 火 介 质	650～550℃范围内的 冷却速度/(℃/s)	300～200℃范围内的 冷却速度/(℃/s)
水（18℃）	600	270
10%NaCl 水溶液（18℃）	1100	300
10%NaOH 水溶液（18℃）	1200	300
机油（18℃）	100	20

淬火时为了保证钢件获得马氏体组织,同时又尽量避免钢件发生变形与开裂,其理想的冷却曲线应是如图 3-8 所示。即理想的冷却介质应在 C 形曲线的"鼻尖"附近（或高温区 650～550℃）应快冷,使钢件冷却速度大于临界冷却速度 v_K,而在 M_s 线附近（或低温区 300～200℃）应缓慢冷却,以减少钢件在马氏体转变过程中产生较大的淬火内应力。

生产中使用的水或盐水在高温区的冷却能力较强,但在低温区冷却速度较快,不利于减少钢件变形与开裂,因此,水或盐水一般仅适用于形状简单,截面尺寸较大的非合金钢工件。机油在低温区具有比较理想的冷却能力,但在高温区的冷却能力则较弱,因此,机油一般仅适用于合金钢或小尺寸的非合金钢工件。到目前为止,还很难找到一种完全符合冷却要求的理想淬火介质,在实际生产中需要根据工件的技术要求、材质及形状,科学合理地选择淬火冷却方法,来弥补单一淬火介质的不足之处。目前,比较理想的淬火介质是以水或油为基,加入各种添加剂以改变水或油的冷却特性。

四、淬火方法

选择淬火方法时,需要根据钢材的化学成分以及对钢材组织、性能和钢件尺寸精度的要求,在保证预期技术要求前提下,应尽量选择简便、经济的淬火方法。目前,常用的淬火方法有单液淬火、双液淬火、马氏体分级淬火和贝氏体等温淬火,如图 3-9 所示。

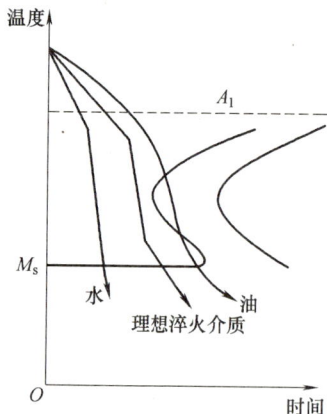

图 3-8 理想淬火介质的冷却曲线

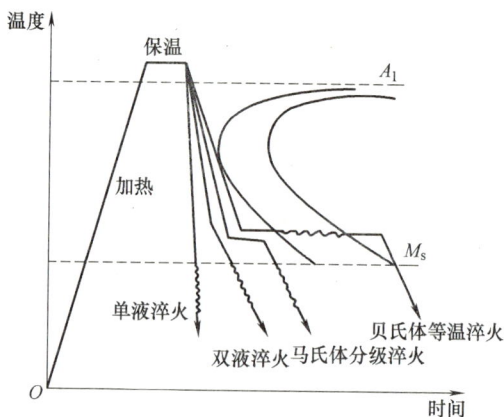

图 3-9 常用淬火方法的冷却曲线

1. 单液淬火

单液淬火又称普通淬火,它是将已奥氏体化的钢件在一种淬火介质中冷却的淬火方法。例如,低碳钢和中碳钢在水或盐水中淬火,合金钢在油中淬火等就是典型的单液淬火方法。单液淬火虽然容易使钢件产生变形或开裂,但其具有操作简单,容易实现机械化和自动化,因此,其应用较广泛。目前,单液淬火方法主要应用于形状简单的钢件。

2. 双液淬火

双液淬火是将工件加热奥氏体化后先浸入冷却能力强的介质中,在组织即将发生马氏体转变时立即转入冷却能力弱的介质中冷却的方法。例如,首先将钢件在水中冷却一段时间,然后再在油中冷却的方法就是典型的双液淬火方法。此外,将钢件先在油中冷却一段时间,然后再在空气中冷却的方法也是常用的双液淬火方法。双液淬火主要适用于中等复杂形状的中碳钢、高碳钢工件及尺寸较大的合金钢工件。

3. 马氏体分级淬火

马氏体分级淬火又称热浴淬火,它是指工件加热奥氏体化后浸入温度稍高于或稍低于 M_s 点的盐浴或碱浴中,保持适当时间,在工件整体达到冷却介质温度后取出空冷以获得马氏体组织的淬火方法。马氏体分级淬火能够减小工件中的热应力,并缓和相变过程中产生的组织应力,减少淬火变形。由于马氏体分级淬火使用的盐浴或碱浴的冷却能力小,故它适用于尺寸较小、形状复杂的由高碳钢或合金钢制作的工模具。

4. 贝氏体等温淬火

贝氏体等温淬火是指工件加热奥氏体化后快冷到贝氏体转变温度区间等温保持,使奥氏体转变为贝氏体的淬火方法。贝氏体等温淬火的特点是工件在淬火后,工件的淬火应力与变形较小,工件具有较高的韧性、塑性、硬度和耐磨性。贝氏体等温淬火用于处理由各种中碳钢、高碳钢和合金钢制造的尺寸较小的形状复杂的工具、模具、刃具等工件。

五、局部淬火

局部淬火是指仅对零件需要硬化的局部进行的淬火。如图 3-10 所示齿轮,需要齿部具有高硬度和高耐磨性,就可采用局部淬火满足其性能要求,并可避免齿轮的其他部分产生变形或开裂。

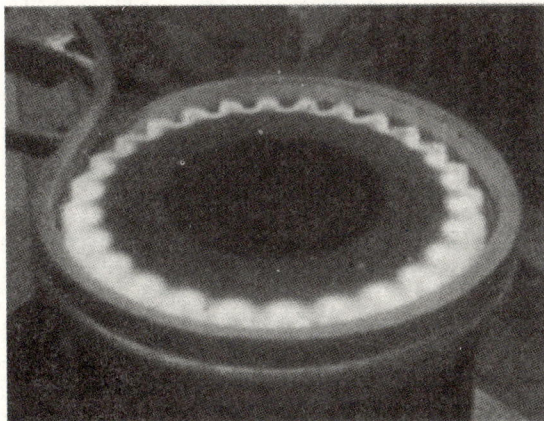

图 3-10 齿轮局部淬火

六、冷处理

冷处理是指工件淬火冷却到室温后,继续置于冷设备或低温介质中冷却至 M_f 以下温度(一般在 $-60 \sim -80℃$)的工艺。由于部分高碳钢和合金钢的马氏体转变终止点 M_f 位于 0℃ 以下,此类钢件淬火后组织中会残留大量的残余奥氏体,影响钢件的使用性能,所以需要采取措施减少残余奥氏体数量。采用冷处理可促使残余奥氏体转变为马氏体,减少钢中的残余奥氏体数量,使钢件获得更多的马氏体,提高钢件硬度与耐磨性,稳定钢件尺寸。例如,量具、精密轴承、精密丝杠、精密刀具、枪杆等工件要求形状精确和尺寸稳定,均应在淬火之后进行冷处理。目前,冷处理采用的低温冷却介质主要是干冰(固体 CO_2)、干冰(固体 CO_2)与酒精的混合物。另外,冷处理也可直接在冷却设备中进行。

模块四　回火与时效

一、回火概述

回火是指工件淬硬后,加热到 Ac_1 以下的某一温度,保温一定时间(通常为 1~3h),然后冷却到室温的热处理工艺。淬火钢的组织主要由马氏体和少量残余奥氏体组成(有时还有未溶碳化物),其中的马氏体和残余奥氏体都是不稳定组织,它们有自发地向稳定组织转变的趋势,如马氏体中过饱和的碳原子要析出、残余奥氏体要分解等。回火就是为了促进这种转变,因为回火过程是一个由非平衡组织向平衡组织转变的过程,这个过程是依靠原子的迁移和扩散进行的,所以,回火温度越高,原子扩散速度越快;反之,则原子扩散速度越慢。

另外,淬火钢件内部存在很大的内应力,脆性大、韧性低,一般不能直接使用,如不及时消除,将会引起钢件变形,甚至开裂。回火是安排在淬火之后进行的工序,通常也是钢件进行热处理的最后一道工序。回火的主要目的是降低钢件的脆性,消除或减小钢件的内应力,稳定钢的内部组织,调整钢的性能以获得较好的强度和韧性配合,改善切削加工性能。

二、回火时的组织转变过程

一般来说,随着回火温度的升高,淬火组织将发生一系列变化,回火时的组织转变过程一般分为马氏体分解、残余奥氏体分解、碳化物析出以及碳化物聚集长大和铁素体的再结晶四个阶段(见表 3-2)。

表 3-2　淬火组织在回火时发生的组织转变的四个阶段

阶段	回火温度	转变阶段名称	转变结果
第一阶段	≤200℃	马氏体分解	马氏体转变为回火马氏体组织
第二阶段	200~300℃	残余奥氏体分解	残余奥氏体转变为回火马氏体组织
第三阶段	250~400℃	碳化物析出	马氏体转变为回火托氏体组织
第四阶段	>400℃	碳化物聚集长大与铁素体的再结晶	马氏体转变为回火索氏体组织

淬火钢经过回火后,马氏体中的含碳量逐渐降低,残余奥氏体数量和残余内应力逐渐减少。一般来说,淬火钢随回火温度的升高,强度与硬度降低而塑性与韧性提高,如图 3-11 所示。

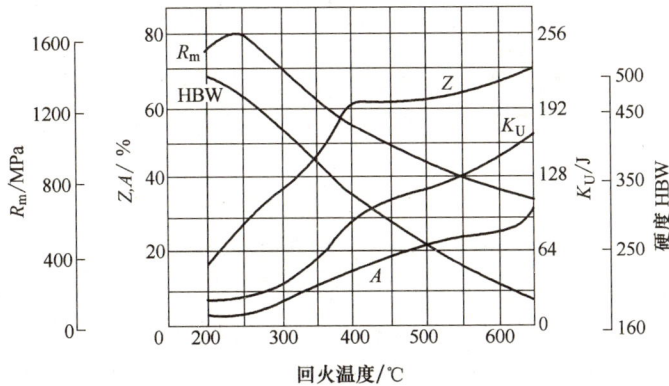

图 3-11　40 钢回火后其力学性能与温度的关系

三、回火方法及其应用

根据淬火钢件在回火时的加热温度进行分类,回火可分为低温回火、中温回火和高温回火三种。淬火钢件回火结束后,一般在空气中冷却。对于部分性能要求较高的工件,在保证不变形和开裂的前提下,可采用油冷或水冷。

1. 低温回火

低温回火的温度是在 250℃ 以下。淬火钢经过低温回火后,获得的组织是回火马氏体(M^1)。回火马氏体是过饱和度较低的马氏体和极细微碳化物的混合组织。回火马氏体保持了淬火组织的高硬度和耐磨性,降低了钢的淬火应力,减小了钢的脆性。淬火钢经过低温回火后,硬度一般为 58～64HRC。低温回火主要用于由碳素工具钢、合金工具钢制造的刃具、量具、冷作模具、滚动轴承及渗碳件、表面淬火件等。

2. 中温回火

中温回火的温度是 250～450℃。淬火钢经中温回火后,获得的组织为回火托氏体(T^1)。回火托氏体是铁素体基体内分布着细小粒状(或片状)碳化物的混合组织。淬火钢经中温回火降低了淬火应力,可以使钢获得较高的规定塑性延伸强度和屈服强度,并具有一定的塑性和韧性,钢的硬度一般为 35～50HRC。中温回火主要用于处理钢制弹性元件,如各种卷簧、板簧、弹簧钢丝、热锻模等。有些受小能量多次冲击载荷作用的结构件,为了提高强度,增加其抗小能量多次冲击的能力,也采用中温回火进行处理。

3. 高温回火

高温回火的温度是 500℃ 以上。淬火钢经高温回火后,获得的组织为回火索氏体(S^1)。回火索氏体是铁素体基体上分布着粒状碳化物的组织。淬火钢经高温回火后,钢的淬火应力完全消除,强度较高,塑性和韧性提高,具有良好的综合力学性能,钢的硬度一般为 200～350HBW。

另外,钢件淬火加高温回火的复合热处理工艺又称为调质处理,它主要用于处理重要的轴类、连杆、螺栓、齿轮等工件。同时,钢件经过调质处理后,不仅具有较高的强度和硬度,而且塑性和韧性也明显比经正火处理后高,因此,一些重要的钢制零件一般都采用调质处理,而不采用正火处理。

调质处理一般作为最终热处理。钢经过调质处理后,硬度不高,便于切削加工,并能得到较好的表面质量,故调质处理也可作为表面淬火和化学热处理的预备热处理。

四、时效

时效是指合金工件经固溶处理,或铸造、冷塑性变(或锻造)、焊接及机械加工之后,在较高温度放置或室温保持一定时间后,工件的性能、形状和尺寸等随时间而变化的热处理工艺。固溶处理是指工件加热至适当温度并保温,使过剩相充分溶解,然后快速冷却以获得过饱和固溶体的热处理工艺。在时效过程中金属材料的显微组织并不发生明显的变化。工件进行时效处理的目的是消除工件的内应力,稳定工件的组织和尺寸,改善工件的力学性能等。常用的时效方法主要有自然时效、人工时效、热时效、变形时效、振动时效和沉淀硬化时效等。

1. 自然时效

自然时效是工件放置在室温或自然条件下长时间存放而发生的时效。自然时效主要用于处理大型钢铁铸件、锻件、焊接件等,处理方法是将工件在室温下长时间(半年或几年)在户外或室内堆放,使其自然发生时效现象。

2. 人工时效

人工时效是将工件加热到较高温度,在一定时间内发生的时效。人工时效主要用于处理中小型的钢铁铸件、锻件、焊接件、机械加工件等。人工时效的处理方法:将工件放入时效炉中进行加热、保温,使其发生时效现象,经过一定时间后出炉。例如,为了消除精密量具、模具及其他零件在长期使用过程中发生的尺寸、形状变化现象,常在低温回火后(低温回火温度是150～250℃)精加工前,将工件重新加热到 100～150℃,保持 5～20h,进行人工时效。

3. 热时效

热时效是指低碳钢固溶处理后,随着温度的不同,α-Fe 中碳的溶解度发生变化,使钢的性能发生改变的过程。例如,低碳钢在 A_1 之下加热,并较快冷却时,三次渗碳体(Fe_3C_{III})来不及析出,形成过饱和固溶体。但在室温放置过程中,由于碳的溶解度较低,多余的碳则以 Fe_3C_{III} 的形式析出,从而使钢的硬度和强度上升,而塑性和韧性下降。试验表明,环境温度越高,碳的扩散速度越快,热时效过程越容易发生,而且热时效所需的时间也越少。

4. 变形时效

变形时效是指钢在冷变形后进行的时效。变形时效可以在室温下进行,也可在加热状态下进行。例如,低碳钢冷态塑性变形后在室温下长期放置,强度会提高,塑性会降低,这种现象称为变形时效。利用变形时效可以生产高强度冷拉钢筋,如热轧钢筋经过冷拉或冷拔后,经过变形时效(加热温度是 300℃左右)后即可提高热轧钢筋的强度。但变形时效降低钢(尤其是汽车用板材)的锻压加工性能,因此,对于重要的工件,在制造之前需要对所选钢材进行变形时效倾向试验。

5. 振动时效

振动时效是指通过机械振动(如超声波)的方式来消除、降低或均匀工件内残余应力的时效。振动时效在 20 世纪 80 年代初逐步进入实用阶段,振动时效过程中工件不需要加热,也不像自然时效那样需要很长的时效时间,利用一定频率的振动施加给工件,利用振动即可使工件内的部分内应力得以释放,从而达到时效目的。

振动时效成本低(仅为热时效的8%～10%),生产周期短(一般只需数十分钟即可),使用方便(体积小、重量轻),操作简便,不受场地限制,适应性强,容易实现自动化,可以避免零件热时效产生的翘曲变形、氧化、脱碳及硬度降低等缺陷。振动时效主要用于处理重要的和大型的铸件、锻件和焊接件等,如处理风电设备电机底座(见图 3-12)、锻压机床底座焊接构件、矿山起重机支臂焊接构件、船体等。

图 3-12　风电设备

6. 沉淀硬化时效

沉淀硬化时效是指在过饱和固溶体中形成或析出弥散分布的强化相而使金属材料硬化的热处理工艺。它是沉淀硬化型不锈钢、高温耐热合金、高强度铝合金等的重要强化方法。例如,硬铝淬火后硬度不高,但在室温下放置一段时间后,其硬度会显著提高,这种现象就是沉淀硬化。采用沉淀硬化时效强化不锈钢、高温耐热合金、铝合金、铜合金与一般钢铁材料淬火强化有本质差异。

模块五　表面热处理

表面热处理是为改变工件表面的组织和性能,仅对其表面进行热处理的工艺。如齿轮、曲轴、花键轴、活塞销、凸轮等零件的表面所受到的应力和磨损会比心部高,这就要求其表面具有高硬度、高耐磨性、高耐腐蚀性和高疲劳强度,而心部则应具备较好的塑性和韧性以承受载荷作用。对于这类零件,要达到上述要求,单从金属材料方面去解决是比较困难的。如果选用高碳钢制作这类零件,虽然经过淬火后表面硬度很高,但其心部韧性不足,不能满足性能要求;相反,如果采用低碳钢制作这类零件,虽然经过淬火后其心部韧性好,但其表面硬度和耐磨性均较低,也不能满足性能要求。因此,针对这类零件就需要考虑对零件进行表面热处理,以满足其"表里不一"的性能要求。

一、表面淬火和回火

表面淬火是指仅对工件表层进行淬火的工艺。它是最常用的表面热处理工艺之一,其目的是使工件表面获得高硬度和高耐磨性,而心部保持较好的塑性和韧性,以提高其在扭转、弯曲、循环应力或在摩擦、冲击、接触应力等工作条件下的使用寿命。

表面淬火不改变工件表面化学成分,只改变工件表面的组织和性能。表面淬火的原理是采用快速加热方式使工件表层迅速达到淬火温度,在热量未传递到工件心部时立即淬火冷却,从而实现表面淬火或局部表面淬火。表面淬火按加热方法的不同,可分为感应淬火、火焰淬火、电接触淬火、激光淬火、电子束淬火等。目前应用最广泛的是感应淬火和火焰淬火。

1. 感应淬火

感应淬火是利用感应电流通过工件所产生的热效应,使工件表面、局部或整体加热并进行快速冷却的淬火工艺,如图 3-13 所示。感应淬火时,工件表面的加热深度主要取决于交流电流频率。生产上可通过调整交流电流频率获得不同的淬硬层深度。根据交流电流的频率进行分类,感应淬火分为高频感应淬火、中频感应淬火和工频感应淬火三类。表 3-3 为感应淬火的主要工艺参数和应用范围。

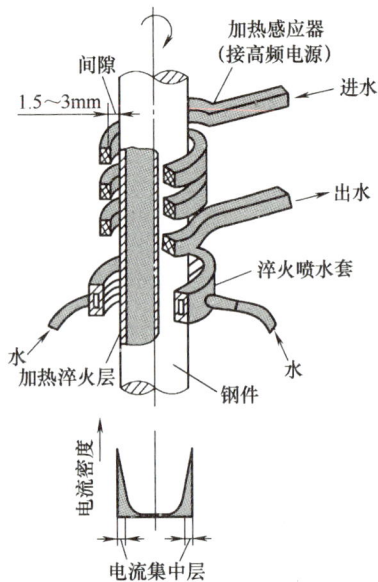

图 3-13　感应淬火原理图

表 3-3　感应淬火的主要工艺参数和应用范围

分　类	频率范围	淬火深度	应　用　范　围
高频感应淬火	50～300kHz	0.3～2.5mm	用于处理中小型轴、销、套等圆柱形零件,小模数齿轮
中频感应淬火	1～10kHz	3～10mm	用于处理尺寸较大的轴类,大、中模数齿轮
工频感应淬火	50Hz	10～20mm	用于大型零件(>ϕ300)表面淬火或棒料穿透加热

钢件感应淬火后,一般随后进行低温回火,但其回火温度要比普通低温回火温度稍低些。生产中有时采用自热回火(或自回火)代替低温回火,即当淬火冷至 200℃ 左右时,停止喷水,利用工件局部或表层淬硬层中的余热使淬硬部分发生低温回火。

感应淬火的特点是:第一,具有工件加热速度快、加热时间短(只有几秒钟),工件变形小、基本无氧化和无脱碳;第二,工件表面经感应淬火后,可以有效地提高工件的疲劳强度;第三,生产率高,易实现机械化、自动化,适于大批量生产;第四,感应淬火主要适用于中碳钢(如 40 钢、45 钢等)和中碳合金钢(如 40Cr 钢、40MnB 钢等)制造的工件(如连杆、钻杆、镗杆、曲轴、主轴、凸轮、齿轮、销等)。

2. 火焰淬火

火焰淬火是利用氧-乙炔或其他可燃气(如煤气、天然气)燃烧的火焰对工件表层进行加热,随之快速冷却的淬火工艺,如图 3-14 所示。火焰淬火的淬硬层深度一般为 2~6mm,如果淬硬层太深,容易引起工件表面产生过热,甚至产生过量的变形与裂纹。火焰淬火操作简便,不需要专用设备,生产成本低,但工件表面淬火质量不稳定,生产率低,主要用于单件或小批量生产各种齿轮、轴、轧辊、机床导轨等。

二、气相沉积

气相沉积是指利用气相中发生的物理、化学过程改变工件表面成分,在工件表面形成具有特殊性能的金属或化合物涂层的表面处理技术。气相沉积的目的主要是提高工件的耐磨性、耐腐蚀性、抗咬合性、抗氧化性,获得低的摩擦因数及特殊的物理化学性能等。气相沉积按其过程的本质进行分类,可分为化学气相沉积和物理气相沉积。

1. 化学气相沉积

化学气相沉积是指通过化学反应在工件表面形成薄膜的工艺。化学气相沉积反应一般在 900~1000℃的真空下进行,目前该工艺已经在硬质合金刀具涂层、钢制模具涂层以及耐磨件涂层等方面得到广泛应用,而且其使用寿命较未涂层前提高 3~10 倍。

2. 物理气相沉积

物理气相沉积是指在真空加热条件下利用蒸发、等离子体、弧光放电、溅射等物理方法提供原子、离子,使之在工件表面沉积形成薄膜的工艺。物理气相沉积一般在低于600℃的温度下进行,其沉积的速度比化学气相沉积快,它适用于钢铁材料、非铁金属、陶瓷、玻璃、塑料等。

物理气相沉积方法有真空蒸镀、真空溅射和离子镀三类。如图 3-15 所示是真空蒸镀原理图,基板置于高真空(10^{-3}Pa)的玻璃容器中,将欲蒸镀的金属放在蒸发源上,通电加热蒸镀金属,就可使镀膜金属的蒸气凝结沉积在基板表面上,这种方法称为真空蒸镀。铝、铜、镍、银、金等均可作蒸镀金属,真空蒸镀技术可用于制作半导体器件、制造切削刀具、生活用品表面装饰等方面。

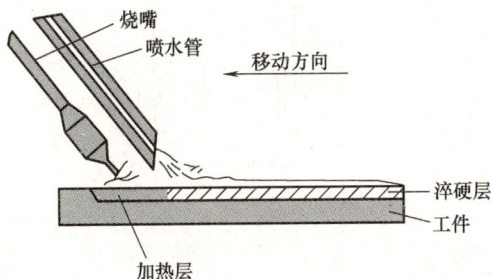

图 3-14　火焰淬火示意图

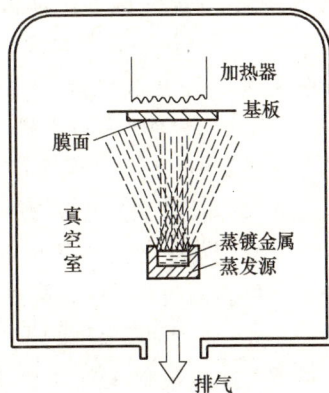

图 3-15　真空蒸镀原理示意图

模块六 化学热处理

化学热处理是指将工件置于适当的活性介质中加热、保温，使一种或几种元素渗入它的表层，以改变其化学成分、组织和性能的热处理工艺。化学热处理与表面淬火相比，其特点是不仅改变表层的组织，而且改变表层的化学成分。

化学热处理方法主要有渗碳、渗氮、碳氮共渗、渗硼、渗硅、渗金属等。由于渗入元素不同，工件表面处理后获得的性能也不相同。渗碳、碳氮共渗的主要目的是提高工件表面的硬度、耐磨性和疲劳强度；渗氮的主要目的是提高工件表面的硬度、耐磨性、热硬性、耐腐蚀性和疲劳强度；渗金属的主要目的是提高工件表面的耐腐蚀性和抗氧化性等。

化学热处理由分解、吸收和扩散三个基本过程组成。分解是指渗入介质在高温下通过化学反应进行分解，形成渗入元素的活性原子；吸收是指渗入元素的活性原子被钢件表面吸附，进入钢件内形成固溶体或形成化合物；扩散是指被吸附的渗入原子由工件表层逐渐向内扩散，形成一定深度的扩散层。目前在机械制造业中，最常用的化学热处理是渗碳和渗氮。

一、渗碳

渗碳是指为提高工件表层含碳量并在其中形成一定的碳浓度梯度，将工件在渗碳介质中加热、保温，使碳原子渗入的化学热处理工艺。渗碳层深度一般为 0.5～2.5mm，渗碳层碳的质量分数一般控制在 $w_C=1\%$ 左右。

渗碳所用钢种一般是碳的质量分数为 0.10%～0.25% 的低碳钢和低碳合金钢，如 15 钢、20 钢、20Cr 钢、20CrMnTi 钢、20CrMnMo 钢等。工件经渗碳后，其表面硬度和耐磨性能等并不能马上达到技术要求，还需要进行淬火和低温回火，才能使工件表面获得高硬度（56～64HRC）、高耐磨性和高疲劳强度，而心部仍保持一定的强度和良好的韧性。渗碳工艺被广泛用于要求表面硬而心部韧的工件上，如齿轮、凸轮轴、活塞销、铁道车辆滚动轴承、模具、量具等。

根据渗碳介质的物理状态进行分类，渗碳可分为气体渗碳、固体渗碳和液体渗碳，其中气体渗碳应用最广泛。气体渗碳的温度一般是 920～930℃。气体渗碳是工件在气体渗碳介质（甲烷、丙烷、煤油、丙酮、甲醇、天然气等）中进行的渗碳工艺。它是将工件放入密封的加热炉中（如井式气体渗碳炉），通入气体渗碳剂进行渗碳的，如图 3-16 所示。渗碳时渗碳剂在炉内高温作用下，分解出的活性炭原子被工件表面吸收，通过碳原子的扩散最终在工件表面形成一定深度的渗碳层。

渗碳时间可根据工件所要求的渗碳层深度来确定。生产中一般按每小时渗 0.2～0.25mm 的速

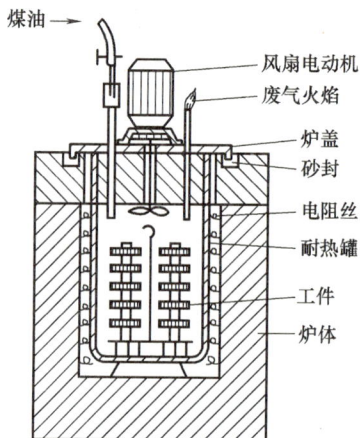

图 3-16 气体渗碳炉

度进行估算。实际生产中常用检验试棒来确定渗碳的时间长短。一般气体渗碳的时间是 8h 左右,固体渗碳的时间是 10h 左右。

二、渗氮

渗氮是指在一定温度下于一定渗氮介质中,使氮原子渗入工件表层的化学热处理工艺。目前常用的渗氮方法主要有气体渗氮和离子渗氮两种。渗氮介质有无水氨气、氨气与氢气、氨气与氮气。渗氮层深度一般为 0.6~0.7mm。常用渗氮钢有 38CrMoAlA、38CrWVA、35CrMo、25CrNi3MoAl、18CrNiW 等。

渗氮广泛用于处理各种高速传动的精密齿轮、精密模具、高精度机床主轴与丝杠、蜗杆、受循环应力作用下要求高疲劳强度的零件(如高速柴油机曲轴和汽缸套)以及要求变形小和具有一定耐热、抗腐蚀能力的耐磨零件(如阀门)等。但是渗氮层薄而脆,不能承受较大的冲击和震动,而且渗氮工艺周期长(气体渗氮一般需要 70h,离子渗氮约需 17h),生产成本较高。钢件渗氮后一般不需热处理(如淬火),渗氮后的表面硬度可达 68~72HRC。

对于零件上不需要渗氮的部分可以采用镀锡或镀铜进行保护,也可以预留 1mm 的加工余量,在渗氮后磨去。

模块七　新技术与新工艺

随着科学技术的发展,为了进一步提高零件的性能和质量,达到节约能源,降低生产成本,提高自动化程度,减少环境污染等,科技人员开发出了一些成熟的热处理新技术和新工艺,如清洁热处理、精密热处理、真空热处理、可控气氛热处理、形变热处理、电解热处理、离子化学热处理、激光淬火、电子束淬火等。同时,随着计算机技术的普及与发展,计算机技术已应用于热处理的生产与管理中,在提高热处理质量和效率方面发挥了越来越大的作用。

一、清洁热处理

清洁热处理是指在整个热处理生产过程中实现少污染、无污染,少氧化、无氧化与节能,以及没有有毒有害物质排放的热处理。传统的热处理生产过程会产生废水、废气、废盐、有毒物、粉尘、电磁波和噪声等污染,如果不注意保护会使作业场地和周围环境受到污染,甚至会危害人体健康和社会生态环境。清洁热处理则可以最大限度地避免产生上述污染,并且可实现机械化生产,减轻劳动强度。清洁热处理强调从制造工艺、过程处理、废物排放等环节进行严格控制,保证处理过程清洁和环保。例如,真空热处理、可控气氛热处理、激光热处理、高压气体淬火等新技术就是比较成熟的清洁热处理工艺,目前在机械制造、铁道车辆及汽车制造中已得到广泛应用。

二、精密热处理

精密热处理是指严格控制热处理产品质量的热处理。它的主要优点是:第一,能够准确预测零件热处理后的组织、性能和残余应力、形状和尺寸等;第二,能够自动优选工艺,分析其他工序对热处理结果的影响,合理控制各种工艺,使热处理变形和质量的分散度减小到最低程度。精密热处理技术主要包括热处理信息技术、热处理传感技术和热处理计算机技术。

总之,精密热处理可提高零件的加工精度,降低零件的加工成本,提高零件的使用性能。特别是在零件变形量方面,可将零件的变形控制在允许范围内,实现"一次加工到位"。

三、真空热处理

真空热处理是在真空度低于 1×10^5 Pa(通常是 $10^{-1} \sim 10^{-3}$ Pa)的环境中加热的热处理工艺。真空热处理主要有真空退火、真空淬火、真空回火、真空渗碳等。真空热处理的特点是:工件变形小;可以避免氧化、脱碳,实现光亮处理和提高工件表面的疲劳强度;节约能源,污染小,劳动条件好;真空热处理设备造价较高,主要用于处理工模具、精密零件和特殊零件。

四、可控气氛热处理

可控气氛热处理是指为达到无氧化、无脱碳或按要求增碳,在成分可控的炉气中进行的热处理。它的主要目的是减少和防止工件加热时的氧化和脱碳,提高工件尺寸精度和表面质量。可控气氛热处理设备通常由制备可控气氛的发生器和进行热处理的加热炉两部分组成。

五、形变热处理

形变热处理是将塑性变形和热处理结合,以提高工件力学性能的复合工艺。形变热处理主要是指工件锻后余热淬火、热轧淬火等。形变热处理既可提高钢的强度,改善其塑性和韧性,又可节能,广泛用于结构钢和工具钢制作的工件。

六、电解热处理

电解热处理是将工件和加热容器分别接在电源的负极和正极上,容器中装有渗剂,利用电化学反应使欲渗元素的原子渗入工件表层的热处理工艺。利用电解热处理可以进行电解渗碳、电解渗硼和电解渗氮等。

七、离子化学热处理

离子化学热处理是指在真空中通入少量与热处理目的相适应的气体,在高压直流电场作用下,稀薄的气体放电、启辉、加热工件,与此同时,需要渗入的元素从通入的气体中离解出来,渗入工件表层的热处理工艺。离子化学热处理的渗入速度比一般化学热处理快,在渗层较薄的情况下尤其显著,如离子渗氮、离子渗碳、离子碳氮共渗、离子渗硫和离子渗金属等。

八、激光淬火

激光淬火是以激光作为能源,以极快的速度加热工件并快速自冷的淬火。激光淬火具有工件处理质量高,表面光洁,变形极小,且无工业污染,易实现自动化等特点,它适用于各种复杂工件的表面淬火,如内燃机缸套、曲轴、活塞环、换向器、齿轮等零部件的表面淬火等。

九、电子束淬火

电子束淬火是以电子束作为热源,以极快的速度加热工件的自冷淬火。电子束的能量远高于激光,而且其能量利用率也高于激光热处理,可达80%。工件经电子束淬火后,工件表面的硬度比火焰淬火和高频感应淬火高2~4HRC。此外,由于电子束淬火是在真空中进行的,因此,淬火过程无氧化,淬火过程中工件基体性能几乎不受影响,处理质量高,是很有前途的热处理新技术。

请扫描二维码,了解关于热处理发展历史的相关内容。
文件类型:DOC
文件大小:71KB

练 习 题

一、填空题

1. 常用的加热设备主要有箱式电阻炉、_____炉、_____炉、火焰加热炉等。

2. 热处理的工艺过程一般由_____、_____和_____三个阶段组成。

3. 根据零件热处理的目的、加热和冷却方法的不同,热处理工艺可分为_____热处理、表面热处理和_____热处理三大类。

4. 根据钢铁材料化学成分和退火目的不同,退火一般分为_____退火、不完全退火、等温退火、_____退火、_____退火、均匀化退火等。

5. 常用的淬火冷却介质有_____、_____、水溶液(如盐水、碱水等)、熔盐、熔融金属、空气等。

6. 常用的淬火方法有_____淬火、_____淬火、_____分级淬火和_____等温淬火。

7. 根据淬火钢件在回火时的加热温度进行分类,可将回火分为_____回火、_____回火和高温回火三种。

8. 常用的时效方法主要有自然时效、_____时效、热时效、_____时效、_____时效和沉淀硬化时效等。

9. 表面淬火按加热方法的不同,可分为_____淬火、_____淬火、接触电阻加热淬火、激光淬火、电子束淬火等。

10. 气相沉积按其过程的本质进行分类,可分为_____气相沉积和_____气相沉积两大类。

11. 化学热处理方法主要有渗_____、渗_____、碳氮共渗、渗硼、渗硅、渗_____等。

12. 根据渗碳介质的物理状态进行分类,渗碳可分为_____渗碳、_____渗碳和固体渗碳,其中_____渗碳应用最广泛。

13. 目前常用的渗氮方法主要有_____渗氮和_____渗氮两种。

二、判断题

1. 钢材适宜切削加工的硬度范围一般是 170～270HBW。　　　　　　　( )

2. 球化退火主要用于过共析钢和共析钢制造的刀具、风动工具、木工工具、量具、模具、滚动轴承件等。　　　　　　　　　　　　　　　　　　　　　　　( )

3. 高碳钢可用正火代替退火,以改善其切削加工性。　　　　　　　( )

4. 马氏体的硬度主要取决于马氏体中含碳量的高低,其中含碳量越高,则其硬度也越高。　　　　　　　　　　　　　　　　　　　　　　　　　　　　　( )

5. 一般来说,淬火钢随回火温度的升高,强度与硬度降低而塑性与韧性提高。
　　　　　　　　　　　　　　　　　　　　　　　　　　　　　　　( )

6. 工件进行时效处理的目的是消除工件的内应力,稳定工件的组织和尺寸,改善工件的力学性能等。　　　　　　　　　　　　　　　　　　　　　　　( )

7. 大型钢铁铸件、锻件、焊接件等进行时效时,常采用人工时效。　　( )

8. 钢件感应淬火后,一般需要进行高温回火。　　　　　　　　　　( )

9. 渗氮是指在一定温度下于一定渗氮介质中,使氮原子渗入工件表层的化学热处理工艺。　　　　　　　　　　　　　　　　　　　　　　　　　　　　( )

10. 钢件渗氮后一般不需热处理(如淬火),渗氮后的表面硬度可达 68～72HRC。
　　　　　　　　　　　　　　　　　　　　　　　　　　　　　　　( )

三、简答题

1. 完全退火、球化退火与去应力退火在加热温度和应用方面有何不同?

2. 正火与退火相比有何特点?

3. 淬火的目的是什么? 亚共析钢和过共析钢的淬火加热温度应如何选择?

4. 回火的目的是什么? 工件淬火后为什么要及时进行回火?

5. 高温回火、中温回火和低温回火在加热温度、所获得的室温组织、硬度及其应用方面有何不同?

6. 表面淬火的目的是什么?

7. 渗氮的目的是什么?

8. 用低碳钢(20 钢)和中碳钢(45 钢)制造传动齿轮,为了使传动齿轮表面具有高硬度和高耐磨性,而心部具有一定的强度和韧性,各需采取怎样的热处理工艺?

9. 某种磨床用齿轮,采用 40Cr 钢制造,其性能要求是:齿部表面硬度是 52～58HRC,齿轮心部硬度是 220～250HBW。该齿轮加工工艺流程是:下料→锻造→热处理①→机械加工(粗)→热处理②→机械加工(精加工)→检验→成品。试分析"热处理①"和"热处理②"具体指何种热处理工艺。其目的是什么?

四、课外调研活动

1. 观察你周围的工具、器皿和零件等，交流与分析其制作材料和性能（使用性能和工艺性能），它们是选用哪些热处理方法进行处理的？

2. 同学之间相互交流与探讨，分析为什么钢件在热处理过程中总是需要进行"加热→保温→冷却"这些过程呢？

单元四

锻造

教学目标

第一,了解铸造的特点、分类、应用及安全文明操作规程;第二,了解砂型铸造工艺过程,特种铸造的方法、工艺及设备,铸造新技术、新工艺等。

铸造是指熔炼金属,制造铸型,并将熔融金属浇入铸型,凝固后获得具有一定形状、尺寸和性能的金属零件毛坯的成型工艺。铸造是制造毛坯或零件的主要成型方法之一,在机械装备制造中占用重要地位。

模块一 铸造基础知识

一、铸造的优点

铸造广泛用于生产机械设备,一般来说,铸造具有如下优点。

(1)铸造可以生产复杂形状的铸件。铸造既可生产形状简单的铸件,又可生产复杂的铸件。对于具有复杂内腔的零件来说,铸造是最佳的成型方法,如机械设备中的箱体、缸体、床身、机架、横梁等结构件都采用铸造成型。

(2)铸造可适应多种金属材料。工业生产中经常使用的金属材料,如铸铁、铸钢、铜合金、铝合金、镁合金、锌合金等都可以进行铸造生产,其中应用最广的是铸铁、铸造铝合金、铸造铜合金等。

(3)铸造生产成本相对低廉,设备比较简单。铸造生产所用的金属材料可以是金属废料,所使用的设备一般也不是高精密的设备,而且获得的铸件形状和尺寸与合格零件的形状和尺寸也比较接近,甚至有些精密铸造技术生产的铸件可以直接获得零件,这样就可节省大量的铸件加工工时以及生产组织和半成品运输等费用,可大大降低铸件的生产成本。

二、铸造的缺点

(1) 铸造生产工序多,有些工艺过程还难以控制,如砂型铸造生产的铸件中会产生气孔、缩松、偏析、夹渣、组织粗大等缺陷,废品率较高,铸件的质量不够稳定,铸件的力学性能也较差,铸件的力学性能比相同材料的锻件低。

(2) 砂型铸造生产过程中员工劳动强度较大,而且生产过程中产生的废气、粉尘、噪声等对环境容易造成污染,生产条件相对较差。

三、铸造生产的发展趋势

随着铸造技术的发展,一些成熟的铸造新技术、新工艺和新设备正在铸造生产中逐渐得到广泛应用,使铸造生产的劳动条件进一步改善,环境污染也逐渐得到控制。例如,随着精密铸造技术的发展,铸件的尺寸精度可达 IT12～IT10,表面粗糙度 Ra 值可达 $0.8\mu m$,基本可实现少切削或无切削加工。此外,随着球墨铸铁等高强度铸造合金的普遍使用,铸件的力学性能得到明显提高,可用球墨铸铁件来代替钢质锻件,这样做不仅简化了部分零件(如曲轴、齿轮等)的制造工艺,还可获得优质的零件。

四、铸造方法的分类

通常将铸造分为砂型铸造和特种铸造两大类。砂型铸造是在砂型中生产铸件的铸造方法,该方法是一种历史悠久的铸造方法,具有生产成本低、灵活性大、适应性广等优点,是目前应用较广的铸造方法。特种铸造是指与砂型铸造不同的其他铸造方法的统称,如金属型铸造、压力铸造、熔模铸造、离心铸造、壳型铸造、低压铸造、连续铸造等。随着科技和制造技术的不断发展,特种铸造在铸造生产中地位越来越重要,其应用越来越广泛。

图 4-1　铸件

铸件是指将熔融金属注入铸型,凝固后得到的具有一定形状、尺寸和性能的金属零件或零件毛坯(见图 4-1)。通常铸件是作为零件的毛坯,需要经过切削加工后才能成为零件。

五、铸造的应用

铸造在机械装备制造中应用广泛,按铸件质量计算,在一般机械设备中铸件占40%～90%;在重型机械(如机床、内燃机、水泵等)中铸件约占 80%以上;在农业机械中铸件占40%～70%。随着成熟的铸造新技术与新工艺的不断出现与发展,铸造的应用范围会不断扩大,铸件的质量和精度也会越来越高。

六、铸造安全文明操作规程

铸造生产属于热加工，其生产过程包括混砂、造型、熔化、浇注、清理等工序，而且辅助设备多，吊运工作量大。因此，在见习铸造生产过程中，会涉及高温、粉尘及各种辅助设备，为了保证操作正确和人身安全，需要见习人员熟悉如下铸造安全文明操作规程。

（1）在铸造生产车间要穿好工作服，要穿硬包头工作鞋，不能穿塑料底或胶底鞋，以免钉子扎伤。

（2）砂箱堆放要稳固，防止倒塌伤人。

（3）场地要保持干净，砂箱砂子堆放整齐，留出浇注道路及人行通道。

（4）造型时，不要用嘴吹型砂和芯砂。

（5）行车吊物时，下面不准有人工作或行走。

（6）吊物时要吊牢，吊持时要试吊，平稳后再进行吊运。

（7）造型时不准用嘴吹型砂和芯砂，造型用具不用时，不要堆放在通道上。

（8）浇注时，必须穿戴好工作鞋、手套和防护眼镜，以防液态金属伤人。

（9）浇注时扒渣等工具不得生锈或沾有水分，浇包必须烘干；浇注时不操作的同学要离浇包一定的安全距离，以防铁水飞溅伤人。

（10）浇注时要对准浇口，以免飞溅烧伤，并按浇注技术要求进行操作。

（11）剩余铁水不准倒在湿地上。

（12）浇注时要注意通风，以防中毒。

（13）取拿铸件时应注意观察铸件是否已经冷却，以免烫伤。

（14）清理铸件（打浇冒口或飞刺）时，要戴好防护器具，注意毛刺、飞边、浇冒口伤人；清理时不要将风铲对准其他人，以免飞砂、物件伤人。

（15）车间内不得嬉玩打闹，未经许可不得乱动车间的机器。

（16）工作结束时，应及时清理场地，保持工作场地清洁有序。

模块二　砂型铸造

铸件的形状与尺寸主要由造型、造芯、合型、浇注等工序确定，铸件的化学成分则由金属熔炼过程确定。因此，造型、造芯、合型、金属熔炼、浇注是铸造生产中的重要工序。如图 4-2 所示是砂型铸造工艺流程简图。

一、造型

造型是指用型砂及模样等工艺装备制造砂型的方法和过程。铸型是用型砂、金属或其他耐火材料制成，它包括形成铸件形状的空腔、型芯和浇冒口系统的组合整体。如果砂型用砂箱支撑时，砂箱也是铸型的组成部分。砂型形成铸件的型腔，其形状和大小与铸件的形状和大小相对应，液态合金经过浇注系统充满型腔后，经冷却就可形成铸件。

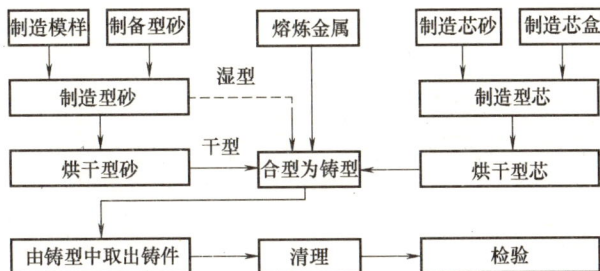

图 4-2　砂型铸造工艺流程简图

1. 造型材料与造型工具

（1）造型材料

造型材料是指制造铸型（芯）用的材料，一般是指砂型铸造所用的材料，它主要包括水洗砂（型砂和芯砂）、粘结剂（黏土、膨润土、水玻璃、植物油、树脂等）、各种附加物（煤粉或木屑等）、旧砂和水。造型材料的好坏，对于铸件的质量起着决定性的作用。为了获得合格的铸件，造型材料应具备一定的强度、可塑性、耐火性、透气性、退让性等性能。

强度是指型砂（或芯砂）在造型后能够承受外力作用而不被破坏的能力。如果型砂（或芯砂）强度不足，容易造成塌箱、冲砂和砂眼等缺陷。如果型砂（或芯砂）强度高，则可适应各种造型方法。

可塑性是指为了在铸型中得到清晰的模样轮廓，型砂（或芯砂）所具有的良好塑造能力。砂本身不具有良好的可塑性，但加入粘结剂后，砂就具有了良好的可塑性。例如，砂中加入的黏土越多，型砂（或芯砂）的可塑性越高。

耐火性是指型砂（或芯砂）在高温液体金属中注入时，不软化、不易熔融烧结以致粘附在铸件表面上的性能。如果型砂（或芯砂）的耐火性差，则铸件易粘附型砂（或芯砂），产生粘砂缺陷，并造成清理困难和切削困难。

透气性是指型砂（或芯砂）由于砂粒之间存在空隙，能够通过气体的能力。如果型砂（或芯砂）透气性差，则容易造成部分气体残留在铸件中产生气孔缺陷。

退让性是指铸件冷却收缩时，型砂（或芯砂）的体积可以被压缩的能力。如果型砂（或芯砂）退让性差，则会阻碍铸件收缩，造成铸件产生内应力，甚至产生铸件开裂等缺陷。因此，为了提高型砂（或芯砂）的退让性，可在型砂（或芯砂）中加入木屑、草灰和煤粉等，使砂粒之间的间隙加大。

（2）造型工具

造型工具是指造型过程中用以舂实、修补和精整砂型的手工工具。常用造型工具有砂箱、底板、砂舂（舂砂锤）、通气针、起模针、皮老虎、镘刀（镘勺）、秋叶、提钩、半圆等，如图 4-3 所示。

2. 砂型的各组成部分

在造型过程中将型砂舂紧在上砂箱和下砂箱中，连同砂箱一起，可分别形成上砂型和下砂型，如图 4-4 所示。型腔是指铸型中的空腔部分，浇注后形成铸件及浇冒口系统的金

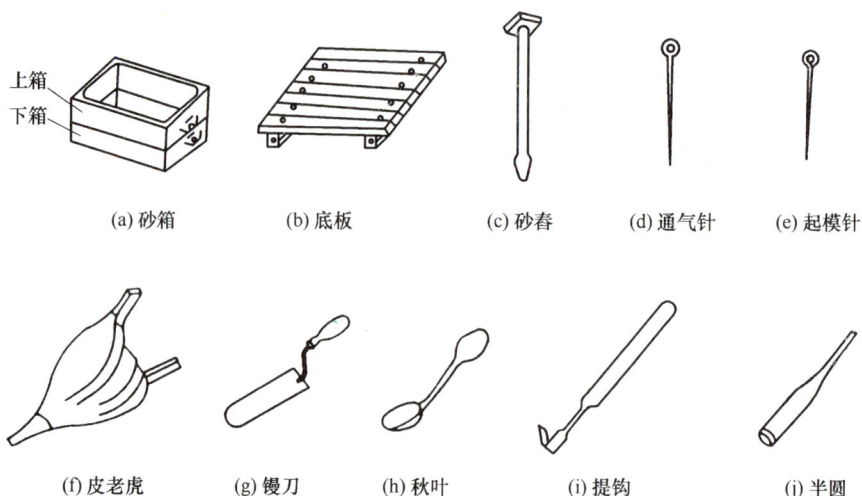

(a) 砂箱　　(b) 底板　　(c) 砂舂　　(d) 通气针　　(e) 起模针

(f) 皮老虎　　(g) 镘刀　　(h) 秋叶　　(i) 提钩　　(j) 半圆

图 4-3　常用造型工具

属体。型腔不包括由模样芯头形成的空腔。分型面是铸型组元间的接合面,即上砂型与下砂型的分界面。

型芯是指为了获得铸件的内孔或局部外形,用芯砂或其他材料制成的,安放在型腔内部的铸型组元。型芯主要用于形成铸件的内孔或内部轮廓。芯头是指模样上的突出部分,是在铸型内形成芯座并放置芯头的部分。芯头不形成铸件的轮廓,只是为了对型芯进行准确定位和支承,并保证能顺利地将型芯落入型芯座内。型芯中设有通气孔,用于排出型芯在受热过程中产生的气体。

为了能使模样很容易地从铸型中取出或型芯自芯盒中脱出,在模样(或芯盒)上需要设置起模斜度(见图 4-5)。起模斜度是平行于起模方向在模样或芯盒壁上设置的斜度。

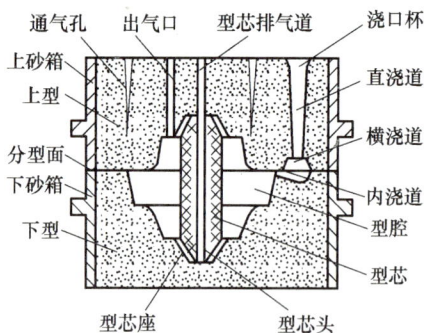

图 4-4　砂型组成示意图

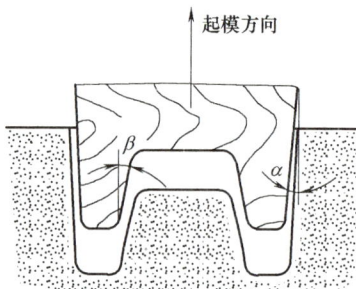

图 4-5　起模斜度

型腔上方设有出气口,用于排出型腔中的气体。另外,利用通气针也可在砂型中扎多个通气孔,用于排出型腔中的气体。浇注位置是指浇注时铸型分型面所处的位置,金属液从浇口杯中浇入后,可经直浇道、横浇道、内浇道平稳地流入型腔中。

3. 造型方法

对于砂型铸造来说,造型方法通常分为手工造型和机器造型两大类。

(1)手工造型

手工造型是全部用手或手动工具完成的造型工序。手工造型具有操作灵活、适应性强、模型制作成本低、生产准备时间短等优点。但手工造型效率低,劳动强度大,劳动环境差,主要用于单件小批量生产。在手工造型过程中,如何将木模顺利地从砂型中取出,而又不损坏型腔的形状,是造型的关键环节。因此,围绕如何起模这一问题,就形成了各种不同工艺特点的造型方法。常用手工造型方法的示意图、主要工艺特点和应用范围见表4-1。

表 4-1 常用手工造型方法的示意图、主要工艺特点和应用范围

造型方法	示意图	主要工艺特点	应用范围
整箱造型		模样是整体的,铸件型腔全部分布在一个砂箱内,分型面一般是平面,造型过程简单,不易产生错型缺陷	适用于最大截面在一端且为平面、形状简单、横截面依次减小、不允许有错箱缺陷的铸件,如盘、盖类铸件
分模造型		模样在最大截面处分开,成为两部分,分别在上砂箱和下砂箱中形成铸件型腔。分模造型操作简单,但模型制造稍复杂,在合型时可能会产生错型	适用于制造形状比较复杂、最大截面在中间的铸件以及带孔的铸件,如套筒、阀体、管件、箱体等铸件
挖砂造型		模型是整体的,但铸件的分型面是曲面。为了能起出模型,造型时通过手工操作挖去阻碍起模的型砂。挖砂造型费工时,生产率低,操作技术要求较高	适用于单件或小批生产模样是整体模但分型面不是平面的铸件,如开闭阀门的手轮铸件
假箱造型		造型前先预制好一个底胎(假箱)或者是成型底板,然后在底胎上可直接造下型,但底胎不参与浇注。造型操作比挖砂简单,操作效率高,不需要挖砂操作,容易分开分型面	适用于小批或成批生产模样是整体模,分型面不是平面的铸件,如开闭阀门的手轮铸件

续表

造型方法	示 意 图	主要工艺特点	应用范围
活块造型		在模样上将妨碍起模的凸出结构作成活块,起模时先将主体模起出,然后用工具从侧面取出活块。活块造型费工时,且不易定位,操作技术要求高,而且活块的总厚度不得大于模样主体部分的厚度,否则活块不易取出	适用于单件或小批量生产带有小凸台等妨碍起模的铸件,如支架类铸件等
刮板造型		造型时采用与铸件截面形状相同的刮板逐渐刮制出砂型。刮板造型可节约材料,降低模样制作成本,缩短生产准备时间,但是生产效率低,操作技术要求高,铸件精度低	适用于具有等截面的大、中型回转体铸件的单件或小批量生产,如皮带轮、飞轮、齿轮、铸管、弯管等
三箱造型		模型由上、中、下3个模型组成,中箱的上下两端面均为分型面,而且中箱高度与中箱中的模型高度相适应。三箱造型操作比较烦琐,生产效率低,需要合适的中砂箱,操作技术要求高	适用于单件或小批量生产铸件两端大、中间截面小,用一个分型面取不出模样,具有两个分型面的铸件
地坑造型		利用地坑作为下砂箱,上砂箱及造型方法与其他造型方法一样。地坑造型可降低生产成本,但造型费工时,生产效率低,操作技术要求高	适用于单件或小批量生产质量要求不高的铸件
组芯造型		主要特点是采用砂芯组成铸型。组芯造型可实现机械化,提高铸件精度,但生产成本高	适用大批量生产形状复杂的铸件

（2）机器造型

机器造型是指用机器全部完成或至少完成紧砂操作的造型工序。机器造型的实质是用机器代替手工紧砂和起模过程,它是现代化铸造车间的基本造型方法。机器造型与手工造型相比,具有生产率高,铸件尺寸精度高和表面质量好,铸件切削加工余量小,改善了劳动条件等优点,此造型方法适合于成批或大量生产铸件。但机器造型需要专用设备、专用砂箱和模板(模样和模底板的组合体,一般带有浇口模、冒口模和定位装置),投资较大。

机器造型采用模板进行两箱造型,因不能紧实中箱,故机器造型不能进行三箱造型。通常模板固定在造型机上,并与砂箱用定位销进行定位。造型后模板形成分型面,模样形成铸型型腔。机器造型时,模板上要避免使用活块,否则会明显降低造型机的生产效率。

机器造型常用的紧砂方法有震实、压实、震压、抛砂、射压等几种方式,其中以震压和射压造型方式应用最广。机器造型常用的起模方法有顶箱、漏模、翻转三种方式。

二、制芯

制芯是指将芯砂制成符合芯盒形状的砂芯的过程。型芯通常安放在型腔内部,其主要作用是获得铸件的内腔,有时也可作为铸件难以起模部分的局部外形。由于型芯的表面被高温熔融金属包围,受到的冲刷和烘烤最大,因此,要求型芯具有更高的强度、透气性、耐火性和退让性。型芯可以采用手工制芯,也可以采用机器制芯。单件或小批生产大、中型回转体型芯时,可采用刮板制芯。手工制芯时主要采用型芯盒制芯。根据芯盒结构不同,手工制芯方法可分为整体式芯盒制芯(图 4-6)、可拆式芯盒制芯(图 4-7)、对开式芯盒制芯(图 4-8)三种。

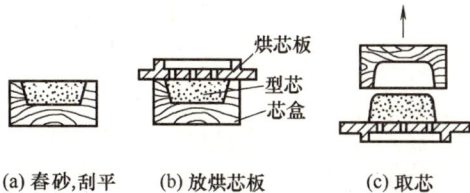

(a) 舂砂,刮平 (b) 放烘芯板 (c) 取芯

图 4-6 整体式芯盒制芯

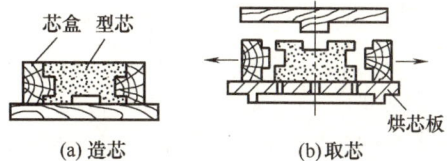

(a) 造芯 (b) 取芯

图 4-7 可拆式芯盒制芯

三、浇注系统

浇注系统是指浇注时为了使熔融金属顺利平稳地填充型腔和冒口而在铸型中开设的一系列通道。浇注系统一般由浇口杯、直浇道、横浇道和内浇道组成,如图 4-9 所示。浇口杯的作用是承接并导入熔融金属,减轻金属液对铸型的冲击和阻挡熔渣流入型腔;直浇道是浇注系统中的垂直通道,一般带有锥度,其高度可使金属液产生静压力,以便迅速充满型腔;横浇道是浇注系统中的水平通道,截面为梯形,一般设在内浇道的上面,以使熔渣聚集在它的顶部和端部,起到挡渣和分配金属液流进内浇道的作用,另外,横浇道的末端还应超出内浇道;内浇道与型腔直接相连,可控制金属液流入型腔的速度和方向。

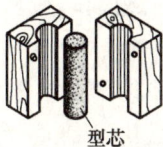

图 4-8 对开式芯盒制芯

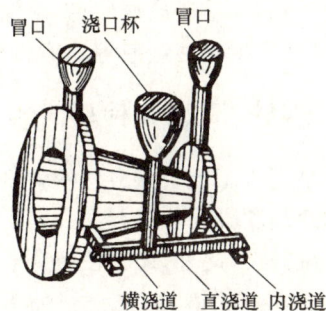

图 4-9 浇注系统组成示意图

浇注系统按内浇道在铸件上的位置进行分类,可分为顶注式浇注系统、中注式浇注系统、底注式浇注系统、阶梯式浇注系统等。浇注系统的主要作用是保证熔融金属均匀、平稳地流入型腔,避免熔融金属冲坏型腔;防止熔渣、砂粒或其他杂质进入型腔;调节铸件凝固顺序或补给铸件冷凝收缩时所需的液态金属;调节铸件各部分的温度分布。如果浇注系统设计不合理,铸件容易产生冲砂、砂眼、夹渣、浇不到、气孔和缩孔等缺陷。

四、合型(或合箱)

合型是指将铸型的各个组元(如上砂型、下砂型、型芯、浇口杯等)组合成一个完整铸型的操作过程。合型前应将铸型进行烘干,以提高铸型的强度、透气性和减少发气量。型芯放好后,需要仔细检验型芯是否定位准确,只有准确无误后,方可扣上上砂箱和放置浇口杯。合型后要保证铸型型腔的几何形状和尺寸准确,保证型芯稳固。另外,合型后应将上砂箱、下砂箱卡紧或用压铁压住,以防浇注时金属液流出铸型外。

五、金属熔炼

金属熔炼是通过加热使金属由固体转变为液态,并通过冶金反应去除金属液中的杂质,使金属液的温度和化学成分满足技术要求的过程和操作。金属熔炼是铸造生产的重要环节,对铸件的质量有直接影响。如果金属液的化学成分不合格,则会降低铸件的力学性能和物理性能。如果金属液的温度过低,会使铸件产生冷隔、浇不到、气孔和夹渣等缺陷;如果金属液的温度过高,会导致铸件总收缩量增加、吸收气体过多、粘砂严重等缺陷。常用的熔炼设备有冲天炉(适于熔炼铸铁)、电炉(适于熔炼铸钢)、坩埚炉(适于熔炼非铁金属)。

六、浇注

浇注是将熔融金属从浇包注入铸型的操作过程。熔融金属应在合理的温度范围内按规定的速度注入铸型。如果浇注温度过高,则熔融金属会吸气多,金属液收缩大,铸件容易产生气孔、缩孔、裂纹及粘砂等缺陷。如果浇注温度过低,则熔融金属流动性变差,铸件会产生浇不到、冷隔等缺陷。铸铁的浇注温度通常是液相线以上 200℃(通常是 1250~1470℃)。

另外,还需要合理控制浇注速度。如果浇注速度过快,则会使铸型中的气体来不及排出而产生气孔,并易造成冲砂;如果浇注速度过慢,会使型腔表面烘烤时间长,造成砂层翘起脱落,容易产生夹砂结疤等缺陷。通常,对于薄壁铸件来说,浇注速度可快些。

七、落砂、清理和检验

落砂是用手工或机械方法使铸件和型砂(芯砂)、砂箱分开的操作过程。浇注后,必须经过充分冷却和凝固才能开型。如果落砂时间过早,则铸件内部会产生较大的应力,导致铸件变形或开裂,此外,还会使铸铁表面产生白口组织,从而使切削加工困难。通常形状简单、小于10kg的铸件,在浇注后 0.5~1h 可进行落砂;大、中型铸件,钢铁材料可在 200~400℃进行落砂;非铁金属可在 100~150℃进行落砂。

清理是指落砂后从铸件上清除表面粘砂、型砂(芯砂)、多余金属(包括浇注系统、冒口、飞翅和氧化皮)等过程的总和。清理的主要任务是去除铸件上的浇注系统、冒口、型芯、粘砂以及飞边毛刺等部分。通常,灰铸铁件的浇冒口用锤打掉,铸钢件的浇冒口用气割切除,非铁金属的浇冒口用锯削切除。型芯用手工、震动出芯机、水力清砂、水爆清砂等方法清除。表面粘砂、飞翅、氧化皮、浇冒口残根用压缩空气、滚筒清理、抛丸清理、砂轮打磨和风铲等方法清除。

检验是指铸件清理后,对其进行的质量检验的过程。检验可通过肉眼观察(或借助尖嘴锤)找出铸件的表面缺陷,如气孔、砂眼、粘砂、缩孔、浇不到、冷隔等。对于铸件内部的缺陷可进行耐压试验、超声波探伤等方法。

八、零件、模样和铸件之间的差别

零件、模样和铸件三者之间是有差别的。零件是铸件经过加工后获得的最终合格产品;模样和铸件在形状和尺寸上基本接近,但它们在尺寸上不仅要比零件多一定的加工余量,而且在形状上也与零件有较大的差异,如铸件上有铸造圆角、起模斜度、浇注系统等。

模块三 特种铸造及铸造新技术与新工艺

特种铸造是适应现代化生产而发展起来的一种高质量、高效率的铸造方法。特种铸造包括金属型铸造、熔模铸造、压力铸造、离心铸造、低压铸造等。在特定条件下,采用特种铸造能提高铸件尺寸精度,降低铸件表面粗糙度 Ra 值,可以实现铸件少切削或无切削加工要求,提高金属的利用率,减少原砂消耗量;提高铸件的物理性能及力学性能;改善劳动条件,减少环境污染;生产过程有利于实现机械化和自动化;目前,特种铸造主要适用于高熔点、低流动性、易氧化的合金铸件的生产。

一、金属型铸造

金属型是指用金属材料制成的铸型。金属型按结构形式进行分类,可分为整体式金属型、垂直分型式金属型、水平分型式金属型、复合分型式金属型。如图 4-10 所示是制造铝合金活塞的垂直分型式金属型。

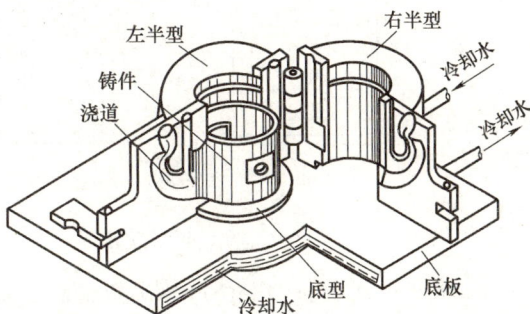

图 4-10 制造铝合金活塞的垂直分型式金属型

金属型铸造是指在重力作用下将熔融金属浇入金属型获得铸件的方法。金属型铸造的特点是：第一，金属型可"一型多用"，反复使用几百次至几万次，节省造型材料和工时，提高生产率，改善劳动条件；第二，可提高铸件尺寸精度（相当于IT14～IT12），表面质量较好（$Ra=12.5～6.3\mu m$），加工余量小；第三，由于金属型导热快，铸件结晶组织细，力学性能高。但由于金属型制作周期长，费用高，故金属型铸造不适合于单件、小批生产。同时由于铸型冷却快，铸件形状也不宜太复杂，壁厚也不易太薄，否则铸件容易产生浇不到、冷隔、裂纹等缺陷。金属型铸造主要用于大批量生产非铁金属铸件，如内燃机活塞、气缸体、气缸盖、油泵体、轴瓦、衬套等。

二、熔模铸造

熔模铸造是指用易熔材料（如蜡料）制成模样，在模样上包覆若干层耐火涂料，制成型壳，熔出模样后经高温焙烧即可浇注的铸造方法。熔模铸造的铸型是一个整体，无分型面，它是通过熔化模样起模的，所以，它可以铸造出各种复杂形状的小型零件。

熔模铸造的生产工艺流程（图4-11）是：第一，先将配成的蜡模材料（50%石蜡和50%硬脂酸）熔化浇入制蜡模中，获得单个蜡模；第二，将若干个蜡模粘合在蜡模浇注系统上，形成蜡模组；第三，蜡模组浸入以水玻璃与石英粉配成的涂料中，取出后再撒上石英砂并在氯化铵溶液中硬化，上述结壳过程重复数次直到结成5～10mm的型壳；第四，将结成型壳的蜡模组放入85～95℃的热水中，使蜡模熔化并流出型壳，形成铸型型腔；第五，为了提高铸型强度及排除铸型型腔内的残蜡和水分，将铸型放入850～950℃的炉内焙烧；第六，将铸型装在砂箱内，周围填砂加固；第七，浇注、冷却、出箱、清理。

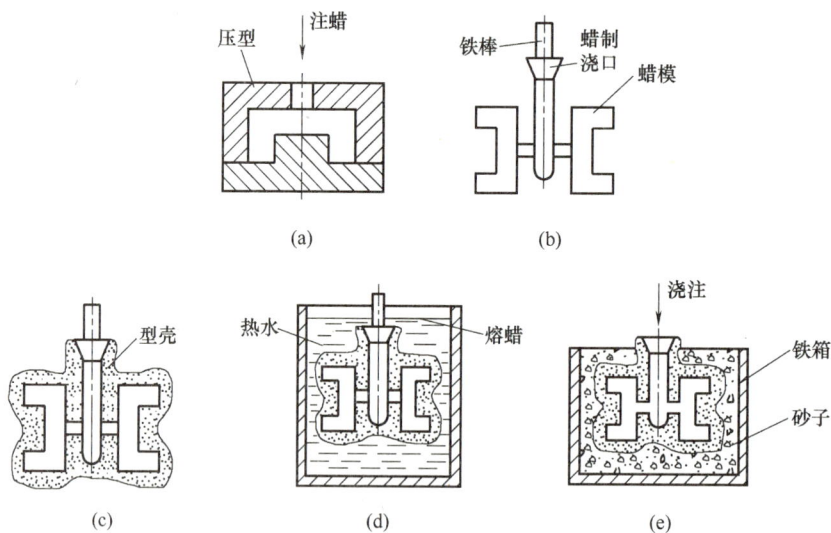

图 4-11　熔模铸造主要生产工艺流程

熔模铸造的特点是：铸件尺寸精确（相当于IT14～IT10）、表面质量好（$Ra=12.5～1.6\mu m$），可达到少切削或无切削加工。但熔模铸造工艺过程复杂，生产周期长，铸件制造成本高。同时，由于铸型型壳强度不高，故不能制造尺寸较大的铸件（一般不超过25kg）。通常熔模铸造用于制造中、小型复杂形状的精密铸件(如汽轮机叶片、叶轮、活塞、壳体等)或熔点高、难以进行压力加工或难以进行切削加工的金属件。

三、压力铸造

压力铸造是指熔融金属在高压(5～150MPa)下高速充型,并在压力下凝固的铸造方法。压力铸造一般在压铸机上进行,如图 4-12 所示是卧式压铸机工作原理图。压铸机主要由合型机构、压射机构、抽芯机构、顶出机构等组成。

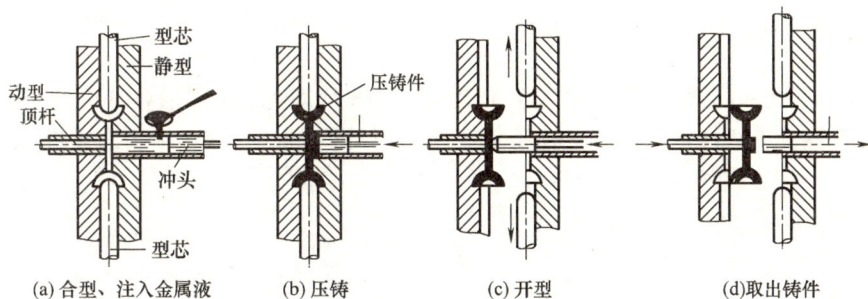

图 4-12　卧式压铸机工作原理图

压力铸造的特点是:第一,可得到形状复杂的薄壁铸件;第二,铸件尺寸精度高(相当于 IT13～IT11)、表面质量好($Ra=3.2\sim0.8\mu m$)、铸件晶粒细、组织致密、强度较高、生产率高。但是,铸件易产生气孔与缩松,设备投资较大,而且压型制造费用高。压力铸造主要应用于汽车、拖拉机、仪表、电讯器材、医疗器械、纺织机械等领域,适用于大批量生产薄壁的、复杂的非铁金属小型铸件,如气缸体、箱体、化油器、离合器等铸件。

四、离心铸造

离心铸造是指将金属液浇入水平、倾斜或立轴旋转的铸型,在离心力的作用下凝固成铸件的铸造方法。离心铸造的铸型可以是金属型,也可以是砂型。铸型在离心铸造机上根据需要可绕垂直(或倾斜)轴旋转,也可绕水平轴旋转,如图 4-13 所示。

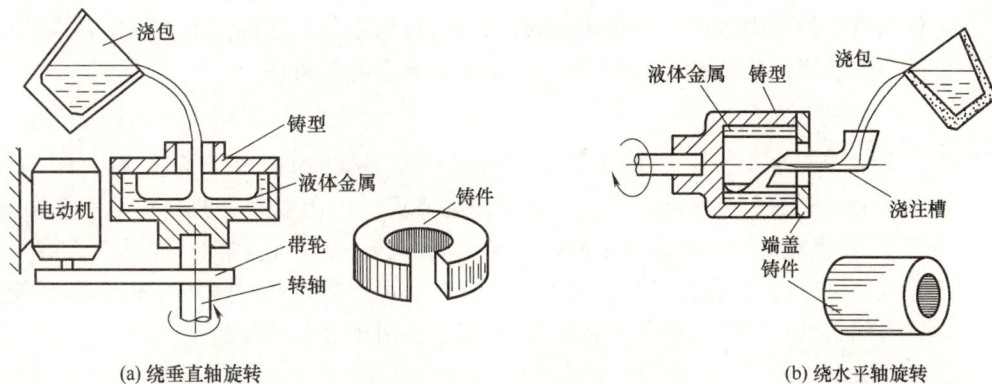

(a)绕垂直轴旋转　　(b)绕水平轴旋转

图 4-13　离心铸造原理图

离心铸造的特点是：第一，在离心力作用下，金属液中的气体、熔渣都集中于铸件的内表面，并使金属铸件呈定向结晶（由铸件的外表面向内表面结晶），因而铸件组织致密，力学性能较好；第二，离心铸造可以省去芯型，可以不设浇注系统，因此，减少了金属液的消耗量；第三，可制造双金属铸件，如在钢套上镶铸铜合金薄层，制造滑动轴承。但离心铸造获得的铸件的偏析较大，金属中熔渣等密度小的夹渣物容易集中在铸件的内表面，铸件的内孔表面粗糙值 $Ra=12.5\sim6.3\mu m$，尺寸误差较大，需要增加内表面的加工余量。目前，离心铸造主要用于生产空心旋转体铸件，如各种长管件、缸套、滑动轴承轴套、圆环、活塞环等。

五、铸造新技术与新工艺

随着科学技术的发展，铸造技术正向着精确化、自动化、清洁化和智能化方向发展。目前，成熟的铸造新技术和新工艺主要有真空密封铸造、悬浮铸造、半固态铸造、挤压铸造及计算机技术在铸造生产中的应用等。

1. 真空密封铸造

真空密封铸造简称真空铸造，又称 V 法铸造、减压铸造、负压铸造，是金属在真空条件下熔炼、浇注和凝固成铸件的铸造技术。真空密封铸造是利用真空使密封在砂箱和塑料薄膜中的无水、无粘结剂的干石英砂紧实在模样板上成型，形成浇注用的铸型。在保持真空状态下，经过下芯、合箱、浇注、凝固和冷却，最后在失去真空的状态下使型砂自行溃散，最终生产出需要的铸件。

真空密封铸造的优点是：第一，与机器造型相比，设备简单，初期投资以及运行和维修费用低，模样和砂箱使用寿命长，金属利用率高；第二，铸件质量高，可铸出 3mm 厚的薄壁件。真空密封铸造主要缺点是：造型操作比较复杂，对于小型铸件的生产，其生产率不易提高。

2. 悬浮铸造

悬浮铸造又称悬浮浇注，是往浇注金属液流中喷射粉粒状处理剂（或悬浮剂），使其分散悬浮在金属液中的铸造方法。金属液中的粉粒可成为凝固结晶时的核心，加快铸件凝固，细化铸件组织，提高铸件质量。常添加的粉粒材料有铁粉、铸铁丸、铁合金粉、钢丸等。

悬浮铸造的优点是：第一，可明显地提高铸钢、铸铁的力学性能，减少金属的体收缩、缩孔和缩松，提高铸件的抗热裂性能；第二，减少铸锭和厚壁铸件中化学成分不均匀现象，提高铸件和铸锭的凝固速度。悬浮铸造的优点是：对悬浮剂及浇注温度的控制要求较高。悬浮铸造不仅适用金属铸件，而且还适用于金属基复合材料铸件。

3. 半固态铸造

半固态铸造又称流变铸造、触变铸造，是将有一定触变性的半固态合金浆料或半固态铸锭在低于液相线温度和一定压力下铸造成型的方法。半固态合金浆料既非全呈液态，又非全固态，它经压铸机压铸后形成铸件。半固态铸造的优点是：第一，能够大大减少热量对压铸机的热冲击，延长压铸机的使用寿命；第二，可明显地提高铸件的质量，降低能量消耗；第三，便于进行自动化生产。目前，该方法主要用于汽车轮毂的生产。

4. 挤压铸造

挤压铸造又称为液态模锻，是指金属液在高挤压压力作用下充填金属型腔，形成高致密度铸件的铸造方法。它是用铸型的一部分直接挤压金属液,使金属液在压力作用下成型和凝固,从而获得铸件。挤压铸造的工作原理如图4-14所示。其工作原理是:在铸型(下型)中浇入一定量的液态金属,上型随即向下运动,使液态金属自下而上充型,从而完成铸造过程。挤压铸造所用的铸型大多是金属型。挤压铸型一般由两扇组成,一扇铸型固定,另一扇铸型活动。

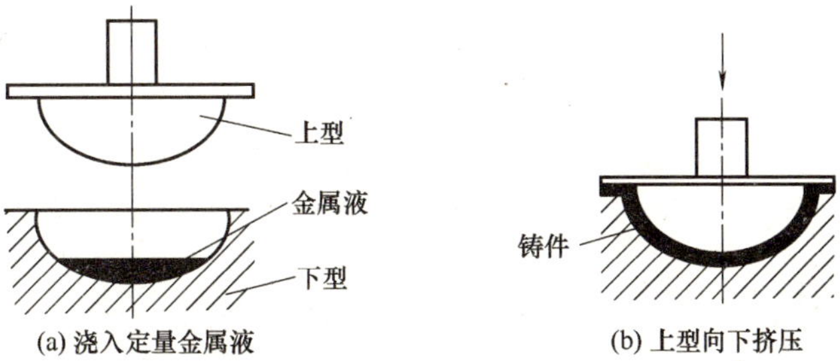

(a) 浇入定量金属液　　　　(b) 上型向下挤压

图 4-14　挤压铸造原理图

挤压铸造的优点是:第一,挤压的压力高、速度低、流程短,无金属液飞溅和卷气现象;第二,铸件成型时有局部塑性变形,铸件组织细密、无气孔缺陷,可热处理强化;第三,挤压铸件的表面质量和尺寸精度高;第四,挤压铸造无须开设浇冒口系统,金属利用率高;第五,工艺简单,机械化程度高,适应性强,多种金属可以采用挤压铸造。

目前,挤压铸造主要用于生产强度要求高、气密性好、薄壁类的铸件,如各种阀门体、活塞、机架、轮毂、耙片及铸铁锅等铸件。

5. 计算机技术在铸造生产中的应用

随着计算机技术的发展和广泛应用,将计算机应用于铸造生产中,已取得了越来越好的效果。利用计算机数值模拟技术可以对极为复杂的铸造过程进行定量描述和仿真,模拟出铸件充型、凝固及冷却中的各种物理过程,并依此对铸件的设计结构、加工工艺过程和质量进行综合评价,做到简化设计过程,提高设计速度,优化设计方案,达到降低设计成本的目的。此外,计算机在生产管理、检测、数据处理、铸造机械控制等方面正得到广泛的应用,也在逐步地改善着铸造的生产面貌。

请扫描二维码,了解关于铸造
发展历史的相关内容。
文件类型:DOC
文件大小:143KB

练　习　题

一、填空题

1. 铸造方法很多,通常分为_____铸造和_____铸造两大类。

2. 砂型铸造用的材料主要包括_____砂（型砂和芯砂）、_____剂（黏土、膨润土、水玻璃、植物油、树脂等）、各种_____物（煤粉或木屑等）、旧砂和水。

3. 为了获得合格的铸件，造型材料应具备一定的强度、_____性、_____性、_____性、退让性等性能。

4. 手工造型方法有_____造型、_____造型、_____造型、_____造型、_____造型、_____造型和_____造型等。

5. 机器造型常用的紧砂方法有震实、_____、震压、_____、射压等几种方式，其中以震压和射压造型方式应用最广。

6. 手工制芯方法可分为_____式芯盒制芯、_____式芯盒制芯、_____式芯盒制芯三种。

7. 浇注系统一般由_____杯、_____浇道、_____浇道和_____浇道组成。

8. 如果浇注系统设计不合理，铸件易产生冲砂、_____眼、_____渣、浇不到、_____孔和缩孔等缺陷。

9. 合型（或合箱）是指将铸型的各个组元（如_____砂型、_____砂型、型芯、浇口杯等）组合成一个完整铸型的操作过程。

10. 清理的主要任务是去除铸件上的_____系统、_____口、型芯、粘砂以及飞边毛刺等部分。

11. 离心铸造的铸型在离心铸造机上根据需要可绕_____轴旋转（或倾斜轴旋转），也可绕_____轴旋转。

12. 特种铸造包括金属型铸造、_____铸造、_____铸造、_____铸造、低压铸造等。

二、判断题

1. 分型面是铸型组元间的接合面，即上砂型与下砂型的分界面。　　　　（　　）
2. 芯头可以形成铸件的轮廓，并对型芯进行准确定位和支承。　　　　（　　）
3. 起模斜度是为了使模样容易从铸型中取出或芯子自芯盒脱出，平行于起模方向在模样或芯盒壁上设置的斜度。　　　　（　　）
4. 如果浇注温度过低，则熔融金属流动性变差，铸件会产生浇不到、冷隔等缺陷。

　　　　（　　）
5. 零件、模样和铸件三者之间没有差别。　　　　（　　）
6. 熔模铸造的铸型是一个整体，无分型面，它是通过熔化模样起模的。　（　　）
7. 离心铸造是指液态金属在重力的作用下充型、凝固并获得铸件的铸造方法。

　　　　（　　）

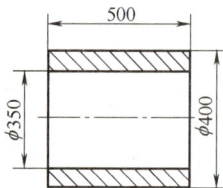

图 4-15　辊筒铸件

三、简答题

1. 铸造生产有哪些特点？
2. 分模造型有哪些特点？其应用范围是哪些？
3. 如图 4-15 所示辊筒铸件只生产一件，该铸件的造型和制芯分别采用什么方法？请叙述其主要操作过程。

4. 如图 4-16 所示两种支架铸件只生产一件,该铸件可采用什么造型方法?请叙述其主要操作过程。

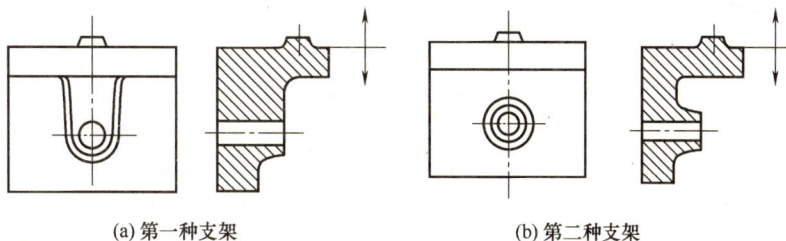

(a)第一种支架　　　　　　　　(b)第二种支架

图 4-16　支架铸件

5. 浇注系统的主要作用是什么?

6. 金属型铸造有哪些特点?

四、课外调研活动

1. 观察你周围的工具、器皿和零件等,交流与分析其制作材料和性能(使用性能和工艺性能),它们是选用哪些铸造方法制造的?

2. 同学之间相互交流与探讨,分析健身哑铃(见图 4-17)可采用哪些铸造方法进行生产?简述健身哑铃的铸造生产工艺流程。

图 4-17　健身哑铃

单元五

锻压

教学目标

第一,了解锻压的特点、分类、应用及安全文明操作规程;第二,了解锻压加工基础知识,如变形实质、冷变形强化、回复、再结晶等;第三,了解自由锻造、模锻与胎模锻、板料冲压等工艺特点及应用范围;第四,了解锻压新技术、新工艺。

模块一 锻压基础知识

锻压是指对坯料施加外力,使坯料产生塑性变形、改变尺寸、形状及改善性能,用以制造机械零件或毛坯的成型加工方法。锻压是锻造和冲压的统称。

一、锻压的特点

(1)改善金属的内部组织,提高金属的力学性能。因为金属经过锻压加工后,金属的致密度提高,金属毛坯内部的晶粒可以变得细小,可形成合理的锻造流线,还可以使原始铸造组织中的内部缺陷(如微裂纹、气孔、缩松等)压合,因而提高了金属的力学性能。

(2)节省金属材料。由于锻压加工提高了金属的强度等力学性能,因此,可相对地缩小零件的截面尺寸,减轻零件的重量。如果采用精密锻压技术,还可使锻件的尺寸精度和表面粗糙度接近成品零件,从而实现锻件或冲压件少切削或无切削加工。

(3)具有较高的生产率。除自由锻造外,其他几种锻压加工方法都具有较高的生产率,如齿轮模锻成型、轮箍辊锻成型、板料冲压成型等方法均比机械加工的生产率高出几倍甚至几十倍以上。

(4)锻件在固态下成型,其外形和结构比较简单。与液态金属成型加工相比,锻件或冲压件都是在固态下成型,其成型的难度相对较大,因此,锻件或冲压件的外形和结构相对铸件来说比较简单。

（5）应用范围广。锻压加工可以生产各种不同类型与不同质量的产品，从质量不足 1g 的冲压件，到重量达数百吨的大型锻件等都可以采用锻压进行生产。另外，锻件既可以单件小批量生产，也可大批量生产。

（6）锻压加工的缺点是：难以加工形状复杂的锻件，一般锻件的尺寸精度、形状精度和表面质量还不够高。与铸造相比，加工设备较昂贵，锻件的加工成本也较高。另外，锻压加工过程中会对金属的内部组织和性能产生不利影响，需要在加工过程中进行退火或正火等，使其发生恢复与再结晶，以消除锻压加工过程中产生的不良影响。

二、锻压的分类

目前，锻压主要包括锻造、冲压、挤压、轧制、拉拔等加工方法，它们同属金属塑性加工（或金属压力加工）。其中的锻造和冲压属于机械制造行业，锻造包括自由锻、模锻、胎模锻等加工方法；冲压包括剪切、冲裁、弯曲、成型、翻边及拉深等加工方法。挤压、轧制、拉拔等则属于冶金行业，主要进行型材、板材、线材的生产。

锻造是在加压设备及工（模）具的作用下，使坯料、铸锭产生局部或全部塑性变形，以获得一定几何尺寸、形状和质量的锻件的加工方法。锻造是以金属的塑性变形为基础的，因此，塑性好的金属材料可以在冷态或热态下进行锻压加工，而脆性材料（如灰铸铁、铸造铜合金、铸造铝合金等）则不能进行锻压加工。

自由锻（或自由锻造）是指只用简单的通用性工具，或在锻造设备的上、下砧铁间直接使坯料变形而获得所需的几何形状及内部质量锻件的方法。

模型锻造（简称模锻）是指利用模具使毛坯变形而获得锻件的锻造方法。模锻分为开式模锻和闭式模锻。

胎模锻是在自由锻设备上使用可移动模具生产模锻件的一种锻造方法。

冲压是指使板料经分离或成型而得到制件的工艺统称。

挤压是指坯料在封闭模腔内受三向不均匀压应力作用下，从模具的孔口或缝隙挤出，使之横截面积减少，成为所需制品的加工方法。

轧制是指金属材料（非金属材料）在旋转轧辊的压力作用下，产生连续塑性变形，获得所要求的截面形状并改变其性能的方法，按轧辊轴线与轧制线间和轧辊转向的关系不同可分为纵轧、斜轧和横轧三种。

拉拔是指坯料在牵引力作用下通过模孔拉出，使之产生塑性变形而得到截面小、长度增加的工艺。

三、锻压的应用

锻压在机械装备制造、汽车、拖拉机、农业机械、电器、仪表、化工机械、电子产品、船舶、冶金及国防等领域有着重要地位，广泛用于制造主轴、连杆、曲轴、齿轮、法兰盘、销、容器、硅钢片、枪械、弹壳等，如汽车上约 70% 的零件是采用锻压加工成型的。锻压主要用于加工金属制件，也可用于加工某些非金属制件，如加工工程塑料、橡胶、陶瓷坯、砖坯以及复合材料的制件等。

四、锻压安全文明操作规程

锻压生产属于热加工,其生产工序多,涉及材料切割、加热、锻造、热处理、清理和检验等。另外,锻压车间辅助设备多,吊运工作量大。因此,在见习锻压过程中,在锻压车间内会涉及高温及各种辅助设备,为了保证操作正确和人身安全,需要见习人员熟悉如下的锻压安全文明操作规程。

(1) 实习时要穿戴好工作服、工作鞋、工作帽等劳动保护用品,做好安全防护工作。

(2) 锻造前要仔细检查设备(如锤头、砧座等)和工具,查看有无损坏、松动、裂纹、卡壳等现象。手工锻时要检查锤头是否松动,以防锤头飞出伤人。

(3) 锻锤开动后,应思想集中,按照掌钳工的指令准确地进行操作,严禁在操作过程中谈笑打闹。

(4) 钳口形状必须与坯料断面形状与尺寸相符,夹牢工件,并在下砧中央放平、放稳、放正,先轻打后重打。

(5) 手钳或其他工具的柄部应靠近身体的侧旁,不能对着腹部,也不许将手指放在钳柄之间,以免伤害腹部和夹伤手指。

(6) 踩空气锤、冲床等设备踏杆时,脚跟不许悬空,以便稳定地操作踏杆,保证操作安全。

(7) 锤头应做到"三不打"。即工模具或锻坯未放稳不打;过烧或低于终锻温度的锻坯不打;砧上没有锻坯不打。

(8) 不要直接用手去触摸未冷却的锻件和钳口。

(9) 锻造时,非操作人员不要在易飞出毛刺、料头、火星、铁渣的危险区停留,砧座上的氧化皮必须用长柄扫把清除。严禁在工作台面上放置物品。

(10) 车间内的电器、设备及重要工具等未经指导老师允许,不得随意乱动。

(11) 开动设备前必须检查离合器、制动器及控制装置是否可靠,设备的安全防护装置是否安全有效;多人共同操作一台设备时,需明确分工,协调配合,如果未明确好分工,不得启动设备。

(12) 锤头工作时严禁将手及头部伸入锤头行程中。清理坯料、废料或成品时,需戴好手套,以免划伤手指。

(13) 严禁连冲。单冲时,严禁将脚一直放在离合器踏板上进行操作,应每冲一次,踩一下踏板,随即脚脱离踏板。

(14) 行车吊物时,下面不准有人工作或行走。吊物时要吊牢,吊持时要试吊,平稳后再进行吊运。

(15) 注意通风,以防中毒。

(16) 坯料、工具、锻件等要摆放整齐,便于工作人员通行和保证安全;操作结束后要及时清理场地,做到文明生产。

五、锻压加工原理简介

认识锻压加工原理时,首先要了解"可锻性"。可锻性是指金属在锻造过程中经受塑性变形而不开裂的能力。一般来说，金属的塑性好，变形抗力小，则金属的可锻性就好；反之，金属的塑性差，变形抗力大，则金属的可锻性就差。

1. 金属的塑性变形

金属在外力作用下会产生塑性变形，同时塑性变形会导致金属的组织和性能产生变化，因此，了解金属的塑性变形规律对于认识金属压力加工原理具有重要的指导意义。

（1）金属单晶体的塑性变形。金属单晶体的变形方式主要有滑移和孪晶两种。在大多数情况下金属单晶体的塑性变形方式主要是滑移。如图 5-1 所示，金属单晶体在切应力作用下，晶体的一部分相对于另一部分会沿着一定的晶面上的某一方向产生滑动，这种现象称为滑移。产生滑移的晶面称为滑移面，产生滑移的方向称为滑移方向。一般来说，滑移面是原子排列密度最大的平面，滑移方向是原子排列密度最大的方向。

理论上分析，理想的金属单晶体产生滑移运动时需要很大的变形力，但试验测定的金属单晶体滑移时的临界变形力却较理论计算的数值低百倍以上。这说明金属单晶体的滑移并不是晶体的一部分沿滑移面相对于另一部分作刚性的整体位移，而是通过晶体内部的位错运动实现的，如图 5-2 所示。

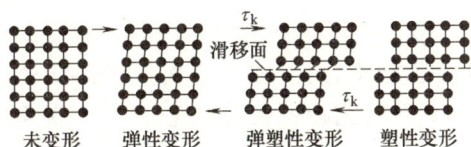

图 5-1　单晶体滑移变形过程示意图

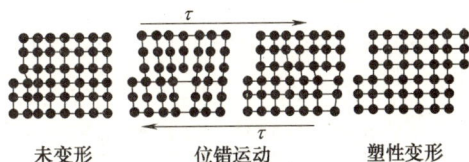

图 5-2　位错运动过程示意图

（2）金属多晶体的塑性变形。实际的金属材料是由多晶体杂乱组合而成的，因此，金属多晶体的塑性变形过程可以看成是许多单晶体塑性变形的总和；另外，金属多晶体塑性变形过程还存在着晶粒与晶粒之间的滑移和转动，即晶间变形，如图 5-3 所示。但金属多晶体的塑性变形一般以晶内变形为主，晶间变形很小。由于金属多晶体内部存在晶界，而晶界处的原子又排列紊乱，各个晶粒的位向也不同，因此，位错在晶界处的运动较难。所以，金属内部的晶粒越细，晶界面积越大，金属的变形抗力就越大，金属的强度也越高；另外，金属内部的晶粒越细，金属的塑性变形也就更容易分散在更多的晶粒内进行，应力集中较小，金属的塑性变形能力也越好，因此，生产中都希望金属材料尽量获得细晶粒组织。

试验证明：金属在滑移变形过程中，部分旧的位错会逐渐消失，同时又产生大量新的位错，但金属内部总的位错数量是增加的。金属内部大量位错运动的宏观表现就是金属的塑性变形过程。位错运动观点认为：金属内部的晶体缺陷会与位错相互纠缠并阻碍位错运动，从而导致金属产生强化，即产生冷变形强化现象。

（3）金属的冷变形强化。随着金属冷变形程度的增加，金属的强度和硬度指标逐渐提高，但塑性和韧性指标逐渐下降的现象称为冷变形强化。金属经冷变形后，金属的晶格结构会产

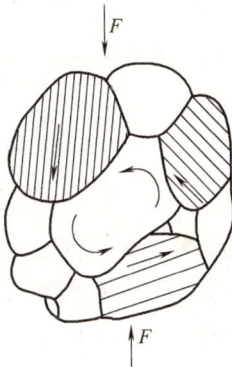

图 5-3　金属多晶体
塑性变形示意图

生严重畸变,变形金属内部的晶粒会被压扁或拉长,形成纤维组织,如图 5-4 所示。此时金属内部的位错密度提高,变形抗力提高,变形难度加大,因此,金属的可锻性恶化。如图5-5 所示是低碳钢塑性变形时其力学性能的变化规律,从图中可以看出低碳钢的强度与硬度会随着变形量的增大而提高,塑性与韧性则明显下降。

图 5-4　金属冷轧后形成的纤维组织

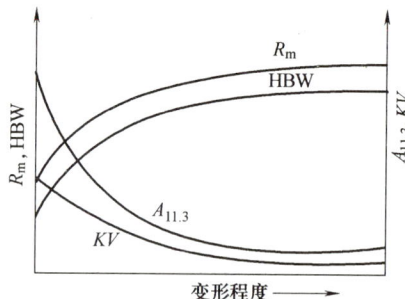

图 5-5　低碳钢的冷变形强化规律

2. 回复、再结晶和晶粒长大

冷变形金属的内部组织是不稳定的组织状态,具有自发地向稳定组织状态转变的趋

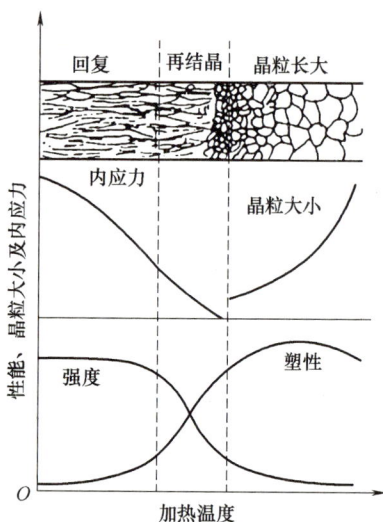

图 5-6　冷变形金属加热时组
织与性能的变化规律

势。但在室温下,由于多数金属原子的活动能力很低,这种转化趋势难以实现,生产中常采用加热方式促使这种转变趋势发生。对冷变形后的金属进行加热时,金属将相继发生回复、再结晶和晶粒长大三个变化,如图 5-6 所示。

(1) 回复(或恢复)。它是将冷变形后的金属加热至一定温度(为$(0.25\sim0.30)T_{熔}$)后,使原子回复到平衡位置,晶粒内残余应力大大减少的现象。回复时不改变晶粒形状。冷变形金属经过回复后,其强度和硬度基本保持不变,但其塑性和韧性略有提高,残余内应力部分消除。例如,采用冷拔弹簧钢丝绕制弹簧后常进行低温退火(或定型处理),就是利用回复过程保持冷拔钢丝的高强度,同时消除冷卷弹簧时产生的内应力。

(2) 再结晶。它是塑性变形后金属被拉长了的晶粒重新生核、结晶,变为等轴晶粒的过程。再结晶提高了金属的塑性与韧性,降低了金属的硬度和强度,恢复了变形金属的可锻性。再结晶加热温度比回复的加热温度高,一般在 $0.4T_{熔}$ 以上。另外,再结晶是在一定的温度范围进行的,开始产生再结晶现象的最低温度称为再结晶温度。纯金属的最低再结晶温度与其熔点的关系是:

$$T_{再}\approx0.4T_{熔}$$

式中:$T_{熔}$——纯金属的开氏温度熔点。

通常,纯铁的 $T_{再}=450℃$(或 723K)、纯钨的 $T_{再}=1200℃$(或 1473K)、纯铜的 $T_{再}=200℃$(或 473K)、纯铝的 $T_{再}=100℃$(或 373K)、纯锌的 $T_{再}$ 为室温、纯铅和纯锡的 $T_{再}$ 低于室温。

再结晶退火是指在常温下经过塑性变形的金属,当加热到再结晶温度以上,使其发生再结晶的处理过程。再结晶退火可以消除金属的冷变形强化(或加工硬化)现象,提高金属的塑性和韧性,提高金属的可锻性,如金属在冷轧、冷拉、冷冲压过程中,需在各工序中穿插再结晶退火对金属进行软化,以保证金属可以继续进行塑性变形。部分金属如铅(Pb)和锡(Sn)其再结晶温度均低于室温,约为 0℃,因此,它们在室温下变形后,不会产生冷形变强化(或加工硬化)现象,总是让人感觉很软。

(3) 晶粒长大。冷变形金属经过再结晶后,一般都能得到细小、均匀和无变形的等轴晶粒。但是如果加热温度过高或加热时间过长,则再结晶后形成的细小等轴晶粒会明显地长大,成为粗晶粒组织,导致金属的力学性能下降和可锻性恶化。

3. 锻造流线与锻造比

(1) 锻造流线。钢锭内存在的不溶于基体金属的非金属化合物称为杂质。钢锭在锻造时,钢锭中的脆性杂质会被打碎,并顺着钢锭主要伸长方向呈碎粒状或链状分布;塑性杂质随着钢锭变形沿主要伸长方向呈带状分布,且在再结晶过程中不会消除。通常将钢锭在热锻后杂质沿一定方向分布的组织称为锻造流线(或流纹)。锻造流线使金属的性能呈现异向性。在设计和锻造机械零件时,要尽量使锻件的锻造流线与零件的轮廓相吻合。如图 5-7 所示曲轴中的锻造流线的分布状态是合理的。

(2) 锻造比。在锻造生产中,金属的变形程度常以锻造比 Y 来表示。锻造比通常以金属变形前后的截面比、长度比或高度比来表示。

当钢锭的锻造比达 $Y=2$ 时,原始钢锭中的铸态组织中的疏松、气孔被压合,组织被细化,锻件各个方向的力学性能均有显著提高;当钢锭的锻造比 $Y=2\sim5$ 时,锻件中的锻造流线组织明显,锻件产

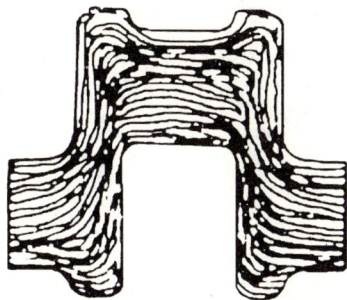

图 5-7　锻造流线的合理分布

生显著的各向异性,即沿锻造流线方向的力学性能略有提高,但垂直于锻造流线方向的力学性能开始下降;当钢锭的锻造比 $Y>5$ 时,锻件沿锻造流线方向的力学性能不再提高,垂直于锻造流线方向的力学性能则急剧下降。例如,以钢锭为坯料进行锻造时,可按锻件的力学性能要求和锻造工序选择合理的锻造比。对于盘类零件,锻造比一般取 $Y=2\sim2.5$;对于沿锻造流线方向有较高力学性能要求的锻件(如拉杆),锻造比一般取 $Y=2.5\sim3$;对垂直于流线方向有较高力学性能要求的锻件(如吊钩),锻造比一般取 $Y=2\sim2.5$。

4. 坯料加热

(1) 坯料加热的目的。坯料加热的目的是提高坯料的塑性和韧性,降低坯料的变形抗力,以改善坯料的可锻性和获得良好的锻后组织。坯料加热后可以用较小的锻打力量就能使坯料产生较大的变形而不破裂。

（2）锻造温度的范围。它是指始锻温度与终锻温度之间形成的温度间隔。始锻温度是指开始锻造时坯料的温度，也是锻造允许的最高加热温度。终锻温度是指坯料经过锻造成型，在停止锻造时锻件的瞬时温度。

始锻温度不宜过高，否则可能导致锻件过热（或过烧）；但始锻温度也不宜过低，因为过低则使锻造温度范围缩小，缩短锻造操作时间，增加锻造过程的复杂性。所以，确定始锻温度的原则是在锻件不出现过热（或过烧）的前提下，尽量提高始锻温度，以增加坯料的塑性和韧性，降低坯料的变形抗力，以利于锻造成型加工。

如果终锻温度过高，则停锻后晶粒会在高温下继续长大，造成锻件内部晶粒粗大；如果终锻温度过低，则锻件的塑性和韧性较低，锻件变形困难，容易产生冷变形强化。所以，确定终锻温度的原则是在保证锻造结束前锻件还具有足够的塑性和韧性，以及锻造后能获得再结晶组织的前提下，终锻温度应稍低一些。常用金属材料的锻造温度范围见表 5-1。

表 5-1　各类金属材料的锻造温度范围　　　　单位：℃

金属材料类型	始锻温度	终锻温度	金属材料类型	始锻温度	终锻温度
低碳钢	1200～1250	800	不锈钢	1150～1180	825～850
中碳钢	1150～1200	800～850	耐热钢	1100～1150	850
碳素工具钢	1100	770	高速钢	1100～1150	900～950
机械结构用合金钢	1150～1200	800～850	铜及铜合金	850～900	650～700
高碳铬轴承钢	1080	800	铝合金	450～500	350～380
合金工具钢	1050～1200	800～850	钛合金	950～970	800～850

模块二　自 由 锻 造

一、自由锻造的特点和应用

自由锻造简称自由锻，是历史最悠久的一种锻造方法。由于锻造时，金属在变形过程中只有部分表面受工具限制，其余表面为自由变形，故称自由锻。自由锻具有工艺灵活，所用设备及工具通用性大，加工成本低等特点。但自由锻生产率较低，锻件精度低，劳动强度大。自由锻一般分为手工自由锻和机器自由锻两种，其中手工自由锻一般用于生产小型锻件。自由锻采取逐步成型方式对金属材料进行成型加工，所需变形力较小，是生产大型锻件（如冷轧辊、水轮机主轴等）的最重要的方法，在重型机械生产中具有重要地位。自由锻多用于单件或小批量生产形状较简单、精度要求不高的锻件。采用自由锻方法生产的锻件，称为自由锻锻件，如图 5-8 所示，简称锻件。锻件的形状和尺寸是靠锻工翻动坯料及控制机器对坯料施加压力来保证的。

二、自由锻基本工序

自由锻工序分为基本工序、辅助工序和精整工序。其中自由锻基本工序包括镦粗、拔长、冲孔、扩孔、切割、弯曲、锻接、错移、扭转等；自由锻辅助工序包括压钳口、倒棱、压肩等；自由锻精整工序是对已经成型的锻件表面进行平整，清除毛刺和飞边等，使其形状、尺寸符合技术要求的工序。

1. 镦粗

镦粗是指使毛坯高度减小，横截面积增大的锻造工序，如图5-9（a）所示。镦粗时，由于坯料两端面与上下砧铁间产生摩擦力，阻碍金属流动，因此，圆柱形坯料经镦粗后呈鼓形，这种形状可以在后续精整工序中进行修整。如果对坯料上某一部分进行的镦粗，称为局部镦粗。如图5-9（b）所示是使用专用模具镦粗凸肩齿轮示意图。镦粗工序主要用于制造高度小、截面大的盘类锻件，如齿轮、法兰盘、凸缘等，在锻制环、套筒等空心锻件时，镦粗可作为预备工序。

图 5-8 锻件

(a)安全镦粗　　(b)局部镦粗

图 5-9 镦粗

2. 拔长

拔长是指使毛坯横断面积减小，长度增加的锻造工序。拔长时可采用先顺着锻件轴线锻完一面翻转90°后，再依次锻另一面的方法，也可采用将锻件反复左右转动90°的方法对锻件进行锻打，如图5-10所示。拔长操作可以在平砧上拔长，也可以在型砧上拔长，如图5-11所示。拔长主要用于制造截面小而长度大的杆类锻件，如光轴、阶梯轴、拉杆、连杆、曲轴、炮筒、圆环、套筒等。

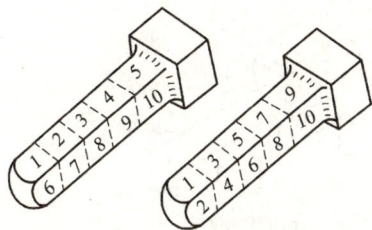

图 5-10　拔长时翻转锻件的方法

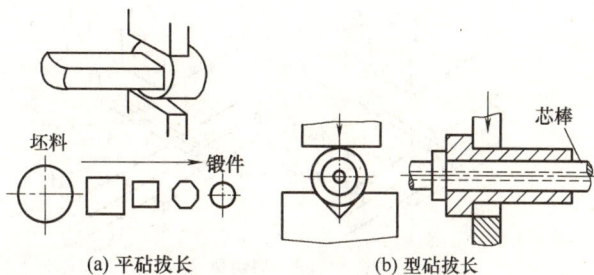

坯料　　锻件

(a)平砧拔长　　(b)型砧拔长　　芯棒

图 5-11　拔长方法

3. 冲孔

冲孔是指在坯料上冲出透孔或不透孔的锻造工序。冲孔包括双面冲孔和单面冲孔两种，如图 5-12 所示。较厚的锻件可采用双面冲孔，较薄的锻件可采用单面冲孔。冲孔的基本方法分为实心冲孔和空心冲孔。冲孔主要用于制造空心锻件，如齿轮毛坯、圆环、套筒等空心锻件。

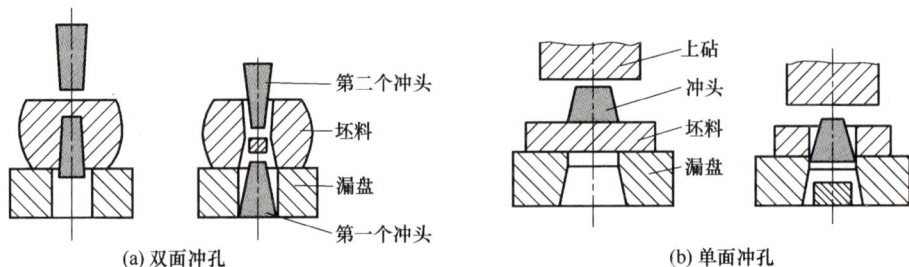

(a) 双面冲孔　　　　　　　　　　(b) 单面冲孔

图 5-12　冲孔

4. 扩孔

扩孔是指减小空心毛坯壁厚而增加其内外径的锻造工序。扩孔的基本方法有冲头扩孔和芯棒扩孔，如图 5-13 所示。扩孔主要用于制造空心锻件，如齿轮毛坯、圆环、短套筒等空心锻件。

(a) 冲头扩孔　　　　　　　　　　(b) 芯棒扩孔

图 5-13　扩孔

5. 切割

切割是指将坯料切断或部分割开，或从坯料的外部割掉一部分，或从内部割出一部分的锻造工序，如图 5-14 所示。切割常用于切除锻件的料头、分段、劈缝或切割成所需形

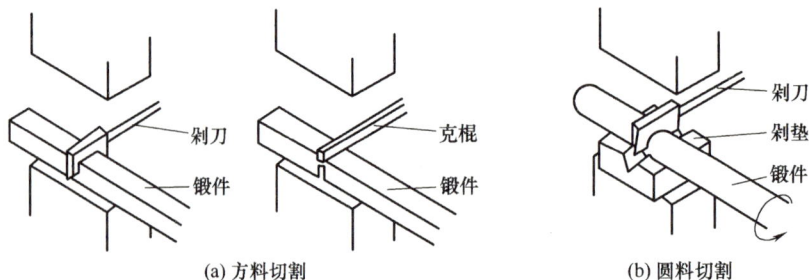

(a) 方料切割　　　　　　　　　　(b) 圆料切割

图 5-14　切割

状、下料、切除钢锭冒口等。

6. 弯曲

弯曲是指使用一定的工模具将坯料弯成所需要形状的锻造工序,如图 5-15 所示。弯曲常用于制造各种弯曲形状的锻件,如吊钩、角尺、U 形叉、弯板、链环等锻件。

7. 锻接

锻接是指坯料在炉内加热至高温后,用锤快击,使两者在固相状态结合的锻造工序。锻接的方法有搭接、对接、咬接、交错搭接等,如图 5-16 所示。锻件锻接后的接缝强度可达被连接材料强度的 70%~80%。

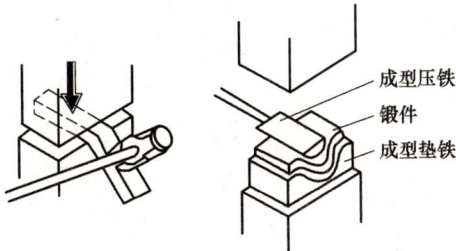

图 5-15　弯曲

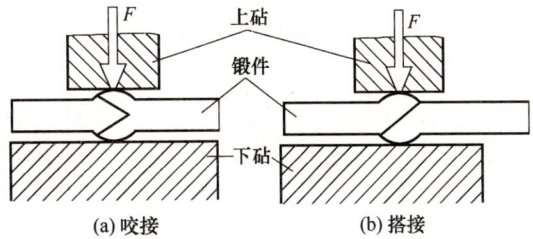

图 5-16　锻接

8. 错移

错移是指将坯料的一部分相对另一部分平移错开一段距离,但仍保持这两部分轴线平行的锻造工序,如图 5-17 所示。错移前,首先对坯料进行局部切割,然后在切口两侧分别施加大小相等、方向相反,且垂直于轴线的冲击力或压力,使坯料实现错移。错移主要用于制造曲轴类零件。

9. 扭转

扭转是将坯料的一部分相对于另一部分绕其轴线旋转一定角度的锻造工序。对于小型坯料,如果扭转角度不大时,可用锤击方法,如图 5-18 所示。扭转主要用于制造曲轴、麻花钻、连杆和校正某些锻件。

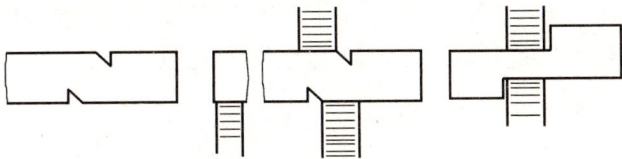

图 5-17　错移

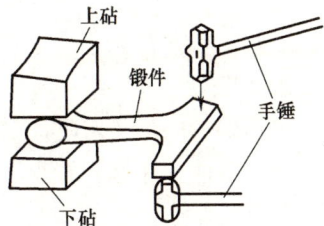

图 5-18　锤击扭转

三、自由锻设备

自由锻所使用的设备包括锻锤类和液压类两种。其中锻锤类设备产生冲击力使金属坯料变形,而液压类设备产生静压力使金属坯料变形。目前自由锻设备主要有空气锤

（见图 5-19）、蒸汽-空气锤（见图 5-20）、水压机（见图 5-21）等，选择自由锻设备时，通常需要根据锻件的质量和尺寸进行。一般锻件质量小于 100kg 时，可选择空气锤；锻件质量在 100～1000kg 时，可选择蒸汽-空气锤；锻件质量大于 1000kg 时，可选择水压机。

图 5-19　空气锤　　　　　图 5-20　蒸汽-空气锤　　　　　图 5-21　水压机

四、锻件的冷却、检验与热处理

锻件冷却是保证锻件质量的重要环节之一，如果锻件冷却方式不合理，则会导致锻件产生内应力、变形，甚至裂纹。如果锻件冷却速度过快，还会使锻件表面产生硬皮，以及难以进行后续的切削加工。锻件常用的冷却方式有空冷、堆冷、坑冷、灰砂冷和炉冷。通常根据锻件的材质、尺寸、形状复杂程度等，可以确定其相应的冷却方法。一般采用低碳钢或中碳钢制造的小型锻件锻后可采用单个或成堆堆放在地上空冷；采用低合金钢制造的锻件及截面宽大的锻件则需要放入坑中或埋在砂、石灰或炉渣等填料中缓慢冷却；采用高合金钢制造的锻件及大型锻件的冷却速度要缓慢，通常采用随炉缓冷。另外，形状简单的锻件锻后可直接进行空冷，形状复杂的锻件锻后则应缓慢冷却，以减小热应力与变形。

锻件冷却后应仔细进行质量检验，合格的锻件应进行去应力退火或正火或球化退火，为后续热处理工艺及切削加工做好组织准备。对于变形较大的锻件，应及时进行矫正。对于技术条件允许焊补的锻件缺陷，可进行焊补处理。

五、锻造工序分析

对于自由锻锻件来说，锻造工序主要是根据锻件的结构形状进行选择的。例如，圆盘、齿轮等盘类锻件的锻造工序主要是镦粗；传动轴等杆类锻件的锻造工序主要是拔长；圆环、套筒等空心类锻件的锻造工序主要是冲孔及拔长；吊钩等弯曲件的锻造工序主要是弯曲；曲轴类锻件的锻造工序主要是拔长及错移；形状比较复杂的锻件一般需要采用多种工序分步进行，才能最终锻制成型。表 5-2 是台阶轴的自由锻工艺流程。

表 5-2 台阶轴的自由锻工艺流程

锻件名称:轴
坯料质量:40kg
坯料规格:$\phi140\times340$
锻件材料:45 号钢
锻造设备:750kg 空气锤

序号	操作方法	简　图	序号	操作方法	简　图
1	压肩		4	拔长,倒棱,滚圆	
2	拔长一端,切去料头		5	端部拔长,切去料头	
3	调头压肩		6	全部滚圆并校直	—

模块三　模锻与胎模锻

一、模锻

1. 模锻特点

模型锻造(简称模锻)是指利用模具使毛坯变形而获得锻件的锻造方法。模锻与自由锻相比有很多特点。

(1) 模锻生产率高,有时模锻的生产率比自由锻高几十倍。

(2) 模锻件尺寸比较精确,切削加工余量少,可节省金属材料,减少切削加工工时。

(3) 模锻能锻制形状比较复杂的锻件。

(4) 模锻操作简单,劳动强度低,对操作人员的技术要求不高。

模锻过程中,由于坯料在锻模内是整体锻打成型的,所需的变形力较大,同时由于模锻生产受到设备吨位的限制,因此,一般模锻件的质量不超过 150kg,而且锻模的制造成本较高。模锻广泛用于汽车、拖拉机、飞机、机床和动力机械等领域,主要用于大批量生产形状比较复杂、精度要求较高的中小型锻件。

2. 模锻工艺过程

模锻按所使用的设备进行分类,可分为锤上模锻、曲柄压力机上模锻、摩擦压力机上模锻、平锻机上模锻等。模锻所用的锻模上有与锻件形状相一致的模膛。锻模由上锻模和下锻模两部分组成,分别安装在锤头和模垫上,工作时上锻模随锤头一起上下运动。上锻模向下扣合时,对模膛中的坯料进行冲击,使之充满整个模膛,从而得到所需的锻件,如

图 5-22 所示。用模锻方法生产的锻件称为模锻件，如图 5-23 所示。

根据模膛的功用不同，模膛可分为模锻模膛和制坯模膛两大类。其中模锻模膛分为预锻模膛和终锻模膛。预锻模膛的作用是使坯料变形到接近于锻件的形状和尺寸，这样在进行终锻时，金属坯料容易充满终锻模膛，减小模膛损耗，延长锻模使用寿命。终锻模膛的作用是使坯料最后变形到锻件所要求的形状和尺寸，它的形状与锻件形状相同，只是大了一个收缩量而已。

制坯模膛有拔长模膛、滚压模膛、弯曲模膛、切断模膛等。制坯模膛的作用是使原始坯料进入终锻模膛前，先放在制坯模膛内制坯，按锻件的最终形状作一初步的变形，使金属坯料能合理地分布并很好地充满模膛。

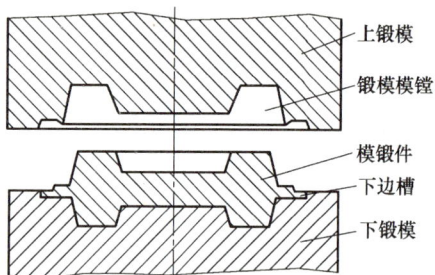

图 5-22　锻模

图 5-23　模锻件

生产中，根据锻件形状的复杂程度，可将锻模制成单膛锻模和多膛锻模。单膛锻模是在一副锻模中只有终锻模膛一个模膛；多膛锻模是在一副锻模中具有两个以上模膛。

二、胎模锻

1. 胎模锻特点

胎模锻是在自由锻设备上使用可移动模具生产模锻件的一种锻造方法。胎模锻与自由锻相比有很多特点。

（1）扩大了自由锻设备的应用范围，生产成本降低。

（2）锻件表面质量、形状和尺寸精度都高于自由锻造。

（3）金属坯料在胎模内成型，锻件余块少，加工余量小，节约金属材料和切削加工工时。

（4）胎模结构简单，容易制造，而且造价低，但胎模寿命短。

（5）工人劳动强度大，生产率较模锻低。

（6）胎模锻与模锻相比，不需要吨位较大的设备，工艺灵活，操作简单，可以局部成型或分段成型。

胎模锻一般广泛应用于无模锻设备的中小型企业中，主要用于生产中小批量的小型锻件。

2. 胎模锻工艺过程

胎模锻是介于自由锻和模锻之间的一种锻造方法。胎模锻一般用自由锻方法制坯,使坯料初步成型,然后在胎模中终锻成型。胎模是一种只有一个模膛且不固定在锻造设备上的锻模,只是在使用时才放上去。胎模的种类较多,常用的胎模有扣模、套筒模、摔模、弯曲模、合模和冲切模等。如图 5-24 所示是扣模、套筒模、合模。

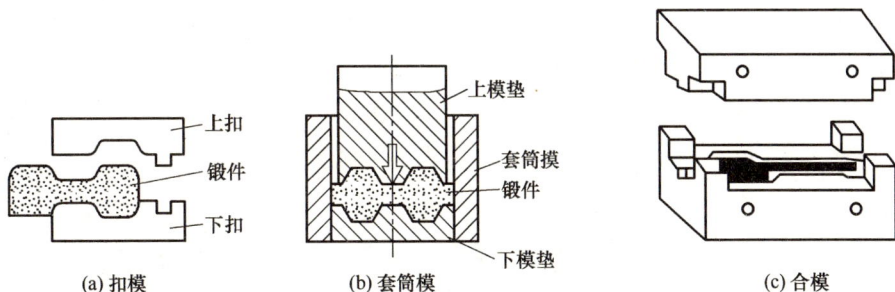

(a) 扣模   (b) 套筒模   (c) 合模

图 5-24　胎模

模 块 四　板 料 冲 压

板料冲压是利用装在冲床上的冲模使板料产生分离或变形,获得所需冲压件的成型加工方法。进行板料冲压,材料必须具有良好的塑性,较低的屈强比和时效敏感性,常用的板料冲压材料有低碳钢,塑性好的合金钢以及铜、铝、镁等非铁金属及其合金,板料的厚度一般不超过 10mm。

一、板料冲压的分类

板料冲压按冲压时板料的温度高低进行分类,可分为冷冲压和热冲压两种。

冷冲压通常在室温下进行,一般适合厚度小于 4mm 的板料。冷冲压的优点是:板料不需加热,无氧化皮产生,冲压件表面质量好,操作方便,加工成本较低;冷冲压的缺点是:冲压件有形变强化现象,严重时容易使金属板料失去继续变形的能力,对板料厚度的均匀性、表面质量等要求较高。

热冲压需要将板料加热到一定的温度范围内进行冲压,一般适合于厚度为 8~10mm 的板料。热冲压的优点是:可消除板料和冲压件的内应力,减小形变强化现象,提高板料和冲压件的塑性和韧性,降低变形抗力,减少设备动力消耗;热冲压的缺点是:板料和冲压件会产生氧化皮,冲压件表面质量不如冷冲压件好,操作过程不如冷冲压简单,加工成本较高。

二、板料冲压的特点

(1) 板料冲压可冲制出复杂的零件,材料利用率高,废料少。

（2）冲压件在形状和尺寸方面精度高，表面质量好，质量稳定，互换性好，一般不再进行机械加工，即可作为零件使用。

（3）能够获得质量轻、强度高、刚性好的零件。

（4）操作简便，生产效率高，易于实现机械化和自动化。

三、板料冲压的应用

板料冲压不仅能生产小冲压件，如仪器仪表用零件，又能生产较大的冲压件，如汽车大梁、压力容器、支架等。板料冲压广泛应用于金属制品加工行业，尤其是在机电、汽车（见图 5-25）、航空、电器、仪表、军工、五金日用品等领域应用广泛。但是由于冲模制造复杂，质量要求、制作成本高，所以板料冲压适用于大批量生产。

图 5-25　汽车冲压件

四、板料冲压设备

板料冲压设备主要有剪床（见图 5-26）和冲床（见图 5-27）。剪床的用途是把板料剪

图 5-26　剪床　　　　　　　　　　图 5-27　冲床

成一定形状和尺寸的条料,为冲压工序准备毛坯或用于切断工序。冲床是板料冲压加工的基本设备,分为开式冲床和闭式冲床两种。冲床规格用公称压力表示,即冲床工作时,滑块上所允许的最大作用力。

五、板料冲压模具

板料冲压模具是在冷冲压加工中,将材料(金属或非金属)加工成零件(或半成品)的一种特殊工艺装备,称为冷冲压模具(俗称冷冲模)。冲压模具是板料分离或变形的主要工艺装备。按冲压工序的组合程度进行分类,冲压模具可分为简单冲模、连续冲模(见图 5-28)和复合冲模三种。

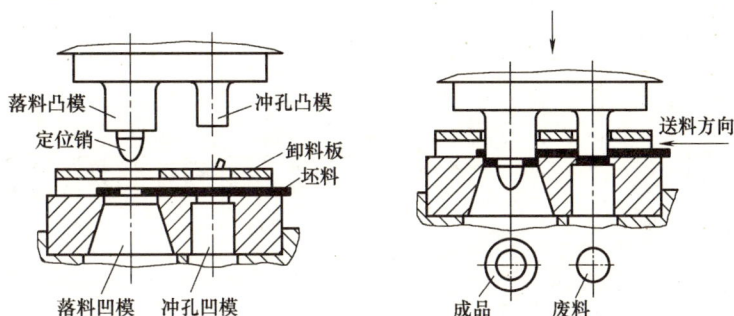

落料凸模　　冲孔凸模
定位销　　卸料板
坯料
送料方向
落料凹模　冲孔凹模
成品　废料

图 5-28　连续冲模

简单冲模是在压力机的一次行程中只完成一道工序的模具。简单冲模结构简单,容易制造,便于维护,但生产率较低,适合于小批量生产和试制生产。

连续冲模是把两个或两个以上的简单模安装在一个模板上,在压力机一次行程内,在模具不同部位上同时完成两个以上冲压工序的模具。连续冲模生产率高,操作方便、安全,容易实现机械化和自动化,适合于小型冲压件的大批量生产。

复合冲模是利用压力机的一次行程中,在模具的同一工作位置上完成数道工序的模具。复合冲模适合于批量大、精度高的冲压件。

六、板料冲压基本工序和设备

板料冲压的基本工序包括分离工序和变形工序两大类。

1. 分离工序

分离工序是指使金属坯料的一部分与另一部分相互分离的工序,如剪切、冲裁(落料、冲孔)、整修等。

(1)剪切。剪切是指以两个相互平行或交叉的刀片对金属材料进行切断的过程。剪切通常在剪板机上进行。

(2)冲裁。冲裁是指利用冲模将板料以封闭轮廓与坯料分离的冲压方法。落料是利用冲裁工序获得一定外形的制件或坯料的冲压方法,被冲下的部分是成品,剩余的坯料是废料,如图 5-29 所示。冲孔和落料都属于冲裁工序,但它们的用途不同。冲孔是在坯料内形成封闭轮廓,得到带孔制件的一种冲压方法,被冲下的部分是废料,而形成的带孔的坯料是成品,如图 5-29 所示。

金属板料在冲裁过程中,凸模与凹模之间有一定的间隙 Z,当凸模压下时,金属板料要经历弹性变形、塑性变形和分离三个阶段的变化,如图 5-30 示。当凸模(冲头)接触金属板料向下运动时,金属板料先产生弹性变形,当金属板料受到的拉应力值达到其屈服强度时,金属板料就会产生塑性变形,当变形达到一定程度时,位于凸凹模刃口处的金属板料由于应力集中使拉应力超过金属板料的抗拉强度,于是金属板料开始产生微裂纹,当上下裂纹汇合时,金属板料随即被冲断,实现分离。

图 5-29 落料与冲孔

图 5-30 金属板料冲裁过程

(3)整修。整修是利用整修模沿冲裁件的外缘或内孔刮去一层薄薄的切屑,以提高冲裁件的加工精度和剪断面光洁度的冲压方法。

2. 变形工序

变形工序是指使坯料的一部分相对于另一部分发生塑性变形而未破裂的工序。变形工序主要有弯曲、拉深、翻边、胀形、缩口等。

(1)弯曲。弯曲是指将板料、型材或管材在弯矩作用下弯成具有一定曲率和角度的制件的成型方法,如图 5-31 所示。弯曲结束后,坯料产生的变形由塑性变形和弹性变形两部分组成。当外力去除后,坯料的塑性变形被保留下来,而弹性变形则消失。由于坯料的弹性恢复,弯曲后会使弯曲件的角度和弯曲半径较弯曲凸模大,此现象称为回弹,如图 5-32 所示。因此,为了消除回弹现象对弯曲件精度的影响,在设计弯曲模时,弯曲模的角度应比成品零件的角度小一个回弹角(一般小于 10°)。

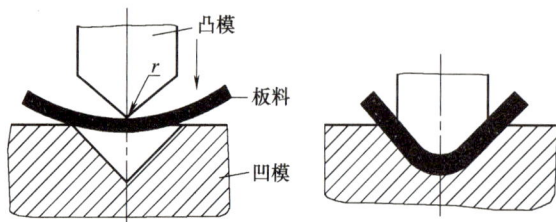

图 5-31 弯曲变形

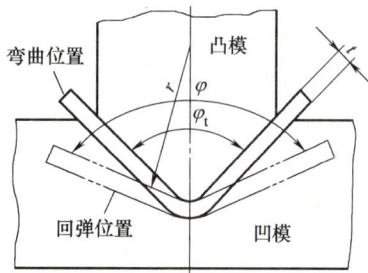

图 5-32 弯曲件的回弹

对于形状简单的弯曲件,如 V 形、U 形、Z 形等弯曲件,通常只需一次弯曲就可以成型。对于形状比较复杂的弯曲件,通常需要两次或多次弯曲成型。多次弯曲成型时,一般是先弯坯料形状两端部分,后弯坯料的中间部分,如图 5-33 所示。对于精度较高或特别小的弯曲件,应尽可能在一副模具上完成多次弯曲成型。

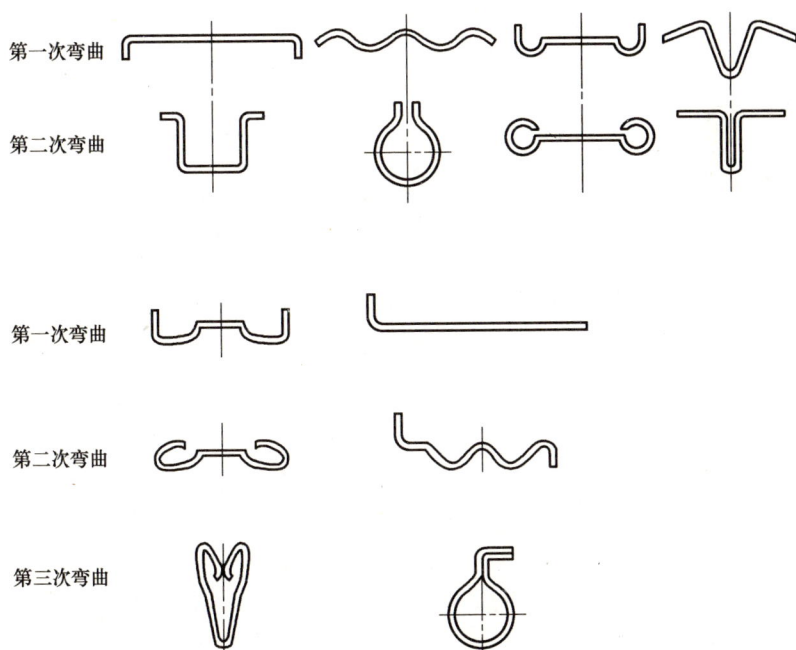

图 5-33 多次弯曲示意图

（2）拉深。拉深又称为压延,是指利用刚性模具对坯料施加拉应力（或压应力）,使平板毛坯形成带凸缘或者不带凸缘的圆柱形或圆锥形件,而厚度基本不变的加工方法,如图 5-34 所示。拉深过程中,由于坯料边缘在切向会受到压缩力,很容易使坯料边缘产生波浪状变形。如果坯料厚度 δ 越小,拉深深度越大,则越容易使坯料产生皱折。因此,为了防止坯料产生皱折,必须用压边圈（或压板）将坯料压住。压力的大小以坯料不起皱折为宜,压力过大会导致坯料拉裂。对于变形深度较大的坯料,不能一次将其拉深到位,需要多次分步进行拉深。

（3）翻边。翻边是指在毛坯的平面或曲面部分的边缘,沿一定曲线翻起竖立直边（或凸缘）的变形工序,如图 5-35 所示。根据零件边缘的性质进行分类,翻边可分为内孔翻边（又称翻孔）和外缘翻边（简称翻边）。

（4）胀形。胀形是指板料或空心坯料在双向拉应力作用下,使其产生塑性变形取得所需制件的成型方法,如图 5-36 所示是鼓肚容器胀形示意图。

（5）缩口。缩口是指将管件或空心制件的端部加压,使其径向尺寸缩小的加工方法。

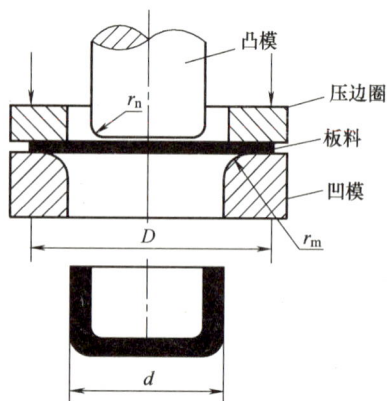

图 5-34 拉深

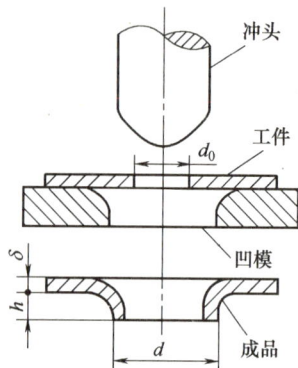

图 5-35 翻边

图 5-36 鼓肚容器胀形

模块五 锻压新技术与新工艺

随着现代工业的不断发展,对锻压加工工艺的要求也越来越高,如实现少切削或无切削加工,做到清洁生产,提高自动化程度等,这种趋势促进了锻压技术和工艺的发展。在传统的锻压加工工艺基础上,人们相继研发了一些成熟的金属锻压新技术与新工艺,如有精密模锻、高速锤锻、辊锻、挤压、旋压、液态模锻、超塑成型等。

一、精密模锻

精密模锻是指利用某些刚度大、精度高的模锻设备(如曲柄压力机、摩擦压力机、高速锤上等)锻造出形状复杂、高精度锻件的锻造工艺。其主要特点是使用两套不同精度的锻模。锻造时,先使用粗锻模对锻件进行锻造,锻后留有 $0.1 \sim 1.2\text{mm}$ 的精锻余量;然后切下锻件的飞边经酸洗后,重新加热到 $700 \sim 900\text{℃}$,再使用精锻模进行锻造,锻件精度高,可以实现少切削或无切削目的。精密模锻主要用于制造锥形齿轮、汽轮机叶片、航空及电器零件等。例如,精密模锻锥形齿轮,其齿形部分可直接锻出而不必再经过切削加工。精密模锻件尺寸精度等级可达 IT12～IT15,表面粗糙度为 $Ra = 3.2 \sim 1.6\mu\text{m}$。

二、高速锤锻

高速锤锻是指利用高压、高速空气或氮气,使滑块带着模具进行锻造或挤压的加工工艺。高速锤是在短时间内释放高能量而使金属成型的一种锻锤,其打击速度可达 20m/s。高速锤锻可提高金属的可锻性,能够锻打高强度钢、耐热钢、工具钢及高熔点合金等,锻造工艺性能好;高速锤锻生产的锻件精度高、质量好,设备投资少。高速锤锻适合于锻造形状复杂、薄壁、高肋的高精度锻件,如叶片、涡轮、壳体、齿轮等锻件。

图 5-37 辉锻

三、辊锻

辊锻是指用一对相向旋转的扇形模具使坯料产生塑性变形,坯料被扇形辊锻模咬入后,高度方向受到压缩,少部分金属宽展,大部分金属沿长度方向流动,成型出变截面锻件,从而获得所需锻件或锻坯的锻造工艺,如图 5-37 所示。辊锻常作为模锻前的制坯工序,也可直接制造锻件。例如,扳手、连杆、叶片、链环、火车轮箍、齿圈、法兰和滚动轴承内、外圈等,就是采用辊锻锻制成型的。

四、挤压

挤压是坯料在封闭模腔内受三向不均匀压应力作用,从模具的孔口或缝隙挤出,使之横截面积减小,成为所需制品的加工方法。挤压通常在专用挤压机上进行,也可在油压机及经过适当改进后的通用曲柄压力机或摩擦压力机上进行。挤压时金属坯料处于三向受压状态,金属坯料的塑性好;挤压可生产形状复杂、深孔、薄壁、异形端面的锻件;锻件精度高,生产率很高,节省原材料,锻造流线分布合理,锻件力学性能好。但挤压变形抗力大,一般多用于挤压非铁金属锻件、低碳钢锻件、低合金钢锻件、不锈钢锻件等。挤压按被挤压金属的流动方向和凸模运动关系进行分类,可分为正挤压、反挤压、复合挤压和径向挤压,如图 5-38 所示。挤压常用于生产中空锻件,如排气阀、油杯等。

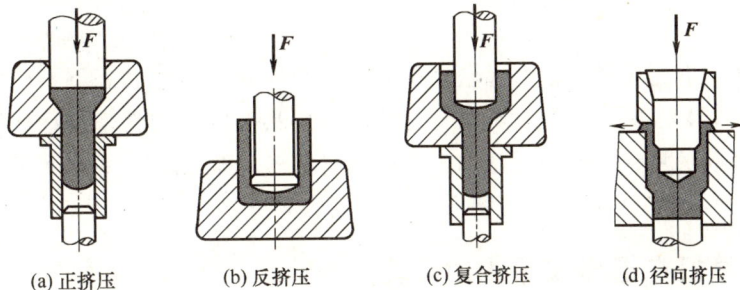

(a) 正挤压　　(b) 反挤压　　(c) 复合挤压　　(d) 径向挤压

图 5-38　挤压

五、旋压

旋压是一种加工金属空心回转体的工艺方法。它利用旋压机使坯料和模具以一定的速度共同旋转,并在滚轮的作用下,使毛坯在与滚轮接触的部位产生局部塑性变形,由于滚轮的进给运动和毛坯的旋转运动,使坯料局部的塑性变形逐步扩展到坯料的所需变形的表面,从而获得所需形状与尺寸零件的加工方法。如图 5-39 所示是旋压空心零件示意图。旋压基本上是靠弯曲

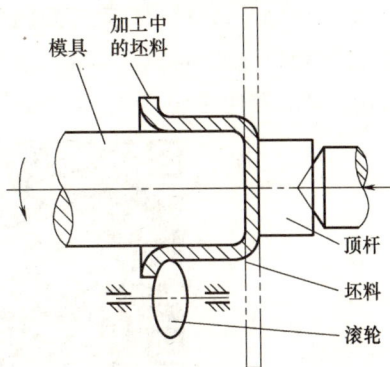

图 5-39　旋压空心零件示意图

成型的,不像冲压那样有明显的拉深作用,故壁厚的减薄量较小。

旋压只适用于加工轴对称的回转体零件,其所用工具简单、费用低,而且旋压设备的调整、控制简便灵活,具有很大的柔性,非常适合多品种小批量生产。

六、液态模锻

液态模锻是指将定量的熔化金属倒入凹模型腔中,在金属即将凝固或半凝固状态下(即液、固两相共存)用冲头加压,使其凝固以得到所需形状锻件的加工方法。它是一种介于压力铸造和模锻之间的新工艺,具有两种加工工艺的优点。由于结晶过程是在压力下进行的,改变了常态下结晶的组织特征,因此,可以获得细小的等轴晶粒。液态模锻的锻件尺寸精度高,力学性能好,可用于各种类型的合金,如铝合金、铜合金、灰铸铁、不锈钢等,其工艺过程简单,容易实现自动化。

七、超塑成型

超塑性是指金属在特定的组织、温度条件和变形速度下变形时,塑性比常态提高几倍到几百倍(部分金属的延伸率＞1000％),而变形抗力降低到常态的几分之一甚至几十分之一的异乎寻常的性质,如纯钛的伸长率可达300％以上,锌铝合金的延伸率可达1000％以上。超塑性有细晶超塑性(又称恒温超塑性)和相变超塑性等。目前常用的超塑性成型材料主要有铝锌合金、钛合金及高温合金等。

超塑成型是指利用金属在特定条件(一定的温度条件、一定的变形速度条件、一定的组织条件)下所具有的超塑性(高的塑性和低的变形抗力)来进行塑性加工的方法。常用的超塑成型方法有超塑性模锻和超塑性挤压等。金属在超塑性状态下不产生缩颈现象,变形抗力很小,因此,利用金属材料在特定条件下所具有的超塑性来进行塑性加工,可以加工出复杂形状的零件。超塑成型加工具有金属填充模膛性能好,锻件尺寸精度高,切削加工余量小,锻件组织细小均匀等特点。

八、计算机在锻压技术中的应用

计算机在锻压技术中的应用主要体现在模锻工艺方面,利用计算机辅助设计(CAD)和计算机辅助制造(CAM)程序,通过人机对话,借助有关资料,对模具、坯料、工序安排等内容进行优化设计,可以获得最佳模锻工艺设计方案,达到缩短设计周期,提高模具精度和寿命,提高锻件质量,降低生产成本的目的。

请扫描二维码,了解关于锻压发展历史的相关内容。
文件类型:DOC
文件大小:65.5KB

练 习 题

一、填空题

1. 一般来说,金属的塑性好,变形抗力_____,则金属的可锻性就_____;反之,金属的塑性差,变形抗力大,则金属的可锻性就_____。

2. 金属单晶体的变形方式主要有_____移和_____晶两种。

3. 随着金属冷变形程度的增加,金属的_____和硬度指标逐渐提高,但_____和韧性指标逐渐下降的现象称为冷变形强化。

4. 对冷变形后的金属进行加热时,金属将相继发生_____复、_____结晶和晶粒长大三个变化。

5. 加热的目的是提高金属的_____和韧性,降低金属的变形抗力,以改善金属的_____性和获得良好的锻后组织。

6. 锻造温度范围是指_____锻温度与_____锻温度之间形成的温度间隔。

7. 自由锻基本工序包括_____粗、_____长、_____孔、扩孔、切割、弯曲、锻接、错移、扭转等。

8. 目前自由锻设备主要有_____锤、蒸汽-空气锤、_____机等。

9. 根据模膛的功用不同,模膛可分为_____模膛和_____模膛两大类。

10. 常用的胎模有_____模、套筒模、_____模、_____模、合模和冲切模等。

11. 按冲压工序的组合程度进行分类,冲压模具可分为简单冲模、_____冲模和_____冲模三种。

12. 板料冲压的基本工序包括_____工序和_____工序两大类。

13. 落料是利用冲裁工序获得一定外形的制件或坯料的冲压方法,被冲下的部分是_____,剩余的坯料是_____。

14. 为了消除回弹现象对弯曲件精度的影响,在设计弯曲模时,弯曲模的角度应比成品零件的角度小一个_____角。

15. 缩口是指将管件或空心制件的端部加压,使其径向尺寸_____的加工方法。

二、判断题

1. 可锻性是指金属在锻造过程中经受塑性变形而不开裂的能力。　　　　　　(　　)

2. 冷变形强化使金属材料的可锻性变好。　　　　　　　　　　　　　　　(　　)

3. 再结晶退火可以消除金属的冷变形强化现象,提高金属的塑性和韧性,提高金属的可锻性。　　　　　　　　　　　　　　　　　　　　　　　　　　　　(　　)

4. 铅(Pb)和锡(Sn)在室温下变形后,会产生冷形变强化(或加工硬化)现象。(　　)

5. 在设计和锻造机械零件时,要尽量使锻件的锻造流线与零件的轮廓相吻合。

　　　　　　　　　　　　　　　　　　　　　　　　　　　　　　　　(　　)

6. 形状复杂的锻件锻造后不应缓慢冷却。　　　　　　　　　　　　　　　(　　)

7. 冲压件材料应具有良好塑性。 （　　）

8. 弯曲模的角度必须与冲压弯曲件的弯曲角度一致。 （　　）

9. 落料和冲孔都属于冲裁工序,但二者的用途不同。 （　　）

三、简答题

1. 锻压有何特点？

2. 确定始锻温度的原则是什么？确定终锻温度的原则是什么？

3. 对拉深件如何防止皱折和拉裂？

4. 如图 5-40 所示零件在小批量生产和大批量生产时,应选择哪些锻压方法生产？

(a) 齿轮　　　　　　　　　(b) 轴套

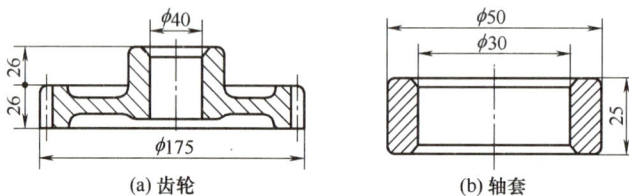

图 5-40　齿轮和轴套

5. 如图 5-41 所示台阶轴要求采用 45 号钢材生产 15 件,请根据所学知识拟定台阶轴的自由锻件毛坯的锻造工序过程。

图 5-41　台阶轴零件图

四、课外调研活动

1. 观察你周围的工具、器皿和零件等,分析其制作材料和性能（使用性能和工艺性能）,它们选用哪些锻造方法生产？

2. 观察金匠制作金银首饰的工艺流程,分析整个工艺流程中各个工序的作用或目的,并用所学知识试着编制某一种金银首饰的制作工艺流程。

单元六

焊接

第一，了解焊接的特点、分类、应用及安全文明操作规程；第二，了解焊条的种类及应用；第三，了解焊条电弧焊的设备及操作、维护的一般方法；第四，了解焊条电弧焊常用的工艺方法；第五，了解气焊、氩弧焊等焊接方法及工艺；第六，了解焊接新技术、新工艺。

目前，连接技术包括焊接、机械连接（螺栓连接、铆钉连接、销、键等）和胶接等，它们是人类社会科技发展的重要标志之一。焊接是指同种金属材料或异种金属材料的连接，属于永久性连接方法，它在现代工业生产中具有十分重要的地位和作用，广泛应用于国民经济的各行各业中，目前焊接技术水平的高低已经成为衡量一个国家工业发达程度的重要标志之一。因此，作为从事机械制造行业的人员，了解基本的焊接知识是十分必要的。

模块一　焊接基础知识

一、焊接特点

与其他金属连接方法及零件成型加工工艺相比，焊接具有如下特点。

（1）焊接是一种永久性的连接，焊接过程需要加热或加压，或者既加热又加压。

（2）焊接结构强度高，焊缝致密性好，产品质量高，可以减轻结构重量，节省金属材料。

（3）焊接可以简化复杂结构件或大型结构件的制造工艺，能化大为小，由小拼大。

（4）焊接工艺适应性好，既可以焊接同种金属材料，又可焊接异种金属材料；既可以焊接板材、型材、管材等，也可以焊接铸件、锻件、冲压件；可以采用拼小成大方式，逐步进行焊接装配，实现焊接船体、车架、桁架、锅炉、容器等大型结构件。

（5）焊接可以实现自动化,生产率高,成本低、噪声低。

但焊接也存在一些缺点,如焊件容易产生焊接应力、焊接变形、焊接缺陷等;焊接热影响区会影响焊件的组织和性能;焊接过程中,要求操作人员的操作技术水平较高,并需要操作人员具有相关职业资格证书和采取相应的保护措施等。

二、焊接分类

焊接是指将两个分离的金属工件通过局部加热或加压(或两者并用),使其连接成一个不可拆卸整体的加工方法。焊接方法的种类很多,按使用的能源及焊接过程特点进行分类,焊接一般分为熔焊、压焊和钎焊三大类(见图6-1)。焊件是采用焊接方法连接成的组件。

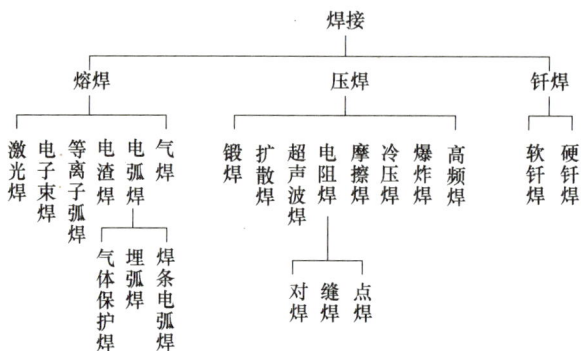

图 6-1　焊接方法的分类

熔焊是熔化焊的简称,它是将两个焊件的连接部位加热至熔化状态,加入(或不加入)填充金属,在不加压力的情况下,使其冷却凝固成一体,从而完成焊接的方法。

压焊是指在焊接过程中,必须对焊件施加压力(加热或不加热)以完成焊接的方法。

钎焊是指采用比母材熔点低的金属材料作钎料,将焊件和钎料加热到高于钎料熔点,低于母材熔化温度,利用液态钎料润湿母材,填充接头间隙并与母材相互扩散实现连接焊件的方法。

三、焊接的应用

焊接在现代机械装备制造业和工程结构制造中具有重要的地位。例如,在海洋工程、桥梁、压力容器、舰船体(见图6-2)、锅炉壳体、管道、铁道车辆、汽车车体、起重机械、电视塔、金属桁架(见图6-3)、建筑结构、石油化工结构件、冶金设备、航天设备、电子仪器、医疗器械等制造方面都离不开焊接,并且随着焊接技术的发展,焊接质量及生产率的不断提高,焊接在国民经济建设中的应用会更加广泛。

四、焊接安全文明操作规程

焊接生产属于热加工,其生产工序多,涉及材料、下料、成型、焊接、清理和检验等。在焊接作业过程中,焊工与各种易燃易爆气体、压力容器和电机、电器相接触,同时还会产生

图 6-2 舰船体

图 6-3 金属桁架

有毒气体、有害粉尘、弧光辐射、噪声、高频电磁场和射线等,有时要在高空、水下、狭小空间进行工作。另外,焊接车间辅助设备多,吊运工作量大。因此,在见习焊接过程中,在车间内会涉及高温、弧光、粉尘及各种辅助设备,为了保证操作正确和人身安全,需要见习人员熟悉如下的焊接安全文明操作规程。

(1)焊接过程中电弧会发射出大量紫外线和红外线,对人体有伤害作用,因此,焊接时必须穿工作服,戴手套、面罩和安全帽,穿护袜,特别要保护好眼睛。

(2)检查电焊机外壳接地是否良好;焊钳和电缆的绝缘性必须良好,如图 6-4 所示。

(3)任何时候都严禁将焊钳搁在工作台上,以免造成短路烧毁焊机和工具。

(4)不准赤手接触导电部分;操作时应穿胶底鞋或站在绝缘垫板上。

(5)焊接过程中发生停电时,应立即关闭电焊机。焊接工作完成后,应立即关闭电焊机并断开电源。

(6)移动电焊机时要切断电源;操作完毕或检查焊机与电路系统时,必须拉闸。

(7)线路各连接点必须紧密接触,防止因接触松动,而造成发热现象。发现电焊机或线路发热烫手时,应马上停止工作。

(8)焊接过程中,严禁调节焊接电流,以免损坏或烧毁电焊机。

(9)清渣时要注意清渣方向,防止热渣烫伤他人及自己的面部。

(10)不准赤手接触焊接后的焊件,翻动和移动焊件时应使用夹钳。

图 6-4　焊钳和电缆的绝缘

（11）焊接时周围不能有易燃易爆物品。工作地点应通风良好，防止焊接烟尘危害人体呼吸器官。

（12）气焊前应检查焊炬的射吸能力，检查焊嘴是否有堵塞，胶管是否漏气等。

（13）严禁在氧气瓶阀和乙炔瓶阀同时开启时，用手或其他物体堵塞焊嘴，更不能把已经点燃的焊炬卧放在工件或地面上，更不能对准他人。

（14）气焊时要检查回火保险器是否正常，管道有无漏气现象。若焊接过程中发生回火现象，应立即关、开几次氧气瓶和乙炔瓶阀门，让回火火焰及高温气体迅速排出。

（15）氧气瓶、氧气表严禁沾污任何油脂。氧气瓶、乙炔瓶要分开放置，并远离焊接工作地点和任何热源。

（16）施焊场地周围应清除易燃易爆物品，或进行覆盖、隔离。

（17）在密闭金属容器内施焊时，容器必须可靠接地，通风良好，并应有人监护，严禁向容器内输入氧气。

（18）焊接操作结束后，应及时整理好实习场地，保持场地清洁卫生。

模块二　焊条电弧焊

焊条电弧焊（简称手工电弧焊）是用手工操纵焊条进行焊接的电弧焊方法。它是利用焊条与工件之间产生的电弧热，将工件和焊条熔化而进行焊接的方法，是熔焊中最基本的一种焊接方法，也是目前焊接生产中应用最广的焊接方法。

一、焊条电弧焊的焊接电弧

焊接电弧是在电极与焊件之间的气体介质中产生的强烈而持久的放电现象，它是电流最大、电压最低、温度最高、发光最强的一种气体导电现象。

产生焊接电弧的条件是：将装在焊钳上的焊条擦划或敲击焊件，由于焊条末端与焊件瞬时接触而造成短路,会产生很大的短路电流,使焊件和焊条末端的温度迅速升高,为电子的逸出和气体电离准备了能量条件,并使相接触的金属很快熔化以及产生金属蒸气。接着迅速将焊条提起 2~5mm 的距离,在两极间电场力作用下,被加热的阴极间就有电子高速飞出并撞击气体介质,使气体介质电离成正离子、负离子和自由电子。此时正离子奔向阴极,负离子和自由电子奔向阳极。在它们运动过程中和到达两极时,不断碰撞和复合,将动能变为热能,同时产生大量的光和热,于是在焊条端部与焊件之间就形成了焊接电弧,如图 6-5 所示。

焊接电弧由阴极区、阳极区和弧柱区三部分组成。用钢焊条焊接时,阴极区产生的热量约占电弧总热量的 36%,温度大约为 2400K;阳极区产生的热量约占电弧总热量的 43%,温度大约为 2600K;弧柱区产生的热量约占电弧总热量的 21%,但弧柱中心温度最高,为 6000~8000K。

二、焊条电弧焊的焊接原理

焊条电弧焊的焊接原理如图 6-6 所示。焊接时将焊条与焊件接触短路后立即提起焊条,引燃电弧。电弧产生的电弧热使焊件局部和焊条端部同时熔化成为熔池,金属焊条熔化后成为熔滴,并借助重力和电弧气体的吹力作用过渡到焊件形成的熔池中。同时,电弧热还使焊条的药皮熔化或燃烧,药皮熔化后与液体金属发生物理化学作用,使液态熔渣不断地从熔池中向上浮起,药皮燃烧时产生的大量气体环绕在熔池和电弧周围。借助熔渣和气体可防止空气中氧、氮的侵入,起到保护液态金属的作用。连续向焊接方向移动焊条,熔池中的液态金属逐步冷却结晶,就逐渐地形成了焊缝。

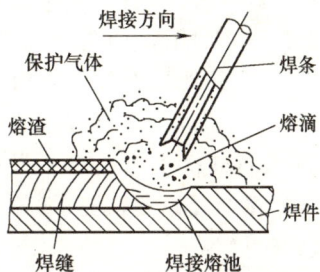

图 6-5　焊接电弧的形成和组成

图 6-6　焊条电弧焊的焊接原理

焊接电弧产生的热量与焊接电流的平方和焊接电压的乘积成正比。焊接生产中主要是通过调节焊接电流来调节电弧热量。焊接电流越大则焊接电弧产生的总热量越多;反之,则总热量越少。

三、焊条

(一) 焊条的组成与作用

电焊条由焊芯和药皮两部分组成(见图 6-7)。电焊条的作用主要有两个方面:第一是稳定电弧;第二是调整焊缝的化学成分,改善焊缝的质量和力学性能。

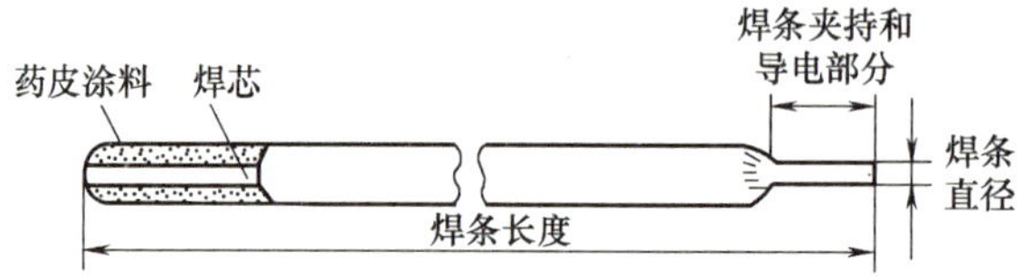

图 6-7　电焊条

1. 焊芯

焊芯的主要作用有四个方面:第一是传导焊接电流;第二是产生电弧并维持电弧稳定;第三是作为填充金属,与熔化的母材共同组成焊缝金属;第四是向焊缝添加合金元素。焊芯直径就是焊条的直径,焊条直径一般为 1.6～6mm,主要有 $\phi1.6$mm、$\phi2.0$mm、$\phi2.5$mm、$\phi3.2$mm、$\phi4.0$mm、$\phi5.0$mm、$\phi6.0$mm 等规格;焊条长度一般为250～450mm。在焊缝金属中,焊芯金属占 50%～70%,由此可见焊芯的化学成分和质量对焊缝质量有重大的影响。为了保证焊接质量,国家标准对焊芯的化学成分和质量作了严格规定。焊芯的牌号以"焊"字打头(牌号是"H"),其后的牌号表示法与钢号表示法完全一样。例如,常用的焊芯牌号有 H08、H08A、H08E、H08CrMoA、H10Mn2 等,牌号尾部标有"A"或"E"时,分别表示"优质品"或"高级优质品",表明 S、P 等杂质含量更少。

2. 药皮

药皮是压涂在焊芯表面上的涂料层。焊条药皮由稳弧剂、造气剂、造渣剂、脱氧剂、合金剂、稀释剂、粘结剂、稀渣剂和增塑剂等组成。它的主要作用如下。

(1)机械保护作用。焊接时利用焊条药皮熔化后产生的大量气体和形成的熔渣,使熔化金属与空气隔离,防止空气中的氧、氮侵入焊缝,保护熔滴和熔池金属。

(2)冶金处理和渗合金作用。通过熔渣与熔化金属的冶金反应,除去有害杂质(如氧、氮、硫、磷、氢等),渗入有益的合金元素,使焊缝获得需要的良好力学性能。

(3)改善焊接工艺性能。药皮中加入的物质一定要保证焊条获得良好的焊接工艺性,保证焊接电弧稳定燃烧、飞溅少、焊缝成型好、易脱渣、熔敷效率高以及有利于进行各种位置的焊接等。

(二)焊条的分类、型号及牌号

1. 焊条的分类

按照焊条的用途可分为结构钢焊条(包括非合金钢及细晶钢焊条(碳钢焊条)、热强钢焊条(低合金钢焊条))、钼和铬钼耐热钢焊条、不锈钢焊条(包括铬不锈钢焊条、铬镍不锈钢焊条)、堆焊焊条、低温焊条、铸铁焊条、镍及镍合金焊条、铜及铜合金焊条、铝及铝合金焊条、特殊用途焊条等。按照焊条药皮熔化后形成的熔渣的酸碱度进行分类,焊条又可分为酸性焊条和碱性焊条(或称低氢型焊条)两类。

酸性焊条形成的熔渣中酸性氧化物的比例较高,焊接时,工艺性较好,容易引弧,电弧稳定、飞溅少、脱渣性好,覆盖性较好,焊缝成型美观,对铁锈、油脂、水分的敏感性不大,但焊接过程中对药皮的合金元素烧损较大,抗裂性较差。酸性焊条可使用交、直流焊接电源,适合于焊接采用低碳钢及低合金结构钢制作的结构件中的各种位置焊缝。

碱性焊条形成的熔渣中碱性氧化物的比例较高,焊接时,工艺性一般,脱渣性较好,熔渣的覆盖性较差,电弧不够稳定,焊缝美观性较差,而且焊前要求清除掉油脂和铁锈。但碱性焊条的脱氧和去氢能力较强,焊接后焊缝的质量较高,适用于焊接重要的和复杂的结构件。

2. 焊条型号

焊条型号和牌号都是焊条的代号。焊条型号是指国家标准规定的各类焊条的代号,是反映焊条主要特性的一种表示方法。焊条牌号是焊条制造企业对出产的焊条规定的代号。焊条型号应包括焊条类型、焊条特点(如熔敷金属的抗拉强度、使用温度、焊芯金属的类型、熔敷金属的化学组成类型等)、药皮类型及焊接电流种类。不同型号的焊条有不同的表示方法。目前,我国参照国际标准,陆续对不同焊条型号作了修改,如国家标准《非合金钢及细晶粒钢焊条》(GB/T 5117—2012)规定碳钢焊条型号编制以字母"E"打头表示电极焊条,"E"后面的前两位数字表示熔敷金属抗拉强度的最小值(单位为MPa);第三位数字表示焊条适用的焊接位置,其中"0"及"1"表示焊条适用于全位置焊接;"2"表示焊条适用于平焊及平角焊;"4"表示焊条适用于向下立焊;第三位和第四位数字组合表示焊接电流种类及药皮类型,如"03"表示钛钙型药皮,适合于交流或直流正、反接电源;"15"表示低氢钠型药皮,适合于直流反接电源。

例如,E4303表示焊缝金属的$R_m \geqslant 430\text{MPa}(43\text{kgf/mm}^2)$,适用于全位置焊接,药皮类型是钛钙型,适合于交流或直流正、反接电源。

热强钢焊条的型号由国家标准《低合金钢焊条》(GB/T 5118—2012)规定,"E"后面的四位数字含义与碳钢焊条相同,四位数字后面附加字母、数字或字母和数字的组合表示熔敷金属的化学成分分类代号,并以短划"-"与前面的四位数字分开。如果还有附加扩氢代号时,可用H15、H10、H5表示,如E6215-2C1MH10。

3. 焊条牌号

焊条牌号是根据焊条的主要用途及性能特点对焊条产品的具体命名,由厂家制定的。焊条牌号的编制方法是:"特征字母"+"三位数字"。其中"特征字母"表示焊条的类别,它用每类焊条的汉语拼音首位大写字母表示,如"J"表示结构钢(包括碳钢和低合金钢)焊条,"A"表示奥氏体铬镍不锈钢焊条。"三位数字"中的前两位在不同类别焊条中的含义是不同的。对于结构钢焊条,前两位数字表示焊条熔敷金属的最低抗拉强度,单位是MPa,第三位数字表示焊条药皮类型和对焊接电流的要求。例如,"J422"表示结构钢焊条(相对于焊条型号E4303焊条),其中前两位数字"42"表示熔敷金属的最低抗拉强度是430MPa(42kgf/mm²);最后一位数字"2"表示酸性焊条钛钙型药皮,为交直流两用焊条。

(三)焊条选用

正确选用焊条是焊接准备工作的重要一环,选用焊条时应综合考虑下列一些因素。

1. 考虑母材的抗拉强度

焊接低碳钢、中碳钢和低碳合金钢时,一般按焊件的抗拉强度来选用相应强度等级的焊条,使熔敷金属的抗拉强度与焊件的抗拉强度相等或相近,该原则称为"等强原则"。例如,焊接 Q235A 钢时,由于该钢的抗拉强度在 420MPa 左右,故所选焊条的抗拉强度的最小值应为 430MPa,即可选 E4303、E4316、E4315 等焊条。异种钢焊接时,一般将抗拉强度等级低的钢材作为选用焊条的依据。

2. 考虑母材的低温特性和化学成分

对于低温钢,要选用焊条的低温特性与母材的低温特性相一致的焊条;对于耐热钢、不锈钢、高温合金等,要选用熔敷金属的化学成分与母材基本相同或相近。

3. 考虑焊件结构的复杂程度和刚性

对于形状复杂、刚性较大、承受冲击载荷或循环载荷的结构,需要保证焊件结构具有一定的塑性和韧性,应选用抗裂性好的低氢型焊条;对于薄板和刚性较小、构件受力不复杂、母材质量较好以及焊接表面带有油、锈、水等难以清理的焊件时,应尽量选用酸性焊条。

4. 考虑简化焊接工艺、提高生产率和降低成本

在满足使用要求的前提下,要尽量选用工艺性好、劳动生产率高、劳动条件好、焊接质量容易保证、成本低的焊条。例如,焊接难以在焊前清理的焊件时,可选用酸性焊条。

四、焊条电弧焊的设备及工具

(一) 焊条电弧焊的主要设备

焊条电弧焊的主要设备是电弧焊机,它实际上是一种弧焊电源。生产中按焊接电流种类进行分类,焊条电弧焊的电源可分为弧焊变压器(交流弧焊电源)和弧焊整流器(直流弧焊电源)两类。

1. 弧焊变压器

弧焊变压器(又称交流弧焊机)是一种特殊的降压变压器,如图 6-8 所示。它一般接单相电源,可以将 220V 或 380V 的电源电压降到 60～80V(即焊机的空载电压),既满足引弧需要,又对人体比较安全。焊接时,焊接电压会自动下降到电弧正常工作时所需要的工作电压 20～35V,输出从几十安提高到几百安的交流电流,并可根据焊件的厚薄和所用焊条直径的大小任意调节焊接电流的大小。弧焊变压器具有效率高,结构简单、紧凑和重量轻,使用可靠,成本较低,噪声小,维护与保养容易等优点,但焊接时电弧不够稳定。

2. 弧焊整流器

弧焊整流器是通过整流器将交流电变压和整流转换成直流电的弧焊电源,如图 6-9 所示。它具有重量轻,噪声小,能自动补偿电网电压波动对输出电压和电流的影响,焊接过程中电弧比较稳定,可作为各种弧焊方法的电源等优点。但弧焊整流器结构较复杂,价格较高,维护也较弧焊变压器复杂。弧焊整流器适用于焊接较重要的结构件。

弧焊整流器的输出端有正极和负极,且正极和负极上产生的热量各不相同,因此,焊

图 6-8 弧焊变压器

图 6-9 弧焊整流器

接时电极的接法有正接法和反接法两种。如果将焊件接阳极、焊条接阴极,则电弧热量大部分集中在焊件上,焊件熔化较快,可保证焊件具有足够的熔深,此接法适用于焊接厚焊件,这种接法称为正接法(见图 6-10(a))。相反,如果将焊件接阴极,焊条接阳极,则焊条熔化较快,此接法适合于焊接较薄焊件或不需要较多热量的焊件,这种接法称为反接法(见图 6-10(b))。

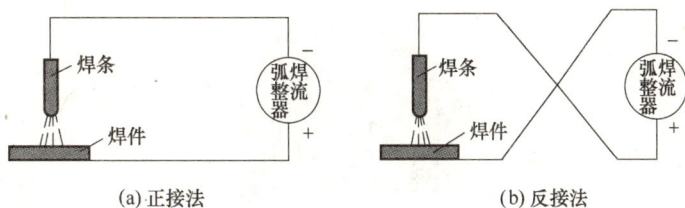

(a) 正接法   (b) 反接法

图 6-10 正接法和反接法

3. 弧焊变压器和弧焊整流器的使用和维护

在使用和维护弧焊变压器和弧焊整流器时,应注意以下事项。

(1) 弧焊电源接入网路时,网路电压必须与弧焊电源一侧电压相符。

(2) 弧焊变压器和弧焊整流器应放置在通风良好、干燥的地方,不应靠近高热地区;在露天工作时,必须妥善盖好弧焊变压器和弧焊整流器,以防雨水、雪水、灰尘等侵入,同时还要注意良好的通风。

(3) 注意配电系统的开关、熔丝、导线绝缘、导线截面及网络电源功率等是否满足使用要求。

(4) 弧焊变压器和弧焊整流器的外壳必须有良好的接地装置。弧焊电源外壳必须接地或接零。

(5) 合上电源开关前,应检查弧焊变压器和弧焊整流器各部分接线是否正确,电线接头要接触良好,不得有松动,特别要注意焊钳与焊件不得接触,以防短路。

（6）调节焊接电源和变换极性接法时，应在空载或切断电源的情况下进行。

（7）移动弧焊变压器和弧焊整流器时不应剧烈振动，特别是弧焊整流器更忌振动。

（8）严格按弧焊电源的额定电流和负载持续率使用，不要使弧焊电源在过载状态下运行。

（二）焊条电弧焊的常用工具

焊条电弧焊常用的工具有焊钳、焊接电缆、面罩与护目玻璃、焊条保温筒、手套、清洁工具（如敲渣锤、钢丝刷）、量具等。焊钳是用来夹持焊条和传导电流的焊接工具，如图6-11所示。焊接对焊钳的要求是导电性能好、重量轻、焊条夹持稳固、换装焊条方便等。焊接电缆的作用是传导电流，它要求绝缘性好，采用多股紫铜软线制成，而且要有足够的导电截面积，其截面积大小应根据焊接电流大小而定。面罩的作用是焊接时保护操作人员的面部和颈部免受强烈的电弧光照射和飞溅金属的灼伤，如图6-12所示。手套的作用是防止操作人员的手被烫伤；面罩上的护目玻璃（或称黑玻璃）的作用是减弱电弧光的强度，过滤紫外线和红外线，使操作人员在焊接时既能通过护目玻璃观察到熔池的情况，便于控制焊接过程，又避免眼睛受弧光的灼伤。

焊条保温筒（见图6-13）是焊接时不可缺少的工具，特别是在焊接压力容器时尤为重要。由于经过烘干的焊条在使用过程中容易受潮，使焊条的工艺性能变差，降低焊接质量。因此，从烘干箱中取出的焊条应储存在焊条保温筒内，以备焊接时取用。

　　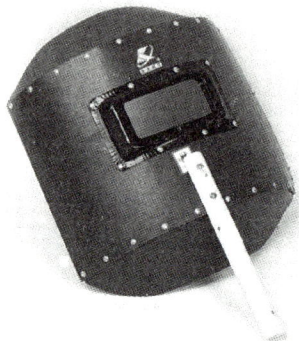　　

图6-11　焊钳　　　　　　　　图6-12　面罩　　　　　　　图6-13　焊条保温筒

五、焊条电弧焊工艺

1. 焊接接头的组成部分及其名称

如图6-14所示，焊件经焊接后形成的结合部分称为焊缝。其中被焊的焊件称为母材；两个焊件的连接处称为焊接接头。与焊缝各部分相关的名称主要有焊接方向、焊波、弧坑、余高、熔宽、熔深等，如图6-15所示。

2. 焊接位置

熔焊时焊件接缝所处的空间位置称为焊接位置。焊接位置按焊缝在空间位置的不

图 6-14 焊缝、母材和焊接接头

图 6-15 焊缝各部分名称

同,可分为平焊位置、立焊位置、横焊位置和仰焊位置四种,如图 6-16 所示。在平焊位置、立焊位置、横焊位置和仰焊位置进行的焊接可分别称为平焊、立焊、横焊和仰焊。其中平焊操作容易、劳动条件好、生产率高、焊接质量容易保证,因此,一般应尽量将焊缝放在平焊位置进行施焊。立焊、横焊、仰焊时焊接较为困难,应尽量避免。如果无法避免时,可选用较小直径的焊条和较小的焊接电流,调整好焊条与焊件的夹角与弧长再进行焊接。

(a) 平焊位置　　(b) 横焊位置　　(c) 立焊位置　　(d) 仰焊位置

图 6-16 焊接位置

3. 焊接接头的基本形式和坡口基本形式

焊接接头是由两个或两个以上零件要用焊接组合或已经焊合的接点。焊接接头的基本形式主要有对接接头、搭接接头、角接接头、T 形接头等,如图 6-17 所示。

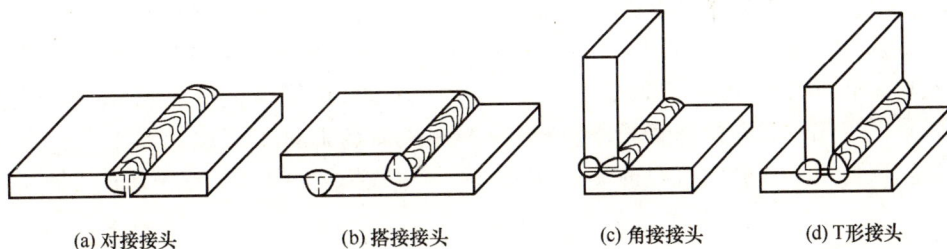

(a) 对接接头　　(b) 搭接接头　　(c) 角接接头　　(d) T 形接头

图 6-17 焊接接头基本形式

焊接坡口是指根据设计或工艺需要,在焊件的待焊部位加工并装配成的一定几何形状的沟槽。焊接接头坡口基本形式主要有 I 形坡口(不开坡口)、V 形坡口、X 形坡口、U 形坡口、双 U 形坡口等。以对接接头为例,焊接接头坡口基本形式如图 6-18 所示。焊接接头的坡口加工方法主要有气割、切削加工(如刨削和铣削)、碳弧气刨等。

选择焊接接头形式是以焊接结构的形状、强度要求、焊件厚度、焊接材料消耗量及焊

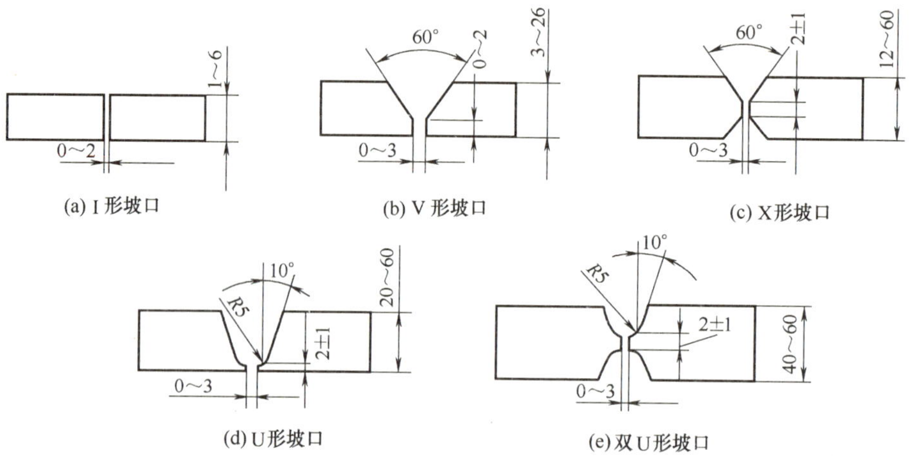

图 6-18 对接接头的坡口形式

接工艺决定的。选择焊接接头坡口形式主要是根据焊件厚度决定的,其目的是保证焊件焊透,提高生产效率和降低成本。对于要求焊透的受力焊缝,在焊接工艺允许的情况下,应尽量采用双面焊,这样可以保证焊透,减小变形和保证焊接质量。

4. 焊接工艺参数的选择

焊接工艺参数是指焊接时为了保证焊接质量而选定的各物理量的总称。焊条电弧焊的焊接工艺参数主要包括焊条直径、焊接电流、电弧电压与电弧长度、焊接速度、焊接层数、电源种类与极性等。焊接工艺参数选择得是否正确和合理,将直接影响焊缝的形状与尺寸、焊接工艺性、焊接质量、焊接成本和生产率等。因此,合理选择焊接工艺参数是焊接生产中非常重要的内容。

(1)焊条直径的选择

焊条直径的大小与焊件厚度、焊接位置、焊接层数和接头形式有关。通常情况下,焊条直径应根据焊件的厚度进行选择。焊件厚度大时应尽量选择较大直径的焊条。另外,在焊件厚度一样的情况下,立焊、横焊、仰焊时,应选用比平焊时稍细的焊条。同时,在横焊和仰焊时,焊条直径不宜超过 4mm;在立焊时,焊条直径不宜超过 5mm。在多层焊时,焊第一层时应选择较小直径的焊条;搭接接头和 T 形接头因不存在全部焊透问题,因此可选择较大直径的焊条,以提高生产效率。焊件厚度与焊条直径的关系见表 6-1。

表 6-1　焊件厚度与焊条直径的关系　　　　　　　单位:mm

焊件厚度	≤1.5	2	3	4~5	6~12	≥12
焊条直径	1.6	2.5	3.2	3.2~4	4~5	4~6

(2)焊接电流的选择

焊接电流是指焊接时流经焊接回路的电流,它的大小直接影响焊接质量和生产率。焊接电流过大会造成熔融金属向熔池外飞溅,焊条剩余部分温度升高,导致药皮发红或脱落;焊接电流过小则熔池温度低,熔渣与熔融金属分离困难,焊缝中容易形成夹渣。一般来说,焊接电流的选择主要取决于焊条直径(见表6-1),即焊条直径越大,焊接电流也越大。焊接不锈钢或非水平位置焊接时,焊接电流应比水平位置焊接小15%左右。焊角焊缝时,焊接电流应稍微大些。焊条直径与焊接电流的关系见表6-2。

表6-2　焊条直径与焊接电流的关系

焊条直径/mm	1.6	2.0	2.5	3.2	4.0	5.0	6.0
焊接电流/A	25～40	40～65	50～80	100～130	160～210	200～270	260～300

（3）电弧电压与电弧长度的选择

电弧电压是指电弧稳定燃烧时,焊件与焊条之间所保持的电压。电弧电压主要与电弧长度(焊件与焊条间的距离)有关,电弧长则电弧电压高,电弧短则电弧电压低。通常电弧电压为20～35V。

短电弧是指电弧的长度是焊条直径的0.5～1.0倍的电弧。焊接时电弧电压由操作人员根据具体情况灵活掌握。在焊接过程中电弧不宜过长,否则会使电弧不稳定,易摆动,电弧热量分散,熔深减小,飞溅增加,产生咬边、未焊透、焊波不匀、气孔等缺陷,降低焊缝质量。在立焊和仰焊时电弧长度应比平焊时更短些,以防止熔化金属下淌。使用碱性焊条焊接时应比酸性焊条弧长短些,以保证电弧稳定和防止气孔产生。

（4）焊接速度的选择

焊接速度是单位时间内完成的焊缝长度。对于焊条电弧焊,焊接速度就是操作人员移动焊条的速度。焊接速度不应过快或过慢,应均匀适度,既要保证焊透和不烧穿,又要保证焊缝的外观与内在质量及生产效率均达到要求为宜。例如,直径是4mm的E5015焊条,选择160～170A的焊接电流、22～24V的电弧电压、焊接速度是10～15mm/min时,焊接的质量和生产率就比较理想。

六、焊条电弧焊的基本操作过程

焊条电弧焊的基本操作过程主要包括引弧、运条、焊缝接头和焊缝收尾等。以平焊Q235钢板为例,钢板的尺寸是长150mm、宽50mm、厚5mm;接头形式是对接,不开坡口。焊接设备选择弧焊变压器;焊条选择E4303,直径是3.2mm(或4mm);焊接电流是100～130A(或160～210A)。

1. 引弧

引弧是使焊条和工件之间产生稳定的电弧的过程。引弧的方法有直击法和划擦法,如图6-19所示。

直击法的动作要领是:将焊条对准引弧处,手腕下弯,用焊条末端垂直地轻击焊件表面,使焊条与焊件接触并形成短路,然后迅速将焊条向上提起2～4mm,电弧即可引燃。直击法不易掌握,如果操作不当,会造成焊条粘在焊件上。此时,只要将焊条左右摆动几下就可将焊条脱离焊件,如果焊条还不能脱离焊件,则应立即使焊钳脱离焊条,待焊条冷却后,可用手将焊条扳掉。通常直击法适合于酸性焊条或狭窄的焊接环境。

划擦法的动作要领是:先将焊条末端对准焊件,然后像划火柴一样,将焊条在焊件表面划擦,当焊条与焊件接触引燃电弧后,立即提起焊条,保持电弧长度在 2~4mm,电弧就能稳定地燃烧。引弧后,电弧长度不能超过焊条直径。划擦法适合初学者,也比较容易掌握,该方法通常适合于碱性焊条,但该方法容易损坏焊件表面。

2. 运条

运条是指焊条相对于焊缝所做的各种动作。在调整好焊条与焊件之间的角度后,为了保证焊接质量和焊接过程连续地进行,焊条要同时协调完成三个基本运条动作:第一个动作是焊条朝熔池方向的匀速送进运动,以保持弧长稳定;第二个动作是焊条沿焊接方向的移动;第三个动作是焊条沿焊缝的横向摆动,以获得一定宽度的焊缝,如图 6-20 所示。

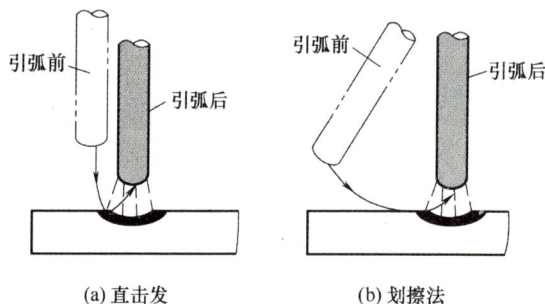

图 6-19　焊条引弧方法

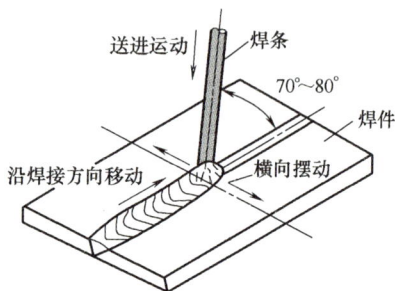

图 6-20　焊条角度和运条动作

运条方法很多,一般有直线形运条法、直线往复形运条法、锯齿形运条法、圆圈形运条法、月牙形运条法、三角形运条法等,不同的运条方法适用于不同的焊接位置,如图 6-21 所示。

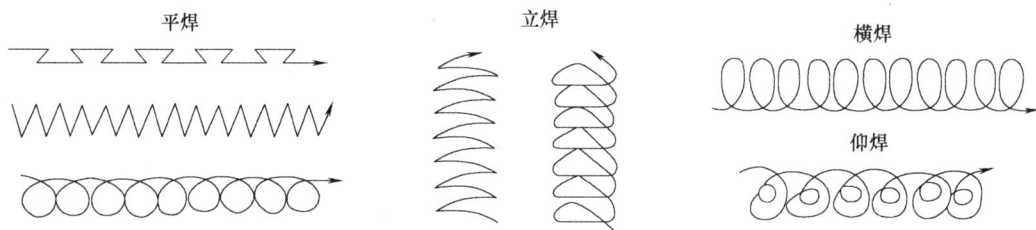

图 6-21　焊条电弧焊常见的运条方法

3. 焊缝接头

焊条电弧焊时,由于受焊条长度的限制,焊缝是逐段连接起来的,因此,会出现焊缝前后段的连接问题。为了保证焊缝连接处的质量,必须使后焊的焊缝与先焊的焊缝能均匀地连接。焊缝接头的连接方法是:在先焊好的焊道弧坑前约 10mm 处引弧,将拉长的电弧缓慢地移到原弧坑处,然后压低电弧,焊条再作微微转动,使弧坑逐渐填满,当新形成的熔池外缘与原弧坑外缘相吻合时,立即向前移动焊条进行正常的焊接过程,如图 6-22 所示。

4. 焊缝收尾

焊缝收尾是指一条焊缝完成后进行灭弧的过程。焊接结束时,如果突然将电弧熄灭,会在焊缝上形成过深的弧坑,而弧坑会减弱焊缝强度并产生应力集中。因此,焊缝收尾时,为了防止焊缝出现弧坑,焊条应采取合理的收尾方法,不仅熄灭电弧,还要填满弧坑。常用的焊缝收尾方法有划圈收尾法(见图6-23)和后移收尾法等。不管采用何种方法,焊条填满弧坑后,都要自下而上地慢慢拉断电弧,以保证焊道尾部成型良好。

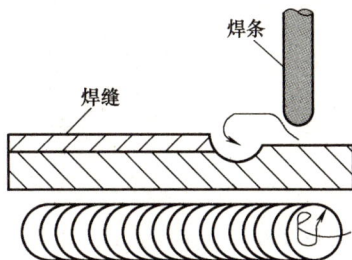

图 6-22　焊缝接头

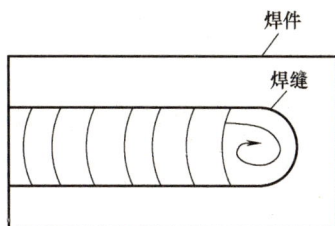

图 6-23　焊缝划圈收尾法

七、焊接性

焊接性是金属材料在限定的施工条件下焊接成规定设计要求的焊件,并满足预定服役要求的工艺性能指标。金属材料的焊接性主要受其化学成分、焊接方法、焊件类型及使用条件四个因素影响。对于非合金钢及低合金钢,常用碳当量来评定它的焊接性,碳当量是指把钢中的合金元素(包括碳)含量按其作用换算成碳的相当含量的总和。国际焊接学会推荐的碳当量 CE 的计算公式如下:

$$CE = w_C + w_{Mn}/6 + (w_{Cr} + w_{Mo} + w_V)/5 + (w_{Ni} + w_{Cu})/15$$

计算碳当量时,各合金元素的质量分数都取化学成分范围的上限。

根据实践经验,当碳当量 $CE < 0.4\%$ 时,钢淬硬倾向小,产生冷裂纹倾向小,焊接性良好,焊接时不需预热;当碳当量 $CE = 0.4\% \sim 0.6\%$ 时,钢淬硬倾向较大,产生冷裂纹倾向明显,焊接性较差,一般需要预热;当碳当量 $CE > 0.6\%$ 时,钢淬硬倾向严重,产生冷裂纹倾向严重,焊接性差,需要较高的预热温度和严格的工艺措施。

模块三　其他焊接方法简介

一、气焊

气焊是利用可燃气体和助燃气体(氧气)混合燃烧的火焰所释放出的热量作为热源,熔化母材和填充金属,实现金属焊接的一种熔焊接方法,如图6-24所示。气焊所用的可燃性气体主要有乙炔、液化石油气、天然气、丙烷燃气等。乙炔与氧气混合燃烧产生的温度最高,可达3000℃以上。

（一）气焊设备

气焊设备及工具主要有氧气瓶、氧气减压器、乙炔气瓶、乙炔减压器、回火防止器、焊炬、橡皮管等。如图 6-25 所示是各种设备、工具和管路系统的连接示意图。

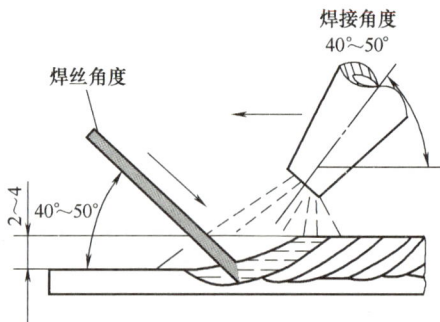

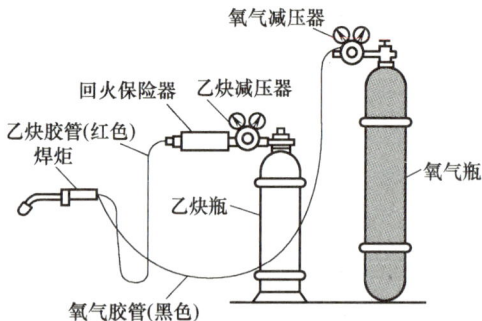

图 6-24　气焊示意图　　　　图 6-25　气焊设备、工具和管路的连接示意图

1. 氧气瓶及氧气

氧气瓶是储存和运输氧气用的高压容器,其外表涂成天蓝色并用黑色字样标明"氧气"。常用氧气瓶的容积是 40L,最大储氧压力是 14.7MPa,瓶口上装有开闭氧气的阀门,并套有保护瓶阀的瓶帽。氧气瓶不能进行曝晒、火烤、震荡及敲打,也不许被油脂沾污,而且需要定期进行压力试验。

2. 乙炔气瓶及乙炔气

乙炔气瓶是储存和运输乙炔气的容器,其外表涂成白色并用红色字样标明"乙炔火不可近"字样。乙炔气瓶口装有阀门并套有瓶帽保护,瓶内装有浸满丙酮的多孔填充物,丙酮对乙炔有良好的溶解能力,可使乙炔稳定而安全地储存在瓶中。在乙炔瓶阀下面的填料中心放着石棉,可帮助乙炔从多孔填料中分解出来。

3. 氧气减压器和乙炔气减压器

减压器又称为压力调节器,是将高压气体降为低压气体,并保持焊接过程中压力基本稳定的调节装置。减压器按用途进行分类,可分为氧气减压器(见图 6-26)、乙炔气减压器(见图 6-27)、液化石油气减压器等。氧气减压器是将氧气瓶内的高压氧气调节成工作时所需要的低压氧气的调节装置;乙炔气减压器是将乙炔气瓶内的高压乙炔气调节成工作时所需要的低压乙炔气的调节装置。例如,氧气瓶内的氧气压力最高达 15MPa,经过减压器调节后,可降为工作时的压力是 0.1~0.4MPa;乙炔气瓶内的乙炔气压力最高可达 1.5MPa,经过减压器调节后,可降为工作时的压力最高不超过 0.15MPa

4. 回火防止器

回火防止器是装在燃烧气体系统上的防止向燃气管路或气源回烧的保险装置。在气焊与气割过程中,由于气体供应不足,或管道与焊嘴阻塞等原因,均会导致火焰沿乙炔导管向内逆燃,这种现象称为回火。回火容易引起乙炔气瓶(或乙炔发生器)发生爆炸。为了防止回火事故发生,必须在导管与乙炔气瓶(或乙炔发生器)之间装上回火防

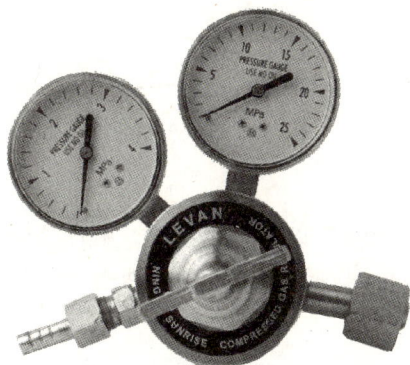

图 6-26 氧气减压器

图 6-27 乙炔气减压器

止器。

由于瓶装乙炔的瓶内压力较高,焊接操作过程中发生回火的可能性很小。气焊过程中,如果发生回火,正确的应急处理的方法是:迅速关闭乙炔调节阀门,然后再关闭氧气调节阀门。

5. 焊炬

焊炬是气焊时用于控制气体与氧气的混合比例、流量及火焰并进行焊接的工具。焊炬按可燃气体与氧气混合方式进行分类,可分为射吸式焊炬(或称低压焊炬)和等压式焊炬两类。目前使用较多的是射吸式焊炬,如图 6-28 所示。

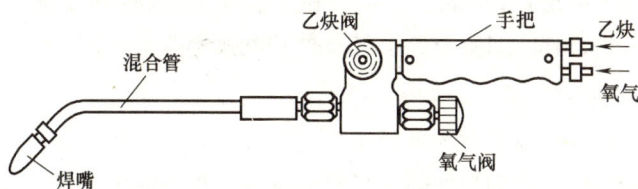

图 6-28 射吸式焊炬

(二)气焊工艺

1. 气焊的工艺特点

气焊的优点是:设备简单,操作方便,不需电源,焊接成本低,适应性较强,能够焊接多种材料。气焊的缺点是:火焰温度较低,加热缓慢,热影响区较宽,焊件易变形,过热严重,焊接质量不如焊条电弧焊好,生产率低。气焊主要用于焊接薄钢板、小直径薄壁管、非铁金属及其合金、钎焊刀具以及对铸铁件进行补焊等。

2. 气焊火焰

气焊火焰对气焊的质量影响很大,通过改变氧气和乙炔气体的体积比,可得到中性焰、碳化焰和氧化焰三种不同性质的气焊火焰,如图 6-29 所示。

(1)中性焰。中性焰是在一次燃烧区内既无过量氧又无游离碳的火焰。当氧气与乙

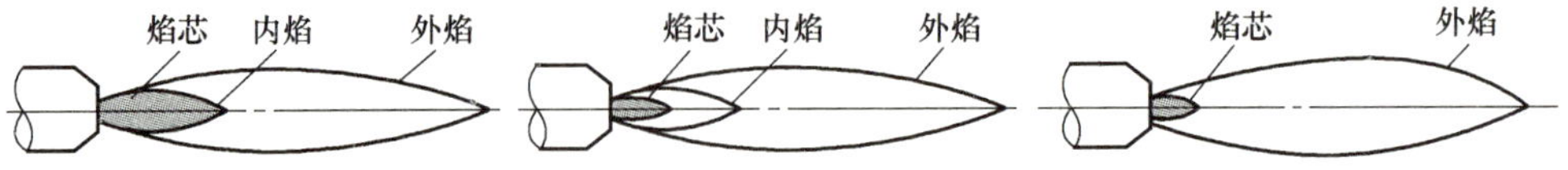

图 6-29　氧-乙炔火焰的种类

炔的混合比例是 1：1～1：2 时，氧气与乙炔充分燃烧，可以获得中性焰。中性焰的最高温度可达 3000～3200℃，它适合于焊接低碳钢、高碳钢、低碳合金钢、不锈钢、灰铸铁、紫铜、锡青铜、铝及其合金、铅锡、镁合金等。

（2）碳化焰。碳化焰是火焰中含有游离碳，具有较强还原作用，也有一定渗碳作用的火焰。当氧气与乙炔的混合比例小于 1：1 时，燃烧时乙炔过剩，可以获得碳化焰。碳化焰的火焰较长，火焰温度可达 2700～3000℃，它适合于焊接高碳钢、高碳合金钢（如高速钢）、铸铁及硬质合金等。

（3）氧化焰。氧化焰是火焰中有过量的氧，在尖形焰芯外面形成一个有氧化性的富氧区的火焰。当氧气与乙炔的混合比例大于 1：2 时，由于氧气充足，乙炔燃烧剧烈，可以获得氧化焰。氧化焰的火焰较短，火焰温度可达 3100～3300℃，它适合于焊接黄铜、锰黄铜、镀锌铁皮等。

3. 接头形式与坡口形式

气焊时主要采用对接接头，角接接头和卷边接头只是在焊接薄板时使用。搭接接头和 T 形接头很少采用，因为这类接头容易产生较大的变形。在对接接头中，当焊件厚度小于 5mm 时，可以不开坡口，只留 0.5～1.5mm 的间隙；当焊件厚度大于 5mm 时，必须开坡口。坡口的形式、角度、间隙及钝边等与焊条电弧焊基本相同。

4. 焊丝直径的选择

气焊焊丝的化学成分要求与焊件的化学成分基本相符，常用的气焊丝有碳素结构钢焊丝、合金结构钢焊丝、不锈钢焊丝等。焊丝的直径和焊炬倾斜角度一般由焊件的厚度决定的（见表 6-3）。

表 6-3　气焊焊件厚度与焊丝直径和焊炬倾斜角度的关系

焊件厚度/mm	1～2	2～3	3～5	5～10	10～15	＞15
焊丝直径/mm	1～2	2～3	3～4	3～5	4～6	4～6
焊炬倾斜角度	20°～25°	25°～30°	30°～40°	50°～60°	60°～70°	70°～90°

5. 焊炬倾斜角度

焊炬倾斜角度是指焊嘴长度方向与焊件之间的夹角，其大小主要取决于焊件厚度（见表 6-3）及母材的熔点与导热性等。气焊过程中，焊丝与焊件表面的倾斜角一般是 40°～50°，焊炬中心线与焊件的角度也是 40°～50°。

6. 焊接速度

焊接速度的快慢主要决定于焊件母材的熔点及其厚度。当焊件母材的熔点高、厚度大时,焊接速度应慢些;反之,则焊接速度可快些。

7. 焊接方向

气焊时,按照焊炬与焊丝的移动方向进行分类,焊接方向可分为右向焊法和左向焊法两种,如图 6-30 所示。

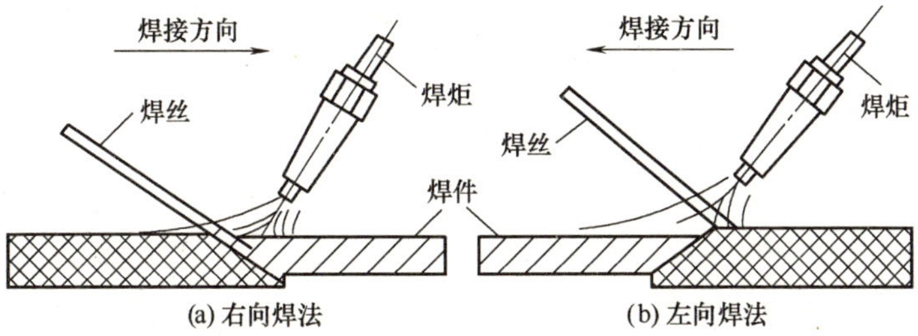

图 6-30 气焊的焊接方向

右向焊法是焊炬指向焊缝,焊接过程自左向右进行焊接的气焊方法。该方法适合于焊接厚度大、熔点与导热性高的焊件,但该方法不容易掌握,一般较少采用。

左向焊法是焊炬指向焊件未焊部分,焊接过程自右向左进行焊接的气焊方法。该方法操作简便,容易掌握,适合于焊接薄板,是经常使用的气焊方法。但该方法的缺点是焊缝容易氧化,冷却较快,热量利用率低。

8. 气焊基本操作

(1) 气焊前,先调节好氧气压力和乙炔压力,装好焊炬。

(2) 点火时,先微开氧气瓶阀门,再打开乙炔瓶阀门,随后点燃火焰,并调节成所需要的火焰。在点火过程中,如果有放炮声或火焰熄灭现象,应立即减少氧气或放掉不纯的乙炔气后,再点火。

(3) 灭火时,应先关乙炔瓶阀门,再关氧气瓶阀门,以免发生回火并减少烟尘。

安全提示

在生产过程中常用的高压氧气如果与油脂等易燃物质接触时,就会发生剧烈的氧化反应而使易燃物自行燃烧,甚至发生爆炸。因此,在气焊或气割操作中,切不可使氧气瓶瓶阀、氧气减压器、焊炬、割炬、氧气橡胶管等沾染上油脂。

二、埋弧焊

埋弧焊是指电弧在颗粒状焊剂层下燃烧的焊接方法,如图 6-31 所示。埋弧焊分为埋弧自动焊和埋弧半自动焊两种。埋弧焊的工作原理是:电弧在颗粒状的焊剂下燃烧,焊丝由送丝机构自动送入焊接区,电弧沿焊接方向的移动既可以依靠手工操作(称为埋弧半自动焊),也可以依靠机械自动完成(称为埋弧自动焊)。

埋弧自动焊的优点是:生产率提高,节省焊接材料和电能,生产成本低;焊缝保护好,焊接质量高;无弧光、无飞溅、烟雾少,劳动条件好,容易实现焊接自动化和机械化。

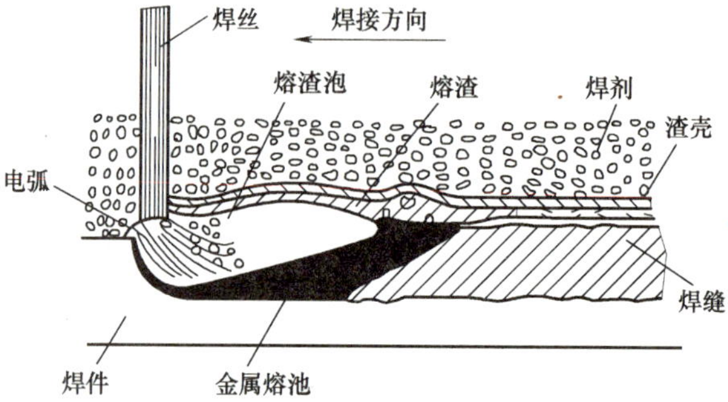

图 6-31　埋弧焊示意图

埋弧自动焊的缺点是:焊接时电弧不可见,不能及时发现问题,接头的加工与装配要求较高,适应性较差,设备比较复杂,焊前准备时间长。

埋弧焊广泛用于锅炉、压力容器、石油化工、船舶、铁道车辆等工业中,主要用于焊接低碳钢、低合金高强度钢,也可用于焊接不锈钢、耐热钢、低温钢及紫铜等。特别适合于大批量焊接较厚的大型结构件的直线焊缝和大直径环形焊缝。

三、气体保护电弧焊

气体保护电弧焊(简称气体保护焊或气电焊)是利用外加气体作为电弧介质并保护电弧和焊接区的电弧焊。气体保护焊按所用的电极材料进行分类,可分为熔化极气体保护焊和非熔化极气体保护焊两种;气体保护焊按所使用保护气体进行分类,可分为氩弧焊、二氧化碳气体保护焊、氮弧焊、氦弧焊等。下面重点了解下氩弧焊和二氧化碳气体保护焊。

(一)氩弧焊

氩弧焊是以氩气作为保护气体的电弧焊。氩气是惰性气体,在高温下不与金属发生化学反应,也不溶于金属,可以保护电弧区的熔池、焊缝和电极不受空气的有害影响,是一种理想的保护气体。按所使用的电极材料进行分类,氩弧焊可分为熔化极氩弧焊和非熔化极氩弧焊(钨极)两种,如图 6-32 所示。

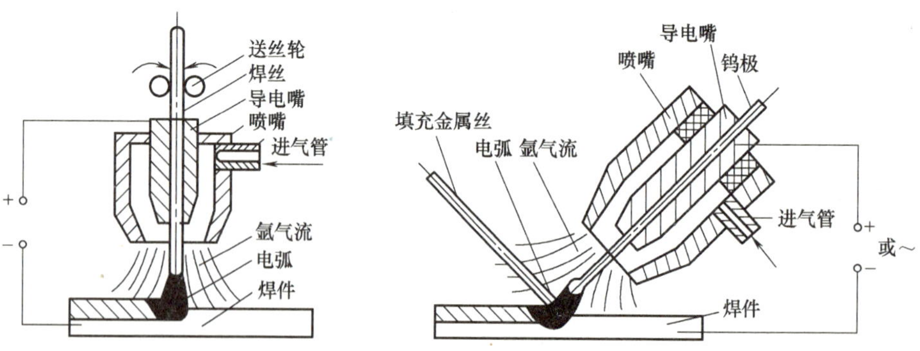

(a) 熔化极氩弧焊　　　　　　　　(b) 非熔化极氩弧焊

图 6-32　氩弧焊示意图

氩弧焊的优点是：便于观察，操作灵活，适合于焊接大多数金属材料及各种位置焊缝，焊后无熔渣，生产率高；焊缝成型美观，熔池小，变形小，焊缝质量高；焊接电弧稳定，热量集中，飞溅较小。

氩弧焊的缺点是：所用设备及控制系统比较复杂，维修较难，氩气价格较贵，焊接成本高。

氩弧焊几乎可以焊接所有金属材料，如可以焊接铝、镁、钛及其合金，低合金钢，耐热合金等，可以焊接 1mm 以下薄板及某些异种金属，但氩弧焊对于焊接低熔点和易蒸发的金属则较难。

（二）二氧化碳气体保护焊

二氧化碳气体保护焊是用二氧化碳气体（CO_2）作为保护气体的一种熔化极气体保护焊。焊接过程中，焊丝作为熔化电极，以自动或半自动的方式连续送进，二氧化碳气体从喷嘴中以一定流量喷出，电弧引燃后，电弧与熔池被二氧化碳气体包围，可防止空气侵入，如图 6-33 所示。二氧化碳是氧化性气体，高温下能使钢中的合金元素烧损。所以，必须选择具有脱氧能力的合金钢焊丝，如 H08MnSi 等。

二氧化碳气体保护焊的优点是：二氧化碳气体来源广、价格低，焊接成本低；电弧的穿透能力强，熔池深；明弧操作，操作性能好，适用范围广；焊缝无熔渣，焊接速度快，生产率较高；热影响区小，焊件变形小，焊接质量高。

二氧化碳气体保护焊的缺点是：焊接设备较为复杂，要求采用直流电源；焊接时弧光较强，飞溅较大，易产生气孔，焊缝表面不平滑，室外焊接时对风比较敏感；焊接过程中二氧化碳的含量较大，需要采取劳动保护措施。

二氧化碳气体保护焊主要用于焊接低碳钢和低合金钢薄板等金属材料。

四、电渣焊

电渣焊是利用电流通过液态熔渣所产生的电阻热进行焊接的工艺方法，如图 6-34 所示。焊接时，先在电极和引弧板之间引燃电弧，电弧熔化焊剂形成渣池。当渣池达到一定深度后，电弧熄灭，进入正常焊接阶段，这时电流通过电极并经过渣池传导到焊件，利用渣

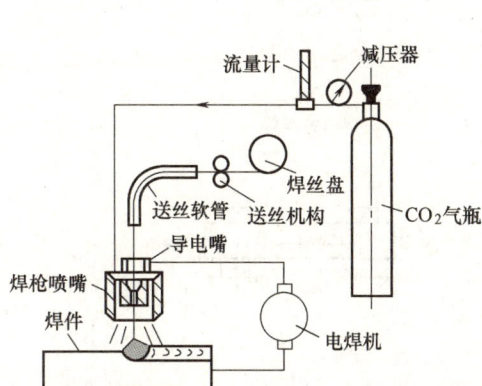

图 6-33 二氧化碳气体保护焊示意图

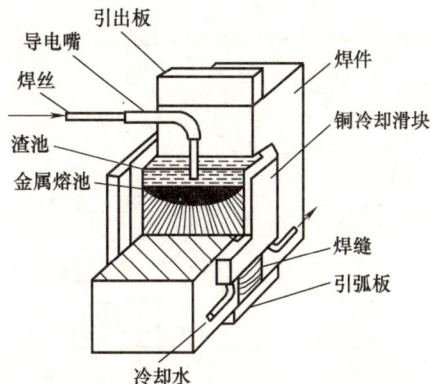

图 6-34 丝极电渣焊示意图

池产生的电阻热将渣池加热到 1700~2000℃,并使电极和焊件熔化。金属熔池在液态停留时间较长,熔化的金属由于密度较大,会沉入熔池底部形成焊缝,气孔与夹渣则由于密度小而上浮,形成金属熔池的保护层。一般来说,完成一道焊缝需要经历引弧造渣阶段、正常焊接阶段和引出阶段。根据所用电极形状进行分类,电渣焊可分为丝极电渣焊、板极电渣焊、熔嘴电渣焊和管极电渣焊。

进行电渣焊时,焊缝应尽可能处于垂直位置,两焊件之间应留出 20~40mm 的间隙,焊件不需开坡口,一般是上端间隙大、下端间隙小,上端与下端的间隙之差为 3~6mm。间隙外部装有铜冷却滑块,以防止熔渣和液态金属外流,冷却水从铜冷却滑块中通过,促使金属熔池凝固并形成焊缝。

电渣焊的优点是:焊缝中气孔和夹渣较少,焊缝金属纯净;焊缝不易出现淬硬组织和冷裂缝倾向;电能利用率高,焊缝准备工作简单,焊件不需要坡口加工和预热,节省材料和工时,生产效率高,劳动条件好。

电渣焊的缺点是:由于焊缝在高温停留时间较长,焊接接头中容易产生晶粒粗大和过热组织;焊缝金属呈铸态组织,焊接接头塑性和韧性较低,一般焊后需要正火或回火,以改善焊接接头的组织与性能。

电渣焊特别适合于焊接厚板材,目前可焊接的板材最大厚度可达 300mm,主要用于焊接厚壁压力容器的纵焊缝,用于制造锻-焊、铸-焊结构件,如制造大吨位的压力机、重型机床的机座、大型水轮机转子等。电渣焊可以焊接非合金钢、耐热钢、不锈钢、铝及铝合金等。

五、电阻焊

电阻焊属于压焊,是焊件组合后通过电极施加压力,利用电流流过接头的接触面及邻近区域产生的电阻热进行焊接的方法。电阻焊根据接头形式进行分类,可分为点焊、缝焊、凸焊和对焊,如图 6-35 所示。

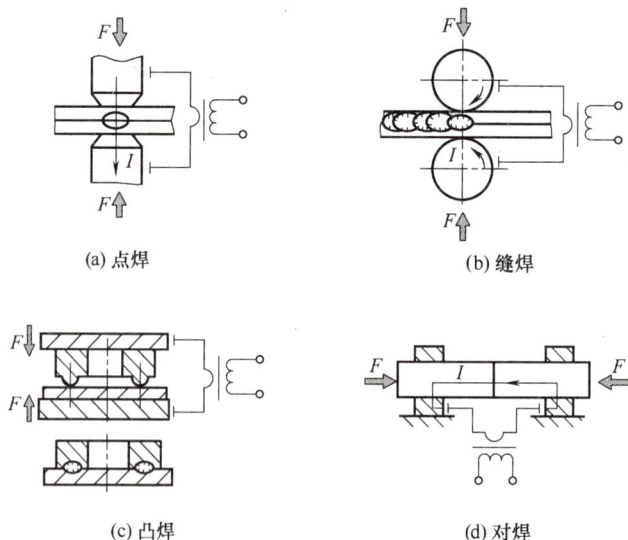

(a) 点焊

(b) 缝焊

(c) 凸焊

(d) 对焊

图 6-35　各种电阻焊原理图

电阻焊的优点是:操作简单,热量集中,加热时间短,工件变形小,焊接质量高,生产率较高,节省材料和工时,生产成本较低,劳动条件好,易实现机械化与自动化。

电阻焊的缺点是:需要较大电功率的焊接设备,设备投资大,维修较难,耗电大,焊接接头的抗拉强度和疲劳强度相对较低。

电阻焊广泛应用于航空、汽车、自行车、地铁车辆、建筑工程、量具、刀具、电子器件、仪表、生活用品等领域,主要用于低碳钢、不锈钢、铝及铝合金、铜及铜合金等金属材料的焊接。其中点焊主要用于焊接厚度在 10mm 以下的薄板;缝焊主要用于焊接厚度在 3mm 以下的薄板;对焊主要用于焊接较大截面(直径或边长小于 20mm)的焊件以及不同种类的金属和合金的对接。

六、钎焊

钎焊根据钎料熔点高低进行分类,可分为硬钎焊和软钎焊。钎焊广泛应用于机械、汽车、轻工、电工电子、航空和航天、核能等领域。

硬钎焊是指当所用钎料熔点在 450℃ 以上的钎焊。硬钎焊的接头强度较高,适用于焊接受力较大、工作温度较高的焊件,如钎焊硬质合金刀具。硬钎焊的钎料主要有铝基、铜基、银基、镁基、镍基、金基、钛基等钎料,应用最广的是银基钎料。焊接时需要加钎剂,清除接头处的氧化物。常用的钎剂主要是由硼砂、硼酸或它们的混合物为基体,以某些碱金属的氟化物、氟硼酸盐、氯化物等为添加剂组成的。硬钎焊的加热方式有火焰加热、电阻加热、感应加热、炉内加热、电弧加热、激光加热等。

软钎焊是指当所用钎料熔点在 450℃ 以下的钎焊。软钎焊的接头强度低(小于140MPa),适用于焊接受力不大或工作温度较低的仪表、导电元件等。软钎焊的钎料主要有锡基、铅基、铋基、锌基等钎料,其中锡铅钎料是应用最广的钎料。常用的钎剂是松香或氯化锌溶液。软钎焊的加热方式有烙铁加热、喷灯加热等。

钎焊的优点是:加热温度低于焊件熔点,焊件变形小,接头光滑平整,可以连接异种金属材料;某些钎焊方法可以一次焊多个工件、多个接头,生产率高。

钎焊的缺点是:接头强度较低,焊件的工作温度不能太高,在焊接前需要对焊件仔细进行清洗和装配。

模块四　焊接新技术与新工艺

随着科学技术的发展,目前涌现出了许多焊接新技术和新工艺,如摩擦焊、等离子弧焊、超声波焊、爆炸焊、真空电子束焊、激光焊、焊接机器人等。下面介绍部分成熟的焊接新技术和新工艺。

一、摩擦焊

摩擦焊属于压焊,是利用焊件两接触端面相互摩擦产生的热量,将焊件接合处加热到塑性状态,然后在压力作用下使焊件金属原子产生相互结合的一种压焊方法,如图 6-36

所示。摩擦焊能够进行全位置焊接,操作简单,焊接变形小、质量高;劳动条件好,现场无烟尘、辐射、飞溅、噪声、弧光等危害;容易实现自动化,生产率高,耗能小;尤其适合于焊接异种材料,如铜与铝的焊接、铜与不锈钢的焊接等。但摩擦焊设备投资较大,工件必须有一个是回转体,不易焊接摩擦因数小或脆性材料。目前,摩擦焊主要用于焊接等截面的杆状工件。

二、等离子弧焊

等离子弧是利用等离子枪将阴极(如钨极)和阳极之间的自由电弧压缩成高温、高电离、高能量密度及高焰流速度的电弧。等离子弧焊是利用等离子弧作为热源进行焊接的工艺方法,如图 6-37 所示。等离子弧焊不仅能焊接大多数金属材料,而且能进行等离子切割,是一种具有发展前途的先进工艺。

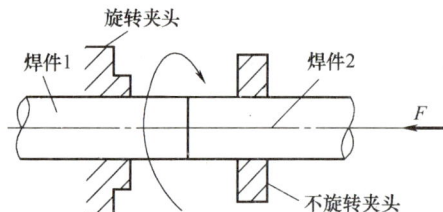

图 6-36　摩擦焊示意图　　　　图 6-37　等离子弧焊示意图

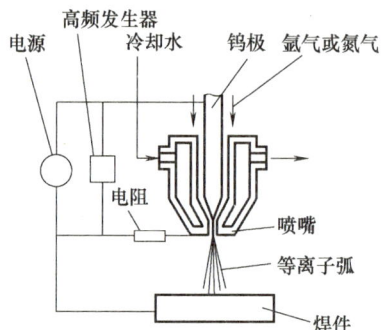

等离子弧焊接的优点是:电弧稳定性好,能量高度集中,而且容易控制,弧柱温度高(可达 $16000\sim33000K$),穿透能力强,机械冲刷力强;焊接速度高,生产率高,厚度小于 12mm 的焊件可不开坡口;焊缝深宽比大,热影响区小,变形小,焊接质量高。等离子弧焊接的缺点是:设备复杂,投资较大,需要消耗大量的氩气,焊接成本高,仅适宜在室内进行焊接,而且焊接区的可见度较差。

等离子弧焊主要用于焊接某些焊接性较差的金属材料和精细焊件等,如焊接不锈钢、耐热钢、高强度钢及难熔金属材料等。此外,还可以焊接厚度为 $0.025\sim2.5mm$ 的薄材及板材。

三、超声波焊

超声波焊是指利用超声波的高频振荡能对焊件接头进行局部加热和表面清理,然后施加压力实现焊接的一种压焊。进行超声波焊时,由于无电流流经工件,无火焰,无电弧热源的影响,所以,焊件表面无变形和热影响区,焊件表面不需严格清理,焊接质量高,焊接速度快。超声波焊可以焊接一般焊接方法难以或无法焊接的焊件和材料,如焊接铝、铜、镍等薄壁焊件,也适合于焊接异种材料(如铝与铜、铝与不锈钢、钛与不锈钢等),还可以实现金属与非金属的焊接。

超声波焊广泛应用于汽车、玩具、文具、电子、包装、电机等领域。例如,在汽车制造领域,超声波焊可焊接保险杠、前后门、灯具、刹车灯等。在包装领域,超声波焊可进行软管的封口,特殊打包带的连接等。

四、爆炸焊

爆炸焊是指利用炸药爆炸产生的冲击力造成焊件迅速碰撞,实现连接焊件的一种压焊方法。 可以说,任何具有足够强度和塑性并能承受工艺过程所要求的快速变形的金属,均可以进行爆炸焊。爆炸焊的质量较高,工艺操作比较简单,非常适合于某些工程结构件的连接,如螺纹钢的对接、钢轨的对接、导电母线的过渡对接、异种金属(钛金属与不锈钢)的连接等。

五、真空电子束焊

真空电子束焊是把焊件放置在真空中,将真空室内产生的电子束经聚焦和加速,轰击置于真空中的焊件,利用电子束的动能转化的热能进行焊接的熔焊方法。 真空电子束焊的特点是能量利用率高,电子束穿透能力强,焊接速度快;焊缝窄而深,热影响区和焊接变形很小,焊接质量很高。但真空电子束焊设备复杂,投资成本高,对焊接接头的装配质量要求高。真空电子束焊可以焊接其他焊接方法难以焊接的形状复杂的焊件,特别适合于焊接化学活泼性强、要求纯度高和极易被大气污染的金属,如铝、钛、锆、不锈钢、高强度钢等,也适合于焊接异种金属和非金属材料。

六、计算机在焊接技术中的应用

随着计算机技术的发展,计算机正逐步应用于焊接生产、工艺设计和工艺管理的各个方面,并涌现出了许多焊接新工艺,如电弧焊的自动跟踪控制工艺、焊接机器人的应用等。计算机在焊接中应用,不仅提高了焊接的机械化、自动化和智能化的程度,也提高了焊接质量、生产率和劳动安全性。

请扫描二维码,了解关于焊接
发展历史的相关内容。
文件类型:DOC
文件大小:77KB

练 习 题

一、填空题

1. 按使用的能源及焊接过程特点进行分类,焊接一般分为＿＿＿＿焊、＿＿＿＿焊和＿＿＿＿焊。

2. 焊接电弧由＿＿＿＿区、＿＿＿＿区和＿＿＿＿区三部分组成。

3. 焊接电弧产生的热量与焊接_____的平方和焊接_____的乘积成正比。

4. 电焊条由_____和_____两部分组成。

5. 按照焊条药皮熔化后形成的熔渣的酸碱度进行分类,焊条可分为_____性焊条和_____性焊条两类。

6. 生产中按焊接电流种类的不同,焊条电弧焊的电源可分为弧焊_____器和弧焊_____器两类。

7. 如果将焊件接阳极、焊条接阴极,则电弧热量大部分集中在焊件上,焊件熔化加快,可保证足够的熔深,此接法适用于焊接_____焊件,这种接法称为_____接法。

8. 焊接位置按焊缝在空间的位置进行分类,可分为_____焊位置、_____焊位置、_____焊位置和仰焊位置四种。

9. 焊接接头基本形式有_____接头、_____接头、_____接头、T形接头等。

10. 焊接接头坡口基本形式有_____形坡口、_____形坡口、X形坡口、_____形坡口、双U形坡口等。

11. 焊条电弧焊的基本操作过程主要包括_____弧、_____条、焊缝接头和焊缝收尾等。

12. 常用的焊缝收尾有_____收尾法和_____收尾法等。

13. 气焊设备及工具主要有_____气瓶、氧气减压器、乙炔气瓶、乙炔减压器、_____防止器、焊炬、橡皮管等。

14. 通过改变氧气和乙炔气体的体积比,可得到_____焰、_____焰和_____焰三种不同性质的气焊火焰。

15. 埋弧焊分为埋弧_____焊和埋弧_____焊两种。

16. 氩弧焊可分为_____极氩弧焊和_____极氩弧焊(钨极)两种。

17. 根据接头形式进行分类,电阻焊分为_____焊、_____焊、凸焊和对焊。

18. 钎焊根据钎料熔点高低进行分类,可分为_____钎焊和_____钎焊。

二、判断题

1. 焊条电弧焊是非熔化极电弧焊。 （   ）

2. 电焊钳的作用仅仅是夹持焊条。 （   ）

3. 一般情况下,焊件厚度较大时应尽量选择较大直径的焊条。 （   ）

4. 在焊接的四种空间位置中,横焊是最容易操作的。 （   ）

5. 异种钢焊接时,一般按抗拉强度等级低的钢材作为选用焊条的依据。 （   ）

6. 气焊过程中,如果发生回火现象,应先关闭氧气调节阀。 （   ）

7. 电渣焊是利用电流通过液态熔渣所产生的电阻热进行焊接的工艺方法。 （   ）

8. 钎焊时的温度都在450℃以下。 （   ）

三、简答题

1. 焊条的焊芯和药皮各有哪些作用?

2. 为了保证焊接过程连续和顺利地进行,焊条要同时完成哪三个基本运条动作?

3. 用直径15mm的低碳钢制作圆环链,少量生产和大批量生产时各采用什么焊接方法？

四、课外调研活动

1. 观察你周围的工具、器皿和零件等，分析其制作材料和性能（使用性能和工艺性能），它选用哪些焊接方法生产？

2. 观察液化石油气罐（见图 6-38）的外形，同学之间相互合作，分析液化石油气罐的焊接方法和焊接生产工艺流程。

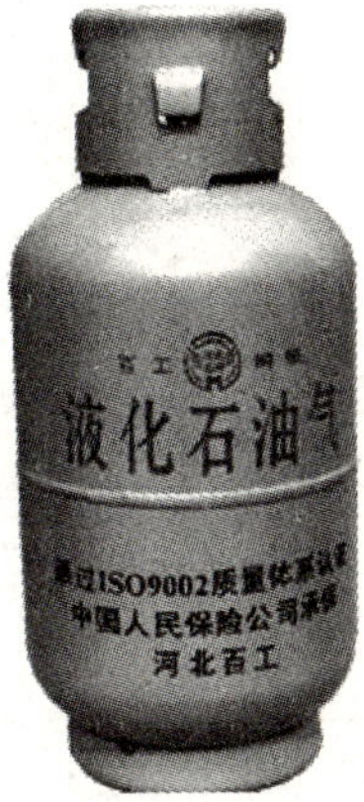

图 6-38　液化石油气罐

单元七

金属切削加工基础

📖 教学目标

第一，了解金属切削运动及其特点、切削用量三要素及其选用原则；第二，了解刀具材料、刀具几何角度的作用和常用刀具选用方法。

金属切削加工是指使用切削刀具从毛坯上切除多余的材料，以获得几何形状、尺寸精度和表面质量等都符合要求的零件的加工过程。金属切削加工在机械装备制造中占有重要地位，它是在常温状态下进行的，它包括机械加工和钳工加工两种。机械加工方法主要有车削、铣削、刨削、磨削、钻削、齿轮加工等，习惯上常说的切削加工往往是指机械加工（或冷加工）。钳工一般是由操作人员手持工具对工件进行加工，由于使用工具简单，操作灵活方便，在零件的制造、修理和装配中是不可缺少的加工方法。

模块一　金属切削运动与切削要素

一、切削运动

切削运动是指切削过程中切削刀具与工件间的相对运动，它也是直接形成工件表面轮廓的运动，如图7-1所示。切削运动包括主运动和进给运动两个基本运动。

1. 主运动

主运动是由机床或人力提供的主要运动，它促使切削刀具和工件之间产生相对运动，从而使切削刀具前面接近工件。主运动是直接切除切屑所需要的基本运动，一般主运动只有一个，它在切削运动中形成机床的切削速度，也是消耗机床功率最大的运动。机床主运动的

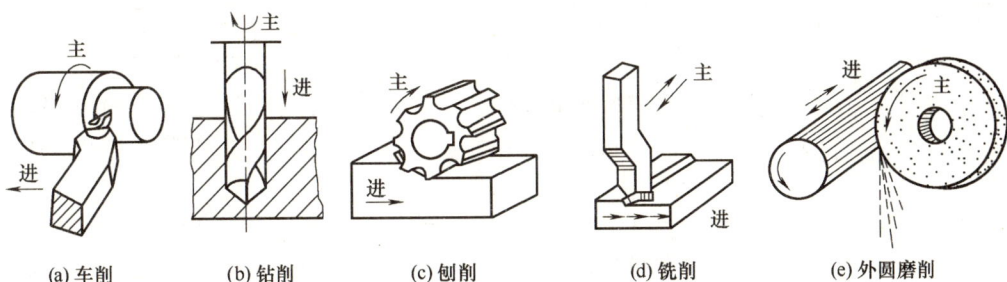

(a) 车削　　(b) 钻削　　(c) 刨削　　(d) 铣削　　(e) 外圆磨削

图 7-1　切削运动

速度可达每分钟数百米至数千米,个别情况下切削速度比较低,如刨削、插削、拉削等。

主运动可以是刀具的旋转运动(如钻削时钻头旋转,铣削时铣刀旋转等),也可以是刀具的直线运动(如刨削时刨刀的运动、插削时插刀的运动、拉削时拉刀的运动等)。同时,主运动也可以是工件的旋转运动(如车削时工件的转动)或工件的直线运动(如龙门刨床上工件的直线运动)。多数机床的主运动是旋转运动,如车削、钻削、铣削、磨削中的主运动均为旋转运动。

2. 进给运动

进给运动是由机床或人力提供的运动,它使刀具与工件之间产生附加的相对运动,加上主运动,即可不断地或连续地切屑,并获得具有所需几何特性的已加工表面。 切削过程中进给运动可能有一个(如钻削时钻头的轴向移动),也可能有若干个(如车削时车刀的纵向移动和横向移动)。

进给主要有平移的(直线)、旋转的(圆周)、连续的(曲线)及间歇的运动形式。直线进给运动又有纵向运动、横向运动和斜向运动三种。进给运动的速度一般远小于主运动速度,而且消耗机床的功率也较少。

主运动和进给运动可以由刀具、工件分别来完成,也可以是由刀具全部完成主运动和进给运动。常见机床的主运动和进给运动的特点见表 7-1。

表 7-1　机床的主运动和进给运动的特点

机床名称	主运动	进给运动	机床名称	主运动	进给运动
钻床	钻头旋转运动	钻头轴向进给	插床	插刀直线运动	工件纵向、横向间歇进给或圆周进给与分度
卧式车床	工件旋转运动	车刀纵向、横向和斜向直线运动	外圆磨床	砂轮高速旋转	工件转动,同时工件往复移动,砂轮横向进给
卧式铣床、立式铣床	铣刀旋转运动	工件纵向、横向进给,垂直进给	内圆磨床	砂轮高速旋转	工件转动,同时工件往复移动,砂轮横向进给

续表

机床名称	主运动	进给运动	机床名称	主运动	进给运动
牛头刨床	刨刀往复直线运动	工件横向间歇进给或刨刀垂直进给或斜向进给	平面磨床	砂轮高速旋转	工件往复移动，砂轮横向、垂直进给
龙门刨床	工件往复直线运动	刨刀横向、垂直、斜向间歇进给	卧式镗床	镗刀旋转运动	工件进给或镗刀进给

二、切削三要素

切削三要素是指在切削加工过程中的切削速度、进给量和背吃刀量的总称。要完成工件的切削过程，切削速度、进给量和背吃刀量三者缺一不可，而且在每次切削中，工件上会形成三个不同的表面，即加工表面、待加工表面和已加工表面。待加工表面是指工件上有待切除的表面；已加工表面是指工件上经刀具切削后产生的表面；过渡表面是指工件上由切削刃正在切削的表面，如图 7-2 所示。

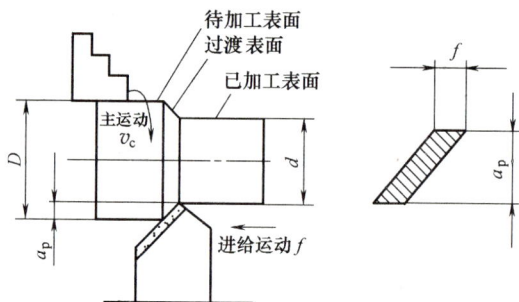

图 7-2　切削三要素和切削过程中形成的三个表面

1. 切削速度 v_c

切削速度是指在进行切削加工时，刀具切削刃上的某一点相对于待加工表面在主运动方向上的瞬时速度。切削速度的单位是 m/s。当主运动是旋转运动时，切削速度是指圆周运动的线速度，即：

$$v_c = \pi Dn/(60 \times 1000)$$

式中：D——工件或刀具在切削表面上的最大回转直径，mm；

n——主运动的转速，r/min。

当主运动为往复直线运动时，则其平均切削速度是：

$$v_c = 2L_m n_r/(60 \times 1000)$$

式中：L_m——刀具或工件往复直线运动的行程长度，mm；

n_r——主运动每分钟的往复次数，亦即行程数，str/min。

2. 进给量 f

进给量是指主运动的一个循环内(一转或一次往复行程)刀具在进给方向上相对工件的位移量。车削时,进给量 f 是工件旋转一周,车刀沿进给方向移动的距离(mm/r)。

3. 背吃刀量 a_p

背吃刀量一般是指工件已加工表面与待加工表面间的垂直距离,也称切削深度,单位为 mm。车外圆时的背吃刀量如图 7-2 所示。

$$a_p = (D-d)/2$$

式中:D——待加工表面直径,mm;

　　　d——已加工表面直径,mm。

4. 切削三要素选用原则

切削三要素是切削速度 v_c、进给量 f、背吃刀量 a_p,它们是调整机床运动的主要依据,直接影响工件的加工质量、刀具的磨损与使用寿命、机床的动力消耗及生产率。但由于切削速度 v_c、进给量 f、背吃刀量 a_p 对切削温度和刀具寿命的影响大小不同,因此,在选择切削用量时应根据工件的加工性质和切削要求,立足不同的侧重点,选择合理的切削用量三要素。具体选择原则如下。

(1) 背吃刀量 a_p 的选择。背吃刀量 a_p 应根据工件的加工余量尽量一次进给走刀就可切除工件的全部加工余量。当加工余量过大、机床功率不足、工艺系统刚性较低、刀具强度不够或断续切削的冲击振动较大时,可选择多次分步进给,逐步完成切削过程。如果毛坯件的切削表面有硬皮时,应尽量使背吃刀量 a_p 大于硬皮层的深度,以保护刀尖不受损坏。半精加工或精加工的加工余量一般都较小,可一次切除;但有时为了保证工件的加工精度和表面质量,也可分两次进给完成切削过程。在多次进给时,应尽量将第一次进给的背吃刀量 a_p 取大些,一般取总加工余量的 2/3～3/4。

(2) 进给量 f 的选择。粗加工时,工件的加工精度要求较低,进给量 f 的选择主要受切削力的限制。在保证机床主轴转矩、进给机构的强度、工件的刚度及刀具的强度和刚度等条件下,尽可能选择较大的进给量 f。但由于进给量 f 对工件的表面粗糙度 Ra 值影响很大,因此,一般在半精加工和精加工时,进给量 f 应选择较小值。实际生产中,进给量 f 是根据工件表面的粗糙度 Ra 值要求、工件材料、刀尖圆弧半径、切削速度等条件进行综合选择的。当切削速度提高,刀尖圆弧半径增大,或刀具磨有修光刃时,可以选择较大的进给量 f,以提高生产率。

(3) 切削速度 v_c 的选择。在背吃刀量 a_p 和进给量 f 选定以后,可在保证刀具合理使用寿命的条件下,确定合理的切削速度 v_c。粗加工时,背吃刀量 a_p 和进给量 f 都较大,切削速度 v_c 主要受工件加工质量和刀具使用寿命的限制。在工件强度和硬度较高,切削加工性较差时,应选择较低的切削速度 v_c。例如,与切削中碳钢相比,切削合金钢、高锰钢、不锈钢、铸铁等时,切削速度 v_c 应降低 20%～30%;切削非铁金属时,切削速度 v_c 可适当提高 1～3 倍;在断续切削或加工较大工件、细长工件及薄壁工件时,应选择较低的切削速度 v_c。另外,在选择切削速度 v_c 时,应尽量避开容易产生积屑瘤和共振的速度范围。

模块二　刀具材料、刀具角度及刀具选用

一、刀具材料

刀具是完成工件切削加工过程的基本工具。在金属切削加工过程中，不同的切削方式所使用的刀具各有不同，而且刀具的种类也很多。无论是哪种刀具，一般都是由刀柄（或称刀体、夹持部分）与刀头（或称切削部分）两部分组成。其中刀柄用于夹持刀具，刀头用于切削加工。对于刀具来说，刀具材料的优劣，对于刀具使用寿命和工件加工质量的高低有着直接影响作用。通常将刀头用焊接（如钎焊）或用机械夹固方法固定在刀柄上，以降低刀具的制造成本，因此，所说的刀具材料实际上是指刀头部分的制作材料。

1. 刀具材料应具备的基本性能

通常刀具刀柄部分的制作材料只要求其具有足够的强度和刚度，因此，普通钢材可满足其使用要求。刀具刀头部分由于切削加工过程中受到高温、高压、强烈的摩擦作用以及需要进行加工成型等，因此，刀具刀头部分的制作材料必须具有高硬度、高耐磨性、高热硬性、良好的化学稳定性、足够的强度与韧性、良好的热塑性、磨削加工性、焊接性及热处理工艺性等。

2. 常用刀具材料

目前，刀具材料主要有碳素工具钢、合金工具钢、高速钢、硬质合金及其他新型刀具材料。

（1）碳素工具钢。此类钢淬火后具有较高的硬度（60～64HRC 或 81～83HRA），价格较低。但热硬性差，当工作温度高于 250℃时，钢的硬度会显著降低，而且其所允许的切削速度（$v_c < 10\text{m/min}$）也较低。碳素工具钢主要用于制造手工用切削刀具及低速切削刀具，如手工用铰刀、丝锥、板牙等，不宜用来制造形状复杂的刀具。常用碳素工具钢有 T10 钢或 T10A 钢、T12 钢或 T12A 钢等。

（2）合金工具钢。此类钢淬火后具有较高的硬度（60～65HRC 或 81～84HRA），价格较高，热硬性温度为 300～350℃，其所允许的切削速度比碳素工具钢稍高些。合金工具钢主要用于制造形状比较复杂，要求淬火后变形小的切削刀具，如冷剪切刀、板牙、丝锥、铰刀、搓丝板、拉刀等。常用合金工具钢有 9CrSi 钢、CrWMn 钢、Cr12 钢、Cr12MoVA 钢等。

（3）高速钢。此类钢淬火后具有高硬度（63～70HRC 或 83～87HRA），价格高，热硬性温度可达 550～650℃，其所允许的切削速度比碳素工具钢高 1～2 倍。高速钢主要用于制造切削速度较高的精加工切削刀具和复杂结构的切削刀具，如车刀、铣刀、麻花钻头、丝锥、滚刀、拉刀、铰刀、齿轮刀具、宽刃精刨刀等。常用高速钢有 W18Cr4V 钢、W6Mo5Cr4V2 钢、W2Mo9Cr4V2 钢和 W12Cr4V5Co5 钢等。

请扫描二维码,了解关于高速钢
发展历史的相关内容。
文件类型:DOC
文件大小:78.5KB

（4）硬质合金。它是由作为主要组元的一种或几种难熔金属碳化物和金属粘结剂组成的烧结材料。其中难熔金属碳化物主要以碳化钨（WC）、碳化钛（TiC）、碳化钽（TaC）、碳化铌（NbC）等粉末为主要成分,金属粘结剂主要以钴（Co）粉末为主,上述材料经混合均匀后,放入压模中压制成型,最后经高温（1400～1500℃）烧结后便形成硬质合金材料。硬质合金不仅提高了切削刀具的热硬性和耐磨性,还进一步提高了切削质量和切削效率。

硬质合金硬度高（最高可达92HRA）,热硬性高,在800～1000℃时,硬度可保持60HRC以上;耐磨性好,比高速钢要高15～20倍;其所允许的切削速度为高速钢的4～10倍,刀具寿命可提高5～80倍。硬质合金具有的优良特性是由其组成成分决定的,因为组成硬质合金的主要成分WC、TiC、TaC和NbC都具有很高的硬度、耐磨性和热稳定性。但硬质合金与高速钢相比,价格高,抗弯强度低,韧性较差,线膨胀系数小,导热性差,怕振动和冲击,成型加工较难。硬质合金主要用于制造高速切削和具有高耐磨性的切削刀具（如麻花钻、车刀、铣刀等）,用于各种金属零件的半精加工和精加工等。

硬质合金一般不能用切削方法进行加工,可采用特种加工（如电火花加工、线切割等）或专门的砂轮磨削。通常硬质合金刀片采用钎焊、粘结或机械装夹方法固定在刀柄上,如图7-3所示。由于硬质合金导热性差,在磨削和焊接硬质合金时,应避免急热和急冷,否则会形成很大的热应力,甚至产生表面裂纹。

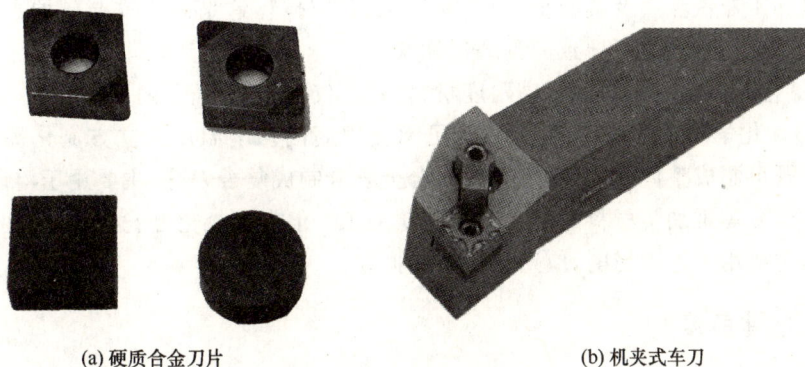

(a) 硬质合金刀片　　　　　　　　　　　　(b) 机夹式车刀

图 7-3　硬质合金刀片和机夹式车刀

硬质合金按用途范围进行分类,可分为切削工具用硬质合金,地质、矿山工具用硬质合金,耐磨零件用硬质合金。

根据 GB/T 18376.1—2008 规定,切削工具用硬质合金牌号按使用领域进行分类,可分为 P、M、K、N、S、H 六类,见表 7-2。各个类别为满足不同的使用要求,以及根据切削工具用硬质合金材料的耐磨性和韧性的不同,可分成若干个组,并用 01、10、20、… 两位数字表示组号。必要时,可在两个组号之间插入一个补充组号,用 05、15、25、… 表示。

(5)其他新型刀具材料。其他新型刀具材料主要是指陶瓷材料、立方氮化硼、人造金刚石等。

陶瓷材料的主要成分是 Al_2O_3。陶瓷刀具的特点是具有很高的硬度、耐磨性和耐热性,切屑与刀具的前刀面粘结小,但抗弯强度和冲击韧度差,主要用于制作各种刀片,加工冷硬铸铁、高硬钢、高强度钢及难加工材料的半精加工和精加工。未来,随着人们对陶瓷

表 7-2　切削工具用硬质合金的分类和使用领域

类别	使 用 领 域
P	长切屑材料的加工,如钢、铸钢、长切屑可锻铸铁等的加工
M	通用合金,不锈钢、铸钢、锰钢、可锻铸铁、合金钢、合金铸铁等的加工
K	短切屑材料的加工,如铸铁、冷硬铸铁、短切屑可锻铸铁、灰铸铁等的加工
N	非铁金属、非金属材料的加工,如铝、镁、塑料、木材等的加工
S	耐热和优质合金材料的加工,如耐热钢,含镍、钴、钛的各类合金材料的加工
H	硬切削材料的加工,如淬硬钢、冷硬铸铁等材料的加工

材料的深入研究和不断改进,陶瓷材料在机械加工方面的应用会越来越广。

人造金刚石的硬度仅次于天然金刚石,耐磨性极好。但人造金刚石的韧性和抗弯强度很低,热稳定性也很差,当切削温度达到 $700 \sim 800 ℃$ 时,就会失去高硬度,因此,人造金刚石不能在高温下进行切削。人造金刚石主要用于制造各种车刀、镗刀、铣刀等。人造金刚石刀具不仅可以加工高硬度的硬质合金、陶瓷、玻璃、合成纤维、强化塑料和硬橡胶等材料,还可以加工非铁金属及其合金,但不易加工钢铁材料,这是因为铁与碳原子的亲和力较强,容易产生粘接现象而导致刀具磨损加快。

立方氮化硼也是人工合成的高硬度材料,硬度仅次于金刚石,耐磨性很好,耐热性(可达 1200℃)和化学稳定性都高于金刚石,可承受很高的切削温度。立方氮化硼的切削加工性能好,既可制成整体刀片,也可与硬质合金复合制成复合刀片,主要用于淬硬钢、耐磨铸铁、高温合金等难加工材料的半精加工和精加工。但立方氮化硼脆性高,使用时要求机床刚性好,主要用于连续切削,应避免冲击和振动。

二、刀具角度

切削加工中使用的刀具种类繁多,尺寸大小和几何形状的差别也较大,但各种刀具的几何角度却有共同之处,都可看作是车刀的组合和演变。对刀具来说,刀具角度是确定刀头几何形状和切削性能的重要参数。

1. 车刀的组成

以外圆车刀为例,从图 7-4 中可以看出车刀切削部分由三个刀面、两个切削刃和一个

刀尖组成。

前面(或前刀面)是切屑流过的表面,用符号 A_γ 表示。前面可以是平面,也可以是曲面,目的是使切屑顺利流出。

后面(或后刀面)是与工件上切削中产生的过渡表面相对的表面,用符号 A_α 表示。它倾斜一定角度以减小与工件的摩擦。

副后面是刀具上同前面相交形成副切削刃的后面,用符号 A_α' 表示。它倾斜一定角度以免擦伤已加工表面。

主切削刃是前面与主后面的交线,用符号 S 表示。它担负主要的切削任务。

图 7-4　外圆车刀组成示意图

副切削刃是前面与副后面的交线,用符号 S' 表示。它是刀具主切削刃以外的刀刃,仅担负少量切削任务。

刀尖是主切削刃与副切削刃的连接处相当少的一部分切削刃。刀尖并非绝对尖锐,一般呈圆弧状,以保证刀尖有足够的强度和耐磨性。

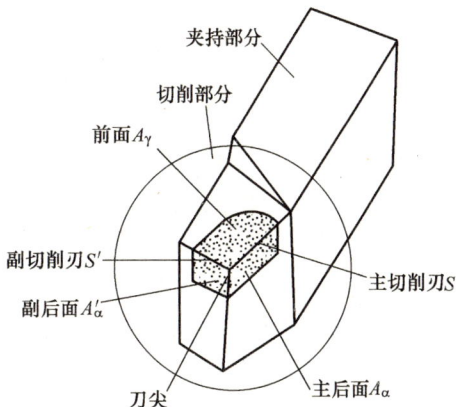

2. 基本平面和测量平面

为了确定车刀各刀面及切削刃的空间位置,必须选定一些基本平面和测量平面作为基准。基本平面包括基面(P_r)和切削平面(P_s),两者相互垂直;测量平面包括正交平面(P_o)、法平面(P_n)、假定工作平面(P_f)和背平面(P_p)。

基面是过切削刃选定点的平面,它平行(或垂直)于刀具在制造、刃磨及测量时适合于安装或定位的一个平面(或轴线),用符号 P_r 表示。

切削平面是通过切削刃选定点与切削刃相切并垂直于基面的平面,用符号 P_s 表示。

正交平面是通过切削刃选定点并同时垂直于基面和切削平面的平面,用符号 P_o 表示。

法平面是通过切削刃选定点并垂直于切削刃的平面,用符号 P_n 表示。

假定工作平面是通过切削刃选定点并垂直于基面,它平行或垂直于刀具在制造刃磨及测量时适合安装或定位的一个平面或轴线,用符号 P_f 表示。一般情况下假定工作平面平行于假定的进给运动方向。

背平面是通过切削刃选定点并垂直基面和假定工作平面的平面,用符号 P_p 表示。

由基本平面和测量平面可以组成不同的静止参考系。常用的参考系是正交平面参考系,它由基面(P_r)、切削平面(P_s)和正交平面组成(P_o),它们三者之间是相互垂直的,如图 7-5(a)所示;法平面参考系由基面(P_r)、切削平面(P_s)和法平面(P_n)组成,如图 7-5(b)所示;假定工作平面和背平面参考系由基面(P_r)、假定工作平面(P_f)和背平面(P_p)组成,如图 7-5(c)所示。

3. 车刀切削部分的主要角度

外圆车刀切削部分一般有 5 个基本角度,即前角 γ_0、后角 α_0、主偏角 κ_r、副偏角 κ_0'、刃

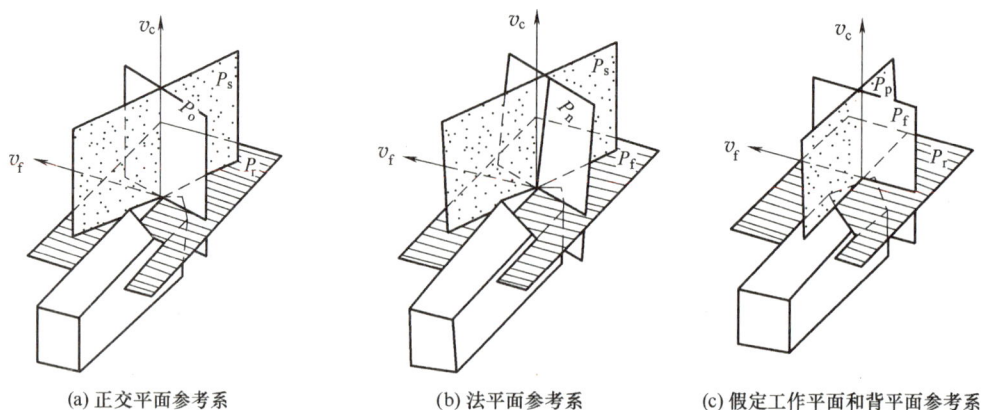

(a) 正交平面参考系　　　　　(b) 法平面参考系　　　　　(c) 假定工作平面和背平面参考系

图 7-5　车刀静止参考系

倾角 λ_s，如图 7-6 所示。

（1）前角 γ_0。它是在正交平面中测量的由前面与基面构成的夹角。前角表示前面的倾斜程度，并有正、负和零之分，如图 7-7 所示。增大前角，刀具锋利，切屑容易流出，而且切削省力，但前角太大，则刀具强度降低。硬质合金车刀的前角一般是 $-5°\sim +40°$。当工件材料硬度较低、塑性较好或精加工时，前角可取较大值；反之，则前角取较小值。

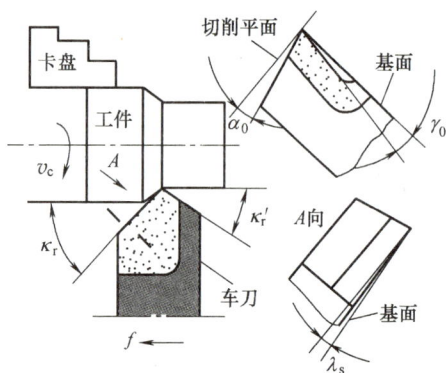

图 7-6　外圆车刀的 5 个基本角度

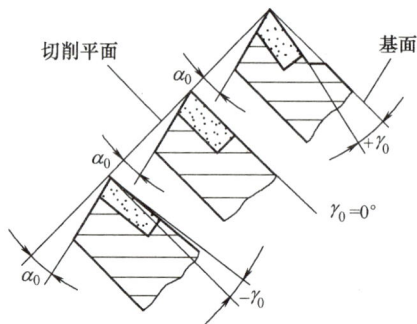

图 7-7　外圆车刀前角的正与负

（2）后角 α_0。它是在正交平面中测量的后面与切削平面构成的夹角。后角表示后面的倾斜程度，后角增大，可减小切削刀具的后面与工件之间的摩擦。但后角太大，则刀具强度降低。粗加工时，后角一般取 $\alpha_0 = 5°\sim 8°$；精加工时，后角一般取 $\alpha_0 = 8°\sim 12°$。

（3）主偏角 κ_r。它是在基面中测量，由主切削刃在基面上的投影与进给方向之间形成的夹角。它表示主切削刃在基面上的方位。增大主偏角会使轴向切削力加大，径向切削力减小，有利于加工细长轴类零件，也有利于消除振动，但刀具散热条件较差，磨损也会加大。车刀常用的主偏角 κ_r 有 $45°、60°、75°、90°$ 四种规格。粗加工时应选较小的主偏角；精加工时应取较大的主偏角。

（4）副偏角 κ_0'。它是在基面中测量，副切削刃在基面上的投影与进给反方向之间形成的夹角。它表示副切削刃在基面上的方位。副偏角 κ_0' 的大小对工件的表面粗糙度 Ra 值有直接影响。增大副偏角可减小副切削刃与工件已加工表面之间的摩擦,改善散热条件,但工件的表面粗糙度 Ra 值增大。副偏角一般为 $\kappa_0 = 5° \sim 15°$,粗加工时可取较大值,精加工时可取较小值。

(5)刃倾角 λ_s。它是在切削平面内测量,由主切削刃与基面之间构成的夹角。规定主切削刃上刀尖为最低时,λ_s 为负值;主切削刃与基面平行时,$\lambda_s = 0$;主切削刃上刀尖为最高点时,λ_s 为正值。刃倾角一般为 $\lambda_s = -5° \sim 10°$,粗加工时可取负值,精加工时可取正值。

刃倾角的主要作用是控制切屑流出的方向,如图 7-8 所示。

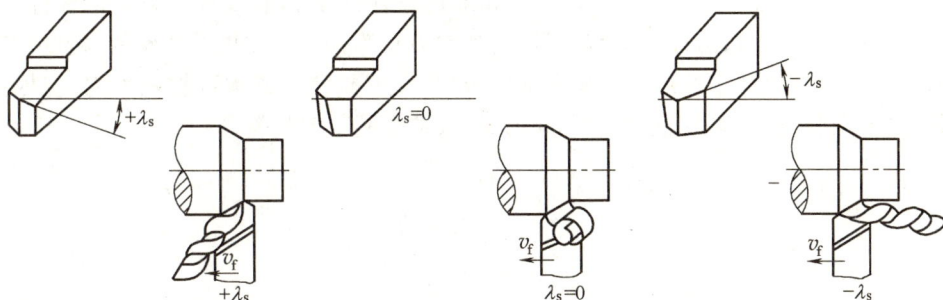

图 7-8　刃倾角的正与负及其作用

三、刀具选择

刀具种类很多,而且各种刀具的用途也不相同,因此,选择刀具时,需要根据零件的形状与尺寸、零件的制作材料、加工零件的使用设备与夹具、零件的加工性质(如车削、铣削、刨削等)、零件的加工精度(如粗加工、半精加工、精加工)、零件的加工成本等因素进行综合分析后确定。具体选择刀具的方法如下。

(1)根据零件的形状与尺寸选择刀具。如果零件是轴类、法兰盘类、销套类等回转体零件,则这些零件一般需要进行车削、磨削等加工,因此,加工此类零件时可以选择车刀、镗刀、砂轮等刀具;如果是普通螺纹连接类零件,则这类零件一般仅需要进行车削加工,因此,加工此类零件时可以选择外圆车刀、镗孔车刀和螺纹车刀等刀具;如果是丝杠类螺纹零件,则这类零件一般需要进行车削、铣削和磨削加工,因此,加工此类零件时可以选择外圆车刀、螺纹铣刀和砂轮等刀具;如果是平面类零件,则这类零件一般需要进行刨削、铣削和磨削加工,因此,加工此类零件时可以选择刨刀、铣刀和砂轮等刀具;如果是箱体类零件,则这类零件一般需要进行刨削、铣削、镗孔和磨削加工,因此,加工此类零件时可以选择刨刀、铣刀、镗刀和砂轮等刀具。

(2)根据零件的制作材料选择刀具。如果零件的制作材料比较硬,一般选择硬质合金刀具、陶瓷刀具、立方氮化硼刀具等;相反,如果零件的制作材料比较软,则可以选择高速钢刀具、硬质合金刀具、人造金刚石刀具等。

(3)根据加工零件的使用设备与夹具选择刀具。例如,如果零件在普通车床上进行切断或切槽,则需要选择切断刀和切槽刀;如果零件在卧式铣床上进行切断或切槽,则需要选择三面刃铣刀和锯片铣刀;如果在组合机床上使用钻模对大批量零件进行钻孔,则需要采用多轴钻。

(4)根据零件的加工性质选择刀具。生产一件合格的零件一般需要经历多个工序加工后才能逐步完成。例如,带有键槽的圆轴类零件需要经过车削工序、铣削工序、磨削工序等,因此,此类零件加工到某一工序时,就需要根据实际设备情况选择相应的刀具。

(5)根据零件的加工精度选择刀具。当零件位于粗加工阶段时,一般选择韧性比较好的高速钢刀具;当零件位于半精加工和精加工阶段时,一般选择耐磨性和热硬性比较好的硬质合金刀具、陶瓷刀具、立方氮化硼刀具、人造金刚石刀具等。

(6)根据零件的加工成本选择刀具。如果是普通的、精度较低和不复杂的零件,为了降低刀具使用成本可以选择合金钢刀具、高速钢刀具等;相反,如果是特殊的、精度较高和复杂的零件,为了保证零件加工质量和加工效率,在刀具使用成本可控范围内,应尽量选择硬质合金刀具、陶瓷刀具、立方氮化硼刀具、人造金刚石刀具等。

练 习 题

一、填空题

1. 切削运动包括_____运动和_____运动两个基本运动。

2. 切削三要素是指在切削加工过程中的_____、_____和_____的总称。

3. 刀具材料主要有_____工具钢、_____工具钢、_____钢、硬质合金及其他新型刀具材料。

4. 硬质合金按用途范围进行分类,可分为_____用硬质合金,地质、矿山工具用硬质合金,_____用硬质合金。

5. 切削工具用硬质合金牌号按使用领域进行分类,可分为_____、_____、_____、N、S、H 六类。

6. 以外圆车刀为例,其切削部分由_____个刀面、_____个切削刃和_____个刀尖组成。

7. 外圆车刀切削部分一般有 5 个基本角度,即_____角 γ_0、_____角 α_0、_____角 κ_r、_____角 κ_0'、_____角 λ_s。

8. 如果零件是轴类、法兰盘类、销套类等回转体零件,则这些零件一般需要进行_____削、磨削等加工,因此,加工此类零件时,可以选择_____刀、镗刀、_____等刀具。

二、判断题

1. 主运动和进给运动可以由刀具、工件分别来完成,也可以由刀具全部完成主运动和进给运动。 ( )

2. 增大前角 γ_0,刀具锋利,切屑容易流出,切削省力,但前角太大,则刀具强度降低。 ( )

3. 增大副偏角 κ_0' 可减小副切削刃与工件已加工表面之间的摩擦,改善散热条件,但工件表面粗糙度值 Ra 增大。　　　　　　　　　　　　　　　　　　　　　( )

4. 硬质合金允许的切削速度比高速钢低。　　　　　　　　　　　　　　( )

5. 当零件位于粗加工阶段时,一般选择韧性比较好的高速钢刀具。　　( )

三、简答题

1. 刀具材料应具备哪些基本性能?

2. 硬质合金的性能特点有哪些?

四、课外调研活动

1. 观察你周围的工具和零件,分析其制作材料和性能(使用性能和工艺性能),它可选用哪些刀具进行加工?

2. 观察各种刀具的特点,同学之间相互交流与探讨,分析它们之间的演变关系。

单元八

金属切削机床及其应用

第一,了解金属切削机床的分类及型号编制方法;第二,了解各类车床的种类、基本组成、应用范围及加工特点;第三,了解常用特种加工设备、加工方法及加工特点;第四,了解先进加工技术;第五,了解零件生产过程基础知识和表面加工方法。

对于现代机械设备来说,其大部分机械零件是通过切削加工方法获得所需尺寸精度和表面质量的。因此,熟悉金属切削机床及其加工方法,对于从事金属加工工作的各类人员来说是非常重要的。

模块一　金属切削机床的分类及型号

金属切削机床,简称机床,是用切削、磨削或特种加工方法加工各种金属工件,使之获得所要求的几何形状、尺寸精度和表面质量的机床。金属切削机床是使用最广泛、数量最多的机床类别,它是现代机械装备的主要加工设备。

一、金属切削机床的分类

机床的分类方式有多种。目前,我国金属切削机床的分类方法主要是按加工方式、加工对象、切削刀具及机床的用途进行分类的,共分为 11 大类(见表 8-1),即车床、钻床、镗床、磨床、齿轮加工机床、螺纹加工机床、铣床、刨插床、拉床、切割机床及其他机床。其中最基本的 5 种金属切削机床是车床、铣床、钻床、刨床和磨床。同一类金属切削机床中,按加工精度不同,可分为普通机床(万能机床)、精密机床和高精度机床三个等级;按机床使用范围不同,可细分为通用机床、专门化机床和专用机床;按机床自动化程度高低分类,可分为手动机床、机动机床、半自动机床、自动化机床及数控机床;按机床的尺寸和质量大小分类,可分为仪表机床、中型机床(一般机床)、大型机床(质量大于 10t)、重型机床(质量大于 30t)和超重型机床(质量大于 100t)等。

表 8-1　各类机床的用途

机床类别	用途	机床类别	用途
车床	用于加工回转体零件	铣床	用于加工平面和成型面
钻床	用于粗加工孔	刨插床	用于加工平面和沟槽
镗床	用于加工尺寸较大的孔和非标准孔	拉床	用于高效率加工零件的平面和孔等
磨床	用于零件表面精加工	切割机床	用于下料和切割加工
齿轮加工机床	专门用于加工齿轮	其他机床	
螺纹加工机床	专门用于加工螺纹		

二、金属切削机床型号的编制方法

金属切削机床的型号用来表示机床的类别、特性代号、组别代号、型别代号、主要性能参数代号、机床重大改进序号等。金属切削机床的型号由大写汉语拼音字母和阿拉伯数字组成。

1. 金属切削机床的类别代号

金属切削机床型号中的第一个字母表示机床的类别,机床的类别代号按机床名称的汉语拼音的第一个大写字母表示,见表 8-2。例如,用"C"表示"车床",读作"车";用"Z"表示"钻床",读作"钻"。

表 8-2　机床的类别和类别代号

类别	车床	钻床	镗床	磨床			齿轮加工机床	螺纹加工机床	铣床	刨插床	拉床	切割机床	其他机床
代号	C	Z	T	M	2M	3M	Y	S	X	B	L	G	Q
读音	车	钻	镗	磨	二磨	三磨	牙	丝	铣	刨	拉	割	其

2. 金属切削机床的特性代号

金属切削机床的特性代号包括通用特性和结构特性,也用汉语拼音字母表示。

(1) 通用特性代号。当某类机床,除有普通形式外,还有表 8-3 中所列的各种通用特性时,则应在类别代号之后加上相应的通用特性代号,如 CM6132 型号中的"M"表示"精密"之意,是指精密普通车床。如果某类机床仅有某种通用特性,而无普通形式,则通用特性可不予表达,如 C1312 型号表示"单轴六角自动车床",由于此类机床中没有普通型,故可不表示"Z(自动)"的通用特性。一般在一个型号中只表示最主要的一个通用特性,通用特性在各类机床中代表的含义是一样的。

表 8-3　机床的通用特性代号

通用特性	高精度	精密	自动	半自动	数控	加工中心自动换刀	仿形	轻型	加重型	简式或经济型	柔性加工单元	数显	高速	万能
代号	G	M	Z	B	K	H	F	Q	C	J	R	X	S	W
读音	高	密	自	半	控	换	仿	轻	重	简	柔	显	速	万

（2）结构特性代号。结构特性代号是为了区别主参数相同而结构不同的机床而设置的代号，如 CA6140 和 C6140 是结构有区别而主参数相同的普通车床。结构特性代号在型号中用汉语拼音字母区分，这些字母是根据各类机床的情况分别规定的，在不同机床型号中其含义可以不一样。当机床有通用特性代号，也有结构特性代号时，结构特性代号应排在通用特性代号之后，凡通用特性代号已用的字母及字母"I""O"不可作为结构特性代号使用。

3. 金属切削机床的组、系代号

每类机床按其用途、性能、结构相近或有派生关系，分为若干组（如车床分为 10 组，用阿拉伯数字"0～9"表示），每个组又分为若干个系。组别和系代号的数字写在机床型号中，跟在机床类别代号字母或特性代号字母之后，第一位数字表示机床的组别，第二位数字表示机床的系代号。例如，CM6132 中的"6"表示落地及卧式车床组，"1"表示卧式车床系。常见机床的组与系代号、主参数及折算系数值见表 8-4。

表 8-4　常见机床的组与系代号、主参数及折算系数值

机床类别	组别代号	系代号	机床名称	主参数	折算系数	第二主参数
车床	1	1	单轴纵切自动车床	最大棒料直径	1	
	3	1	转塔车床	最大车削直径	1/10	
	5	2	双柱立式车床	最大车削直径	1/100	最大工件高度
	6	0	落地车床	最大工件回转直径	1/100	最大工件长度
		1	卧式车床	床身上最大工件回转直径	1/10	最大车削长度
钻床	2	1	深孔钻床	最大钻孔深度	1/100	
	3	0	摇臂钻床	最大钻孔直径	1/1	最大跨距
	5	1	立式钻床	最大钻孔直径	1/1	轴数
镗床	6	1	卧式镗床	主轴直径	1/10	
	5	1	立式金刚镗床	最大镗孔直径	1/10	
	4	1	坐标镗床	工作台面宽度	1/10	工作台面长度
铣床	1	0	单臂铣床	工作台面宽度	1/100	工作台面长度
	5	0	立式升降台铣床	工作台面宽度	1/10	工作台面长度

续表

机床类别	组别代号	系代号	机 床 名 称	主 参 数	折算系数	第二主参数
铣床	6	1	万能卧式升降台铣床	工作台面宽度	1/10	工作台面长度
	4	3	平面仿形铣床	最大铣削宽度	1/10	最大铣削长度或高度
刨床	2	0	龙门刨床	最大刨削宽度	1/100	最大刨削长度
	6	0	牛头刨床	最大刨削长度	1/10	
磨床	1	3	外圆磨床	最大磨削直径	1/10	最大磨削长度
	7	1	矩台平面磨床	工作台面宽度	1/10	工作台面长度
	2	0	无心内圆磨床	最大磨削直径	1/1	
螺纹加工机床	7	3	螺纹磨床	最大工件直径	1/10	最大工件或磨削长度
	8	6	丝杆车床	最大工件直径	1/100	

4. 金属切削机床的主参数

金属切削机床的主参数表示机床规格的大小和工作能力。主参数在机床型号中采用折算值(以 1/10 或 1/100 的整数值)表示,它位于机床系代号之后。例如,卧式车床的主参数是工件的最大回转直径,其直径(单位 mm)数除 10,即为车床的主参数值。有时金属切削机床的型号中除主参数外还需表明第二主参数(亦用折算值),第二主参数一般指主轴数、最大跨距、最大磨削长度、最大工件长度、工作台工作面长度及最大模数等。

(1)主轴数的代号。多轴机床的主轴数目,要以阿拉伯数字表示在型号后面,并用"×"分开,读作"乘"。例如,C2140×6 是加工最大棒料直径是 40mm(主参数不折算)的卧式六轴自动车床的型号表示方法。

(2)最大跨距、最大磨削长度、最大工件长度、工作台工作面长度及最大模数等数值的代号。上述数值经过折算后,将其表示在机床型号末段端,并以"×"号分开,读作"乘"。凡属于长度(包括跨距、行程)的采用 1/100 的折算系数;凡属于直径、深度、宽度的采用 1/10 的折算系数;凡属于最大模数、厚度的采用实际数值列入机床型号中。

5. 金属切削机床的重大改进序号

规格相同的机床,经改进设计,其性能和结构有了重大改进后,按改进设计的次序,应在原机床型号后面分别用汉语拼音字母"A、B、C、…"表示是第几次改进的序号,并写在机床型号的末尾。例如,Y7132A 和 Z3040A 都表明是第一次重大改进;CQ6140B 表示工件最大回转直径为 400mm 的经第二次重大改进的轻型卧式车床。

请扫描二维码,了解关于金属切削机床
发展历史的相关内容。
文件类型:DOC
文件大小:56KB

模块二　钻床及其应用

钻床是孔加工机床,通常用来加工直径小于 100mm 的孔,直径更大的孔则在车床、镗床和铣床上进行加工。钻孔(或钻削)是指用钻头(如麻花钻头、扩孔钻、铰刀、丝锥等)在工件上加工孔的方法。钻孔主要在钻床上进行,钻孔过程中,钻头(或主轴)高速旋转是主运动,钻头(或主轴)轴向移动是进给运动。钻削时,一般是钻头轴向进给,工件固定不动。

一、钻床的分类

钻床种类很多,主要有台式钻床(见图 8-1)、立式钻床(见图 8-2)和摇臂钻床(图 8-3)等。

图 8-1　台式钻床

图 8-2　立式钻床

二、钻床的组成和应用范围

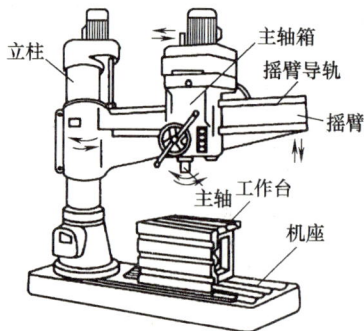

图 8-3　摇臂钻床

1. 台式钻床的组成和应用范围

台式钻床主要由电动机、主轴架、主轴、立柱、转盘、工作台和机座等组成。加工时,钻头(或主轴)进给是手动的,由主轴带动钻头一边旋转,一边向下进给进行钻削。工件也是依靠手动方式移动,以便钻头对准孔中心。台式钻床功率小,适用于单件和小批生产,主要用于加工小型零件上的小孔(孔径小于 13mm)。

2. 立式钻床的组成和应用范围

立式钻床主要由电动机、主轴、主轴变速箱、进给箱、立柱、工作台和机座等组成。通过主轴变速箱可以将电动机的旋转运动传给主轴,使主轴获得所需的转速。主轴在前后和左右的位置是固定的,不能进行调整,但可以沿立柱上的垂直导轨上下移动,以调整钻头与工件的相对位置。加工时,主轴带动钻头一边旋转,一边向下进给进行钻削。钻削每一个孔时,都必须先调整工件在工作台上的位置,使孔的轴线与主轴轴线一致。加工完一个孔后,需要再次移动工件,使工件上的另一个孔对准主轴轴线。显然,立式钻床刚性好、功率大,适用于单件和小批生产,主要用于加工孔径小于 50mm 的中小型工件上的孔。

3. 摇臂钻床的组成和应用范围

立式钻床主要由电动机、主轴、主轴变速箱、进给箱、立柱、工作台和机座等组成。摇臂钻床有一个能绕立柱旋转的摇臂,其上装有主轴箱,主轴箱可沿摇臂导轨作水平运动,调整其径向位置;摇臂又可绕立柱转动和沿着立柱上下移动。因此,使用摇臂钻床钻孔时,钻头(主轴)的位置可以很方便地任意调整,而不必移动工件(钻孔时工件装夹在工作台上),因此,摇臂钻床操作灵活。摇臂钻床适合于加工大中型工件上孔径小于 80mm 的孔,如图 8-4 所示。

图 8-4　带孔零件

三、钻削刀具及工具

1. 钻头结构与几何角度

在钻床上用于钻孔的刀具称为钻头,俗称麻花钻,如图 8-5 所示。钻头的结构一般由柄部、颈部、导向部分和切削部分组成。柄部是钻头的夹持部分,它分为直柄和锥柄两种类型。其中直柄传递的扭矩较小,一般用于直径 1~13mm 的钻头;锥柄传递的扭矩较大,一般用于直径 13~80mm 的钻头。颈部位于导向部分和柄部之间,在制造钻头的磨削阶段可起到退刀槽的作用,并用于打刻钻头型号标记。导向部分在切削过程中发挥引导作用。切削部分担负主要的切削工作。导向部分和切削部分统称为工作部分。

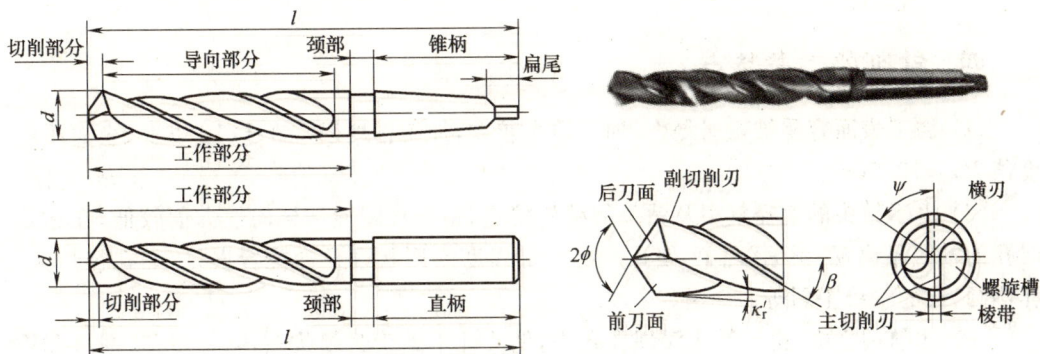

图 8-5　麻花钻

钻头的切削部分由两个刀瓣组成,每一个刀瓣相当于一把车刀。钻头有两条对称的主切削刃,两个主切削刃中间由横刃连接。钻头的主要几何角度有顶角(2ϕ)、横刃斜角(Ψ)、螺旋角(β)、前角和后角等。使用时仅刃磨后面,通过控制顶角(2ϕ)和横刃斜角(Ψ)便可获得其他相应的角度。标准钻头的顶角 $2\phi=118°\pm2°$,横刃斜角 $\Psi=50°\sim55°$。横刃的存在可使钻削时横向力增大;两条螺旋槽的作用是形成切削刃并向孔外排出切屑;两条刃带(棱带)的作用是减小钻头与孔壁的摩擦并导向。

钻头通常采用高速钢制造。小直径钻头通常是整体均采用高速钢制造,大直径钻头通常是工作部分采用高速钢制造,柄部采用 45 号钢制造。有时钻头也采用硬质合金焊接或采用可转位硬质合金刀片制造切削部分。

2. 钻削常用工具

钻削常用的工具有钻夹头(见图 8-6)、过渡套筒(见图 8-7)、机床用平口虎钳、手虎钳、螺栓压板、V 形架、钻模板与钻套、样冲等工具,如图 8-8 所示。钻夹头适用于装夹直柄钻头;过渡套筒适用于装夹锥柄钻头;机床用平口虎钳和手虎钳用于夹持小型工件;螺栓压板用于夹持较大的工件;V 形架用于圆形工件的定位;钻模板与钻套用于引导钻头;样冲用于冲出孔的中心,以便钻削时找正孔的中心线位置。

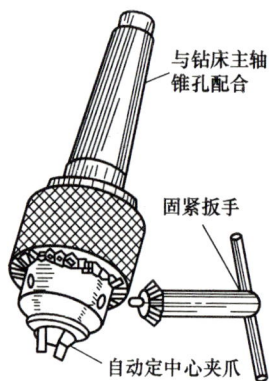

图 8-6 钻夹头

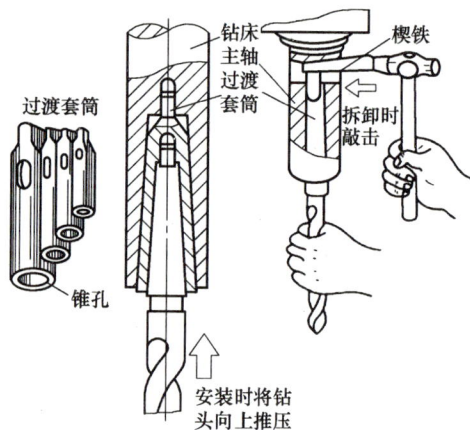

图 8-7 过渡套筒

四、钻削的工艺特点

(1) 加工表面容易被切屑划伤,加工质量较差,加工精度通常在 IT10 以上,表面粗糙度值 $Ra\geq12.5\mu m$。

(2) 由于钻头的直径较小及钻头的结构特点,钻头在刚性和导向性方面较低,在钻孔时孔的轴线易出现"引偏"现象,使孔产生一定程度的形状误差和位置误差,如孔径扩大、孔不圆、孔的轴线歪斜等。

(3) 钻削过程中,由于钻头深埋在孔中,钻头几乎处于封闭状态,钻头冷却、润滑和排屑比较困难,而且钻头吸热较多,因此,容易引起钻头磨损。

(4) 受钻头直径等多种因素限制,钻孔直径通常不超过 100mm。

钻孔属于孔的粗加工阶段。为了获得精度较高的孔,钻孔后还可进一步进行扩孔、铰

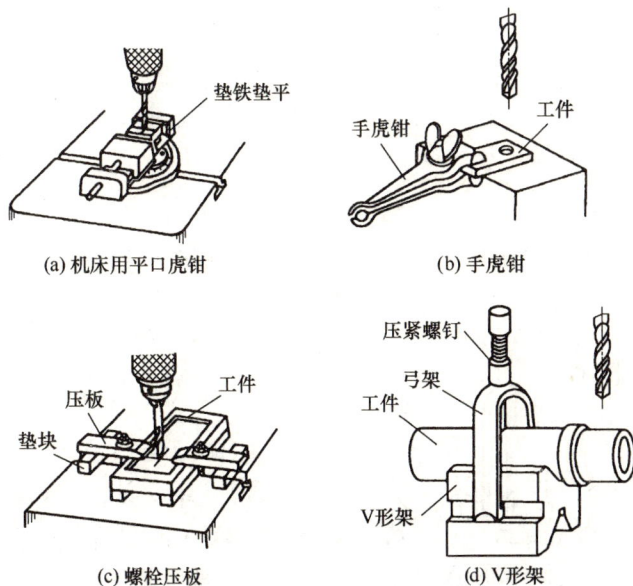

图 8-8 钻孔时工件的安装方式

孔及磨孔等加工。扩孔是指钻孔后使用扩孔钻进一步加大孔径的过程。扩孔的工作条件比钻孔好,其加工质量也较高,属于孔的半精加工阶段,扩孔的经济精度是 IT10~IT9,$Ra=3.2~6.3\mu m$。如果需要进一步提高孔的精度,可用铰刀进行铰孔加工,铰孔属于孔的精加工阶段,铰孔的经济精度是 IT8~IT7,$Ra=0.8~3.2\mu m$。钻孔、扩孔、铰孔及磨孔合理组合,是加工各种精度要求的中、小孔的典型工艺。

五、钻削安全文明操作规程

(1) 操作前要穿紧身防护服,袖口扣紧或衣袖卷起,上衣下摆不能敞开;严禁戴手套,严禁用手清除切屑,清除铁屑时要用刷子,禁止用嘴吹;不得在开动的钻床旁脱换衣服,以防被机器绞伤。

(2) 必须戴好安全帽,辫子应放入帽内,不得穿裙子、拖鞋进入工作场地。

(3) 开动钻床前应检查钻床传动系统、工具、电气、安全防护装置等是否正常。

(4) 摇臂钻床在校对夹具或校正工件时,摇臂必须移离工件和升高,并固定好,以免摇臂回转伤人。

(5) 钻床床面上不要放置其他物品;换钻头、夹具及装卸工件时须停车进行操作;带有毛刺和不清洁的锥柄,不允许装入主轴锥孔,装卸钻头要用楔铁,严禁用手锤敲打。

(6) 钻削小工件时,要用机床用平口虎钳,夹紧工件后再进行钻削。严禁用手去制动转动着的钻头。

(7) 薄板、大型或长形的工件竖着钻孔时,必须压牢,严禁用手扶着工件进行钻削加工,在工件上钻削通孔时应减压慢速,以防损伤工作平台。

(8) 在钻床及摇臂转动范围内,不准堆放物品,并保持工作场地清洁卫生。

（9）工作完毕后，应切断电源，卸下钻头，同时清理工具，做好钻床保养工作。

模块三　车床及其应用

车床是用车刀对旋转的工件进行车削加工的机床，它是车削加工的主要设备，也是机械制造企业和修配企业中使用最广的机床。车削是在车床上利用工件的旋转运动和刀具的移动来改变毛坯的形状和尺寸，并将毛坯加工成回转体零件的一种切削加工方法。车削时工件旋转是主运动，车刀的纵向移动、横向移动和斜向移动为进给运动。车床、车刀以及车床附件是车削加工的主要条件。

一、车床分类

车床种类繁多，按结构、性能和工艺特点分类，车床可分为卧式车床、立式车床、转塔车床、单轴自动车床、多轴自动与半自动车床、仿形车床、多刀车床、各种专门化车床（如曲轴车床、车轮车床等）以及数控车床等。其中最常用的车床是卧式车床，卧式车床加工尺寸公差等级可达 IT8～IT7，表面粗糙度 Ra 值可达 $1.6\mu m$。

二、卧式车床组成

卧式车床主要由左右床脚、床身、主轴箱、交换齿轮箱、进给箱、光杠、丝杠、溜板箱、刀架和尾座等部分构成，如图 8-9 所示。

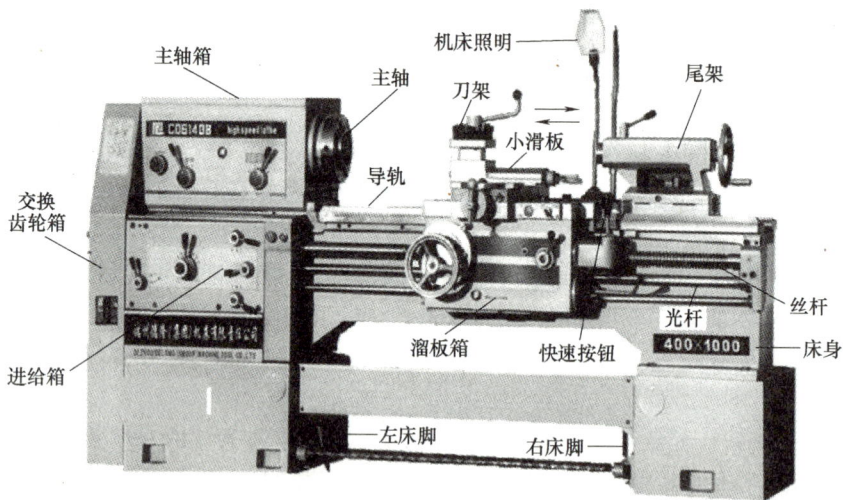

图 8-9　卧式车床组成示意图

如图 8-10 所示是卧式车床传动系统路线图，它主要由主运动传动系统和进给运动传动系统两部分组成。

（1）左右床脚。它们的主要作用是用来安装机床、支承床身及安放电气设备等。整部车床安装在床腿上，并利用地脚螺栓牢固地固定在混凝土基础上。绝大多数车床的电

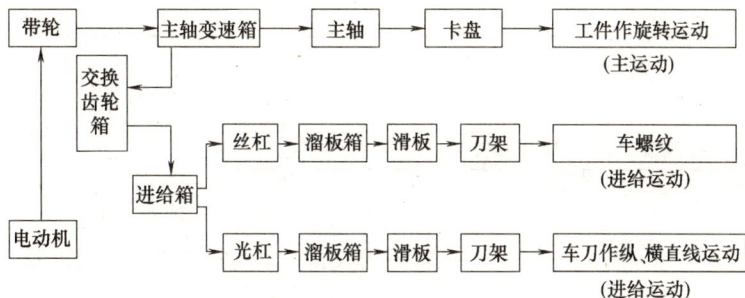

图 8-10　卧式车床传动系统路线图

动机及关开等电器装置均安装在床腿内的空腔中。

(2) 床身。它是车床的基础零件,其作用是用来支承和连接其他部件。车床上所有的部件均利用床身来获得准确的相对位置和相互间的位移,刀架和尾座可沿床身上的导轨移动。

(3) 主轴箱(又称床头箱、变速箱)。主轴箱的作用是支承主轴并将电动机传来的旋转运动经过交换齿轮箱(或变速机构)使主轴得到需要的转速。同时主轴箱分出一部分动力,将运动传给进给箱。主轴箱中的主轴是车床的关键零件,主轴的前端可以安装卡盘、顶针、拨盘、花盘等夹具,以装夹工件并带动工件一同旋转。主轴箱固定在床身的左端,箱内装有主轴部件和主运动变速机构。主轴右端有外螺纹用以安装卡盘等附件,主轴内表面是莫氏锥孔,可安装顶尖,用以支持细长轴类零件。变速机构安装在主轴箱内,由电动机通过带传动,经主轴箱齿轮变速后,带动齿轮主轴转动。

(4) 交换齿轮箱。它有两个作用:第一,将主轴的运动传给进给箱;第二,通过挂轮并配合进给箱,加工公制、英制螺纹等。

(5) 进给箱。它安装在床身的左前侧,是改变车刀进给量、传递进给运动的变速机构。进给箱中装有进给运动的变速机构,调整(改变进给箱外面手柄的位置)变速机构,可得到需要的进给量(或螺距),并通过光杠或丝杠将运动传至刀架以进行切削。

(6) 丝杠与光杠。它们是用以连接进给箱与溜板箱,并把进给箱的运动和动力传给溜板箱,使溜板箱获得纵向直线进给运动。丝杠是专门用来车削各种螺纹而设置的,它将进给箱的运动传给溜板箱。在进行工件的表面(除了螺纹表面)车削时,仅用光杠,不用丝杠。

(7) 溜板箱。它是纵向进给运动和横向进给运动的分配机构。溜板箱内装有可将光杠和丝杠的旋转运动变成刀架直线运动的机构,可通过光杠的传动实现刀架的纵向进给运动、横向进给运动和快速移动,通过丝杠带动刀架可作纵向直线运动,以便车削螺纹。溜板箱上装有各种操纵手柄及按钮,可以很方便地选择纵、横机动进给运动的接通、断开及变向。溜板箱内设有连锁装置,可以避免光杠和丝杠同时转动。

(8) 刀架。它是用来安装和夹持刀具的部件,通过刀架可使刀具作纵向、横向或斜向移动。

(9) 尾座。它安装在床身导轨的右端,用来支承工件或装夹钻头、铰刀、丝锥等进行外圆及孔加工。尾座可根据工作需要沿床身导轨进行位置调节,进行横向移动时,用来加工锥体工件;进行纵向移动时,可加工较长的轴类零件。

三、常用车刀

车刀种类很多,常用车刀有整体式车刀(见图 8-11)、焊接式车刀(见图 8-12)、机械夹固式车刀(见图 8-13)等。目前应用最多的是焊接式车刀和机械夹固式车刀。车刀按用途分类,可分为外圆刀、偏刀、车孔刀(镗孔刀)、切断刀(包括切槽刀)、螺纹刀、成型刀等,如图 8-14 所示。

图 8-11　整体式车刀

图 8-12　焊接式车刀　　　　图 8-13　机械夹固式车刀

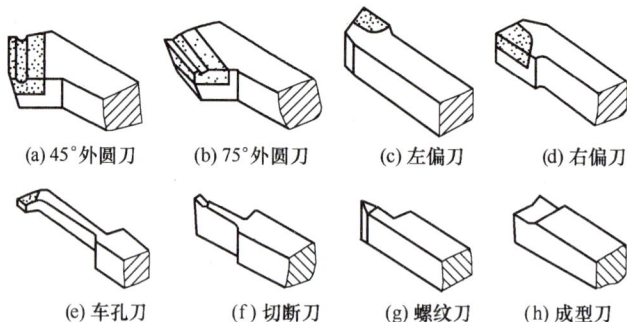

(a) 45°外圆刀　　(b) 75°外圆刀　　(c) 左偏刀　　(d) 右偏刀

(e) 车孔刀　　(f) 切断刀　　(g) 螺纹刀　　(h) 成型刀

图 8-14　常用车刀

四、车床的应用范围

车床能够完成的加工工作很多,其主要用于加工各种回转体表面,如加工各类轴、圆盘类工件、套筒类工件、沟槽、螺纹及成型面等。此外,在车床上还可用钻头、扩孔钻、铰刀、丝锥、板牙和滚花工具等进行相应的加工。车床的应用范围如图 8-15 所示。

五、车床常用附件

机床附件是指随机床一道供应的附加装置,如各种通用机床夹具、靠模装置及分度头等。借助机床附件,机床就可完成不同工件的加工,从而使机床获得更加充分和更加合理的利用。另外,各种机床都有各自的附件,常用的卧式车床附件有卡盘(三爪自定心卡盘和四爪单动卡盘)、花盘、顶尖(死顶尖和活顶尖)、拨盘、鸡心夹头、中心架、跟刀架和心轴等。在卧式车床上进行车削工件时,利用这些附件可以充分发挥机床的功能,提高加工质量和效率。

1. 卡盘

卡盘是应用最多的车床夹具,包括三爪自定心卡盘和四爪单动卡盘两种,如图 8-16 和图 8-17 所示。它利用其背面法兰盘上的螺纹直接安装在车床主轴上,用来夹持轴类、盘类、套类等工件。

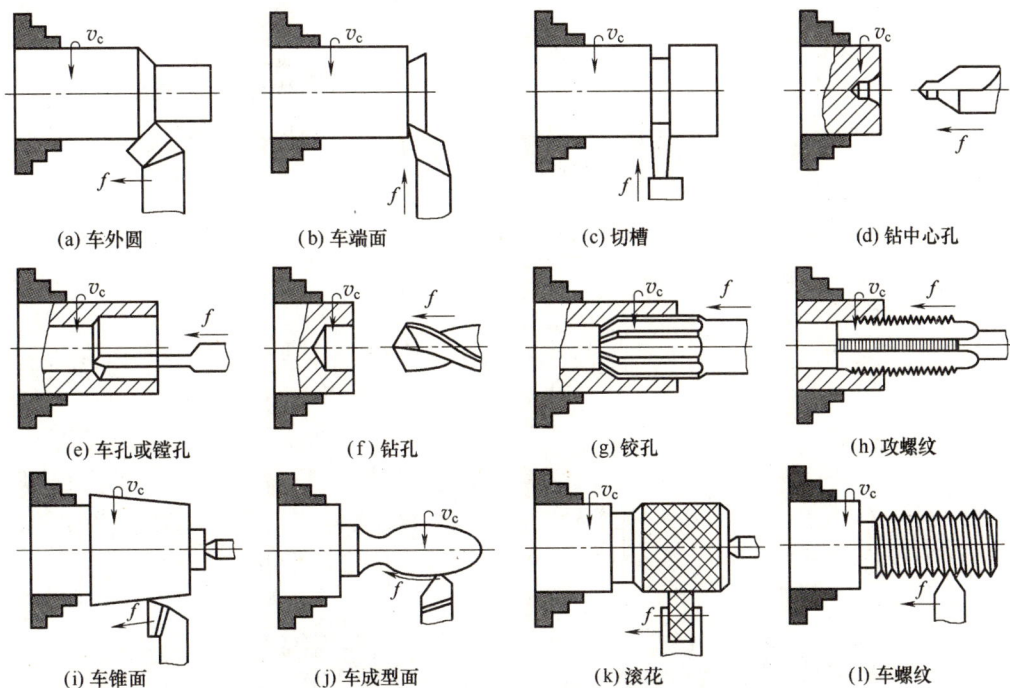

(a) 车外圆	(b) 车端面	(c) 切槽	(d) 钻中心孔
(e) 车孔或镗孔	(f) 钻孔	(g) 铰孔	(h) 攻螺纹
(i) 车锥面	(j) 车成型面	(k) 滚花	(l) 车螺纹

图 8-15　车床的应用范围示意图

图 8-16　三爪自定心卡盘

图 8-17　四爪单动卡盘

三爪自定心卡盘的三只爪能同步径向移动,能够自动定心,不需找正,装夹工件方便,但夹紧力较小,它适合于装夹截面形状对称的工件,但不适合于装夹截面形状不规则的工件。另外,三爪自定心卡盘的三只爪可以从外向内夹紧(正夹),也可以从内向外夹紧(撑夹)。

四爪单动卡盘的四个卡爪是用扳手分别调整的,卡盘夹紧力大,它适合于装夹截面形状不规则的工件(如椭圆工件、偏心工件等)。但工件装夹速度较慢,而且工件需要找正,工件找正的精度主要取决于操作人员的技术水平。

2. 花盘

花盘也是直接旋装在车床主轴前端的夹具。花盘的表面开设有长度不同的通槽和 T 型槽,以便用螺栓、压板、角铁等将工件安装在花盘上,如图 8-18 所示。花盘适用于形状不

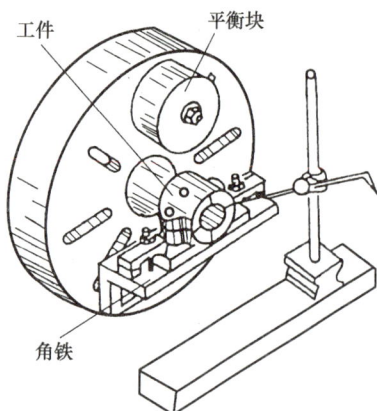

图 8-18　花盘装夹工件与找正操作

规则的工件,或不能用三爪自定心卡盘和四爪单动卡盘装夹的工件。

在花盘上安装工件时,应根据预先在工件上划好的基准线进行找正,最后再将工件压紧。对于不规则的工件应加平衡块予以平衡,以免因重心偏移而使切削过程产生振动,甚至出现意外事故。

3. 顶尖

加工较长的工件时,为了保证工件各部分的同轴度,一般需要使用顶尖安装工件。顶尖安装工件方便、迅速,不需要找正工件,且安装精度高。

顶尖按结构进行分类,可分为死顶尖和回转(或活动)顶尖,如图 8-19 所示。死顶尖定位精度高,但死顶尖与工件中心孔容易摩擦发热,只适合于低速精车工件时使用;回转顶尖由于顶尖跟随工件一起旋转,因此,可适应高速切削,但顶尖定位精度低于死顶尖。

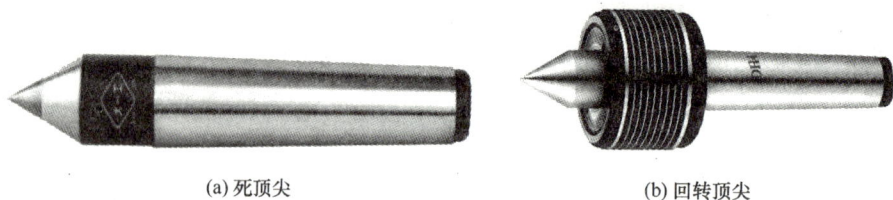

(a)死顶尖　　　　　　(b)回转顶尖

图 8-19　顶尖

顶尖按安装位置进行分类,可分为前顶尖(安装在主轴锥孔内)和后顶尖(安装在尾座锥孔内)。前顶尖通常安装在一个专用锥套内,再将锥套插入车床主轴锥孔中;后顶尖是插在车床尾座套筒内使用的。

4. 拨盘和鸡心夹头

车削较长的轴类工件时,一般采用前顶尖和后顶尖方式安装工件,并借助拨盘和鸡心夹头来带动工件旋转,如图 8-20 所示。拨盘和鸡心夹头的安装方式是:鸡心夹头一端与

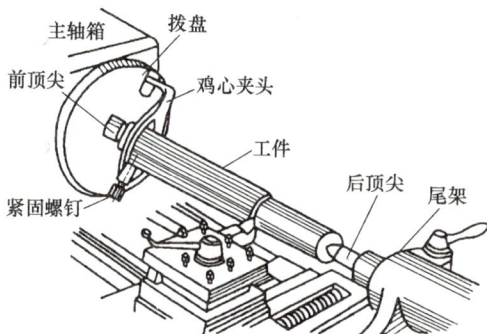

图 8-20　拨盘和鸡心夹头的使用方法

拨盘连接,另一端(带有紧固螺钉)用来夹紧工件。拨盘依靠其上的螺纹直接旋装在车床主轴上。

5. 中心架与跟刀架

当车削长度是直径的 10～15 倍的细长轴时,由于工件刚度差,在切削力、工件自重和离心力的作用下,工件很容易产生弯曲和振动,从而影响工件加工精度。因此,为了提高工件加工精度,除使用双顶尖安装工件外,还需要采用中心架或跟刀架作为工件的辅助支承,以提高工件的刚性,并采用低速切削。

中心架通常由上下两部分组成(见图 8-21),其上半部可以翻转,以便装入工件,下部分采用压板安装在车床导轨上。中心架内有三个可以调节的径向支承爪(一般是铜质的)与工件接触,以增加工件的刚性。中心架适用于夹持普通长轴、阶梯轴以及端面和孔都需要加工的长轴类工件(此时无法使用后顶尖)。

跟刀架安装在床鞍(或大拖板)上,并随床鞍一起移动,加工时跟刀架与车刀同步沿工件轴向移动,如图 8-22 所示。跟刀架有两个支承爪,车刀装在这两个支爪的对面稍微靠前的位置,并依靠背向力及工件自重作用使工件紧靠在两个支爪上。跟刀架适用于夹持不带台阶的细长轴类工件。

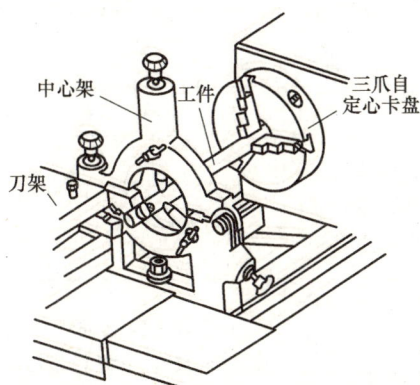

图 8-21　利用中心架车端面　　　　图 8-22　利用跟刀架车削细长轴

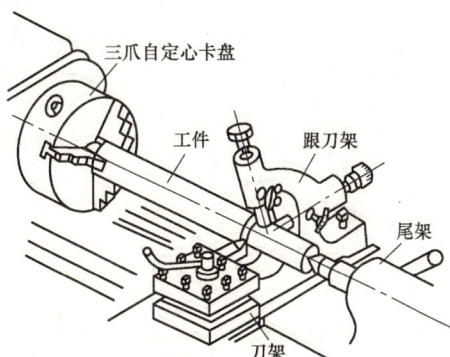

6. 心轴

在精加工盘套类工件时,要求工件的内圆表面与外圆表面具有较高的同轴度,要求工件的端面与孔的轴心线具有较高的垂直度。在这种情况下常以工件的内孔作为定位基准,工件安装在心轴上,再把心轴安装在两顶尖之间进行加工。这样做即可以保证工件内外圆表面具有较高的同轴度,又可以保证工件的被加工端面与轴心线具有较高的垂直度。常用的心轴有圆柱心轴(见图 8-23)、圆锥心轴(见图 8-24)和胀套心轴等。

六、车削的工艺特点

车削是利用工件的旋转和刀具相对于工件的移动来加工工件的一种切削加工方法,它具有以下工艺特点。

(1) 容易保证工件各个加工表面的位置精度。

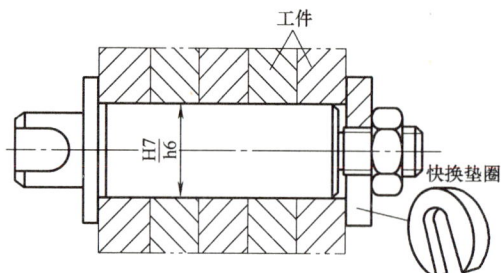

图 8-23　圆柱心轴夹持多个工件

图 8-24　圆锥心轴夹持工件

（2）所用刀具简单，制造、刃磨和安装很方便，可以根据具体需要灵活选择刀具角度。

（3）车削加工一般为连续切削，没有刀齿切入和切出的冲击，而且可以采用较高的切削速度或背吃刀量，因此，切削过程平稳，生产率高。

（4）车削加工主要由工人手工操作，适用于单件、小批生产，适用于切削非铁金属、塑料、复合材料以及经过退火、正火、调质的钢铁材料等。

（5）车削适用工艺范围很广，既可以车削轴类、圆盘类、套筒类等工件，又可车削沟槽、螺纹及成型面等。

车削通常分为粗车、半精车、精车和精细车四个精度级别（见表 8-5），不同的零件有

表 8-5　车削的精度、表面粗糙度值、加工目的及加工过程

车削类别	加工精度	表面粗糙度值	加工目的	加工过程
粗车	IT13～IT11	$Ra=50～12.5\mu m$	迅速地切去毛坯的硬皮和大部分加工余量，提高生产率	通常采用较大的背吃刀量进行车削
半精车	IT10～IT9	$Ra=6.3～3.2\mu m$	切除粗加工后留下的误差，使工件达到一定精度要求，并为精车作准备	在粗车基础上进行加工，半精车属于中等精度车削加工
精车	IT8～IT7	$Ra=1.6～0.8\mu m$	满足工件较高的加工精度	在半精车基础上进行加工，精车属于较高精度车削加工。通常采取较高的切削速度和较小的进给量与背吃刀量进行车削
精细车	IT6～IT5	$Ra=0.4～0.2\mu m$	满足高精度工件的加工需要	在精车基础上进行加工，精细车属于高精度车削加工，需要在高精密车床上以高切削速度、小进给量及小背吃刀量使用经过仔细刃磨的人造金刚石或硬质合金车刀进行车削

不同的车削精度要求,车削过程中可根据实际需要选择相应的加工精度级别。

七、车削安全文明操作规程

(1) 车床开动前,按照安全操作要求,正确穿戴好劳动保护用品,穿戴的劳保衣服要做到"三紧",即领口紧、袖口紧、下摆紧,并戴好防护眼镜。认真仔细检查机床各部件和防护装置是否完好。然后加油润滑机床,并作低速空载运转 2～3min,检查机床运转是否正常。

(2) 装卸卡盘和大工件时,要检查周围有无障碍物,垫好木板,以保护床面,并要卡住、顶牢、架好。车削偏心工件时,要按轻重搞好平衡,工件及工具的装夹要牢固,以防工件或工具从夹具中飞出,卡盘扳手要及时取下。

(3) 车床运转时,严禁戴手套操作;严禁用手触摸车床的旋转部分;严禁在车床运转过程中,隔着车床传送工件;装卸工件、安装刀具、清洗上油以及清理切屑时,均应停车进行;清除铁屑时应用刷子或钩子,禁止用手拉拽铁屑。

(4) 车床运转过程中,不准测量工件,不准用手去制动转动的卡盘;严禁戴手套用砂布进行磨削操作;不准使用无柄锉刀。

(5) 高速切削时,没有装设防护装置不准切削,并且工件、工具的固定要牢固;切削铜料时,要有断屑装置,并使用回转顶尖(或活动顶尖),当切屑飞溅严重时,应在机床周围安装挡板使之与操作区隔离。

(6) 车床运转过程中,操作者不得离开车床,发现车床运转不正常时,应立即停车,并及时请机修工进行检查与修理。当突然停电时,要立即关闭车床或其他启动装置,并将刀具退出工作部位。

(7) 车削过程中操作人员须侧身站立在操作位置,禁止身体正面对着转动的卡盘。

(8) 车削结束时,应切断车床电源或总电源,将刀具或工件从工作部位退出,清理、摆放好所使用的工、夹、量具,并润滑、擦净机床,做到油漆见本色,金属见光亮。

(9) 车床导轨面上禁止摆放工具或其他物品。

(10) 凡两人或两人以上在同一台车床上工作时,须指定 1 人为机长,统一指挥,防止事故发生。

(11) 工作区附近的铁屑、余料等要及时清理,以免堆积过多造成人员伤害。

(12) 车床发生异常时,如异响、冒烟、振动、臭味等,应立即停车,请有关人员进行检查和处理。

(13) 经常使用的各种胎具、卡盘、量具等不得随意乱放,用完后要放在工具箱内或专用的木盘中。

八、车削加工实训案例

在车床上经常加工轴类、套类和销套类零件,其中形状简单的销套类零件可通过车削加工全部完成其表面的加工。如图 8-25 所示的销套零件,就可以在车床上进行全部表面的车削加工,其具体车削加工过程见表 8-6。

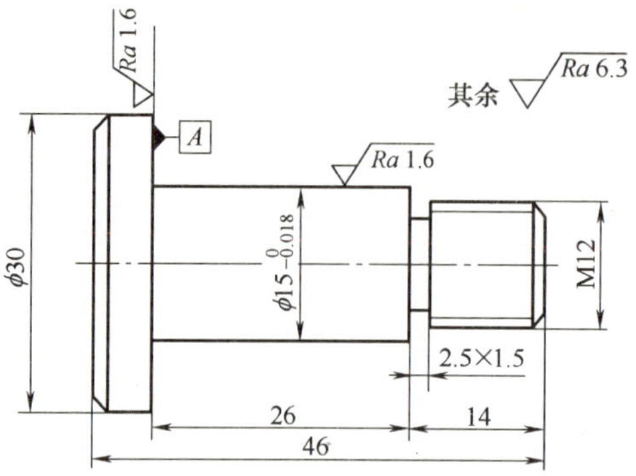

技术要求

1. 未注倒角 $C2$；
2. 材质：Q275A 钢；
3. 调质处理：170～200HBW；
4. 加工数量：9 件。

图 8-25　销套零件图

表 8-6　销轴零件车削过程说明

序号	操 作 内 容	零件图(或加工简图)	安 装 方 法
1	Q275A 钢，下棒料 φ32×49，9 件，共 450mm	—	—
2	车端面	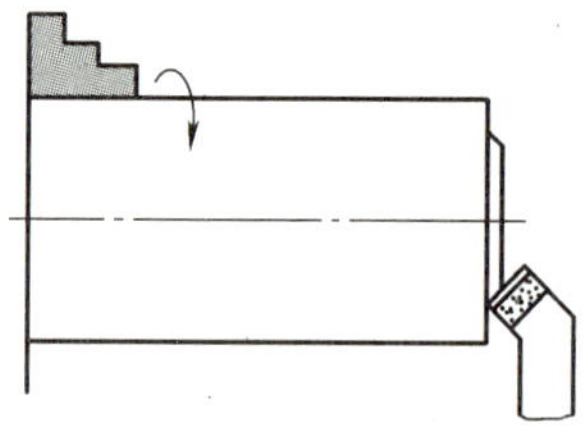	三爪自定心卡盘
3	粗车各外圆，使各外圆尺寸相应达到： φ30×50 φ13×14 φ16×26	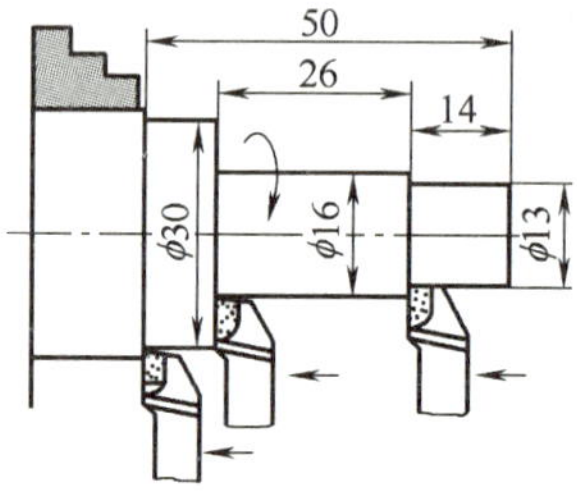	三爪自定心卡盘
4	切退刀槽	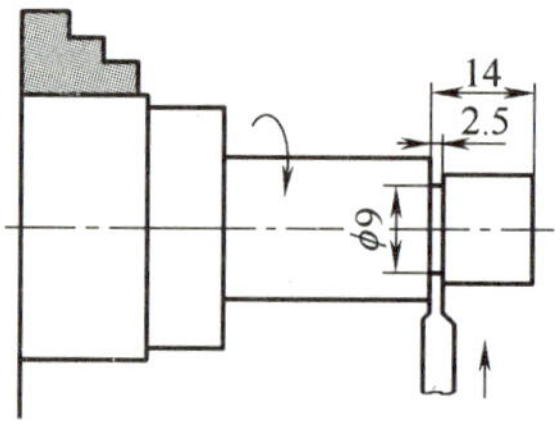	三爪自定心卡盘
5	精车各外圆，使各外圆尺寸相应达到： φ15×26 φ12×14	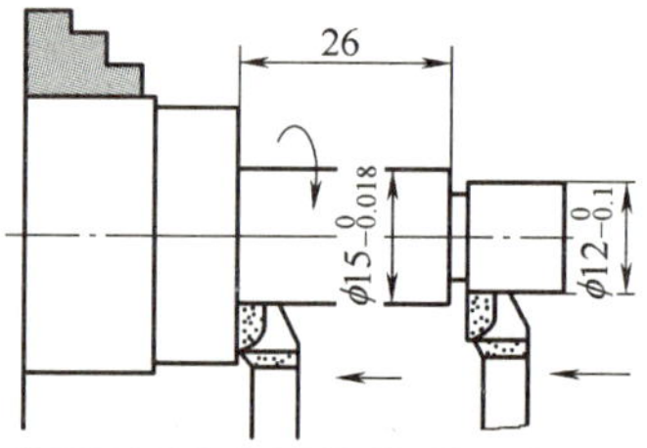	三爪自定心卡盘

续表

序号	操 作 内 容	零件图(或加工简图)	安 装 方 法
6	倒角		三爪自定心卡盘
7	车 M12 螺纹		三爪自定心卡盘
8	切断,端面留加工余量 1mm,全长 47mm		三爪自定心卡盘
9	调头,车端面,倒角		三爪自定心卡盘
10	检验(利用游标卡尺、螺纹规等工具)	—	—

模块四　铣床及其应用

　　铣床是用铣刀加工工件的机床,它的主要功能是铣削平面和沟槽。铣削是指以铣刀旋转作主运动,工件或铣刀作进给运动的切削加工方法。铣削加工时,通常情况下,铣刀的旋转运动是主运动,工件缓慢的直线移动是进给运动。通常进给运动包括纵向进给运动、横向进给运动和垂直方向进给运动,个别情况下还有圆周进给,如铣螺旋槽、在平面上铣弧形槽等。

一、铣床分类

铣床种类较多,主要有卧式升降台铣床、立式升降台铣床、仿形铣床、工具铣床、龙门铣床及数控铣床等,其中最常用的是卧式升降台铣床和立式升降台铣床。卧式升降台铣床又可分为卧式万能升降台铣床和卧式万能回转头铣床。

二、铣床的组成

铣床一般由电动机、床身、悬梁(横梁)、主轴、挂架(吊架)、工作台(纵向工作台和横向工作台)、升降台、转台、底座等组成。

如图 8-26 所示是 X6132 型卧式万能升降台铣床结构简图。从图中可以看出,卧式万能升降台铣床的主轴呈水平放置,并与工作台平行,该类铣床结构完善,变速范围大,刚性较好,操作方便。床身用来固定和支承铣床上的所有部件,其内部装有变速机构等;悬梁可沿床身的水平导轨移动,以调整其伸出长度;升降台可沿床身的垂直导轨上下移动,以调整工作台与铣刀之间的距离;纵向工作台用来安装工件、夹具、分度头等,纵向工作台位于转台上,可沿转台上的导轨作纵向进给;转台可以在水平面内转±45°;横向工作台安装在升降台的水平导轨上,并可沿导轨作横向进给运动;主轴为空心轴,用来安装铣刀刀杆并带动铣刀回转。工作台的纵向进给、横向进给及其升降可以自动完成也可以手动完成。卧式万能升降台铣床结构紧凑、功能多、附件多,因此,其具有广泛的应用。

如图 8-27 所示是立式升降台铣床结构简图。从图中可以看出,立式升降台铣床的主轴呈垂直状态,并与工作台面垂直,这是立式升降台铣床与卧式升降台铣床的主要区别。主轴可以在一定范围内作轴向移动。某些立式升降台铣床的主轴可以在垂直平面内旋转±45°。与卧式升降台铣床相比,立式升降台铣床的刚性好,生产率高,但加工范围相对较小,主要用于加工平面及沟槽。

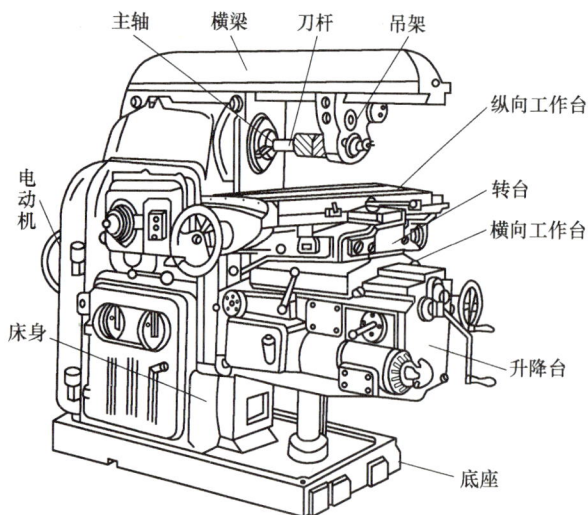

图 8-26　X6132 型卧式万能升降台铣床结构简图

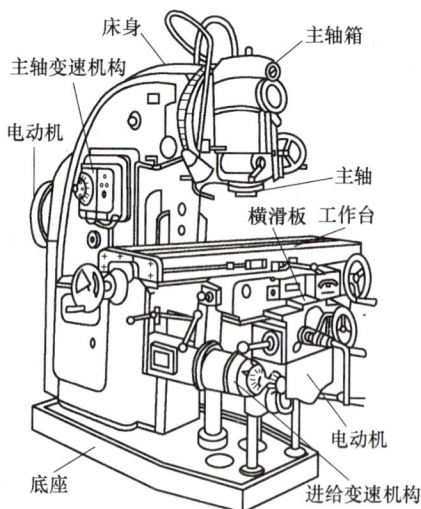

图 8-27　立式升降台铣床结构简图

三、铣刀种类

铣刀是用于铣削的专用刀具,其种类较多(见图 8-28)。铣刀是一种多齿刀具,结构比较复杂,它的刀齿一般分布在圆柱铣刀的外圆表面上或端面铣刀的端面上。但无论多么复杂,每个刀齿都可看成是一把简单的车刀。按安装方法分类,铣刀可分为带孔铣刀和带柄铣刀两大类。其中带孔铣刀一般用于卧式铣床,主要有圆柱铣刀、圆盘铣刀、锯片铣刀、角度铣刀以及成型铣刀等;带柄铣刀一般用于立式铣床,主要有立铣刀、键槽铣刀、T形槽铣刀和端铣刀等。

(a) 角度铣刀　　(b) 锯片铣刀　　(c) 三面刃铣刀　　(d) 圆柱铣刀　　(e) 成型铣刀

(f) 立铣刀　　(g) 端铣刀　　(h) T形铣刀　　(i) 燕尾槽铣刀　　(j) 键槽铣刀

图 8-28　各种铣刀

不同形状的铣刀具有不同的用途。圆柱铣刀、端铣刀、立铣刀等主要用于加工平面;立铣刀、三面刃铣刀、锯片铣刀、键槽铣刀等主要用于加工沟槽;角度铣刀、T 形槽铣刀、燕尾槽铣刀、铣齿刀等主要用于加工成型面。

四、铣床常用工具

铣床常用附件很多,主要有机床用平口虎钳、螺栓压板、回转工作台、万能分度头和万能铣头等。

1. 机床用平口虎钳

机床用平口虎钳分为普通型机床用平口虎钳(见图 8-29)和可倾斜型机床用平口虎钳(见图 8-30)。机床用平口虎钳一般安装在铣床工作台上面的 T 形槽中,用于装夹形状简单的中小型工件。

2. 螺栓压板

铣削较大尺寸的工件时,可用螺栓压板及垫铁将工件直接安装在铣床工作台上,并采用

图 8-29 普通型机床用平口虎钳

图 8-30 可倾斜型机床用平口虎钳

合理的找正方法,对工件进行准确找正,然后对工件进行铣削加工,如图 8-31 所示。

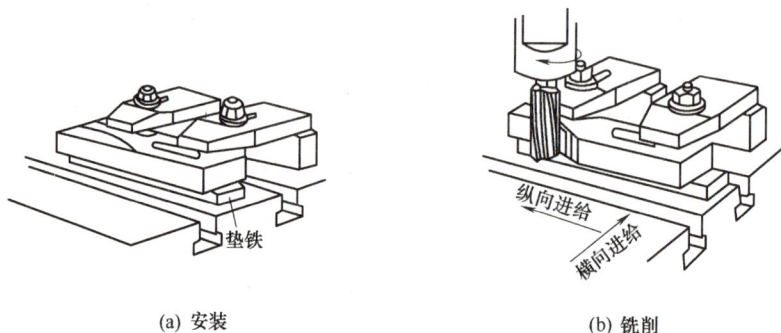

(a) 安装

(b) 铣削

图 8-31 利用螺栓压板装夹工件及铣削

3. 回转工作台

回转工作台分为机动回转工作台和手动回转工作台。如图 8-32 所示是手动回转工作台。机动回转工作台比手动回转工作台多一个机械传动装置,可将工作台的转动与铣床进给运动连接起来,可在铣削过程中实现工件自动进给。回转工作台适用于加工中小型工件的圆弧表面(见图 8-33)以及进行分度加工等。

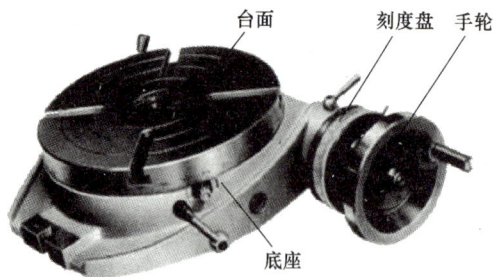

图 8-32 手动回转工作台

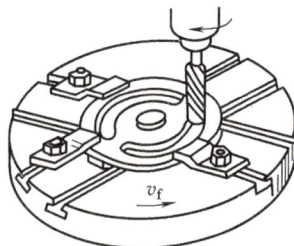

图 8-33 利用回转工作台加工圆弧

4. 万能分度头

万能分度头是铣床的重要工具,主要用于铣削多边形、花键、齿轮、螺旋槽(见图

8-34)等工件。万能分度头由底座、回转体、主轴（可安装卡盘）、分度盘等组成，如图 8-35 所示。底座固定在铣床的工作台上，主轴可随同回转体绕底座在－5°～＋95°内旋转任意角度。主轴前端锥孔内可装顶尖，外部有螺纹用以装卡盘或拨盘。回转体的侧面有分度盘，分度盘的两面都配有若干圈均匀分布的小孔，摇动分度手轮，可将工件安装成需要的角度、分度以及铣螺旋槽时连续地转动工件等。

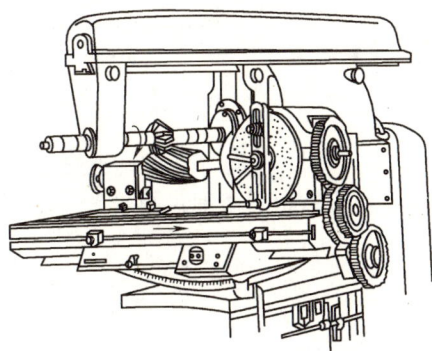

图 8-34　利用万能分度头铣削螺旋槽

图 8-35　万能分度头与尾座

5. 万能铣头

万能铣头可以扩大卧式铣床的工艺范围，它可以通过万能铣头内部的两对锥齿轮将铣床主轴的旋转运动传给万能铣头的主轴。另外，万能铣头的壳体能在两个互相垂直的平面内回转360°，因此，万能铣头的主轴与铣床工作台面可形成任意角度（见图8-36），从而使立式铣床适应多种加工需要。

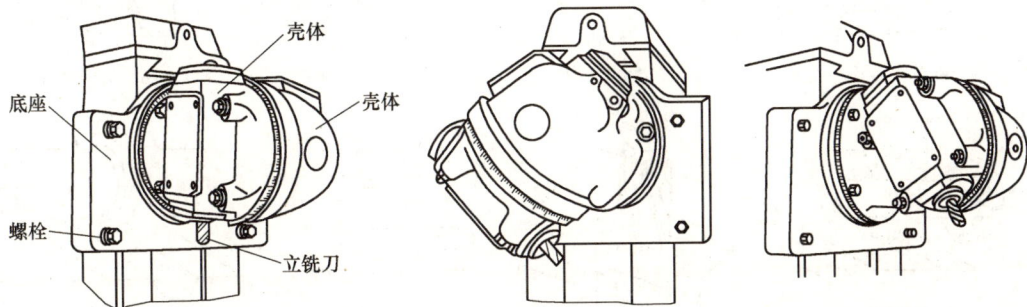

图 8-36　万能铣头

五、铣削方法

铣削平面的方法主要有圆周铣削（或称周铣）和端面铣削（或称端铣），如图 8-37 所示。圆周铣削是用圆柱铣刀上的刀齿进行铣削的方法；端面铣削是用端铣刀上的刀齿进行铣削的方法。圆周铣削又分为逆铣和顺铣，如图 8-38 所示。

顺铣是指铣削过程中工件的进给方向与铣刀的旋转方向相同的铣削方法。由于机床上的丝杠与螺母通常存在间隙，因此，顺铣时容易产生工作台窜动和扎刀现象。

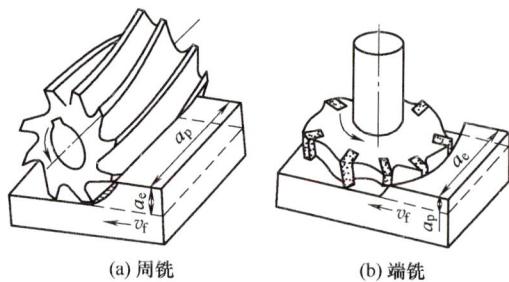

(a) 周铣　　　　　　　(b) 端铣

图 8-37　周铣和端铣

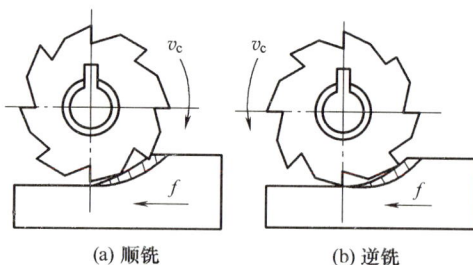

(a) 顺铣　　　　　　　(b) 逆铣

图 8-38　顺铣和逆铣

逆铣是指铣削过程中工件的进给方向与铣刀的旋转方向相反的铣削方法。逆铣可消除顺铣时产生的工作台窜动和扎刀现象,铣削过程平稳,工件表面的铣削质量较高,但铣刀磨损较大。

六、铣床的应用范围

铣床主要用于加工平面(如水平面、斜面、垂直面)、沟槽(如直槽、V 形槽、T 形槽、键槽等)、台阶面、齿形、螺旋槽及其他特形面(如圆弧面)等,此外,铣床还可以进行钻孔、铰孔、铣球面、切断等,因此,在金属加工中占有较大的比重。铣床的应用范围如图 8-39 所示。

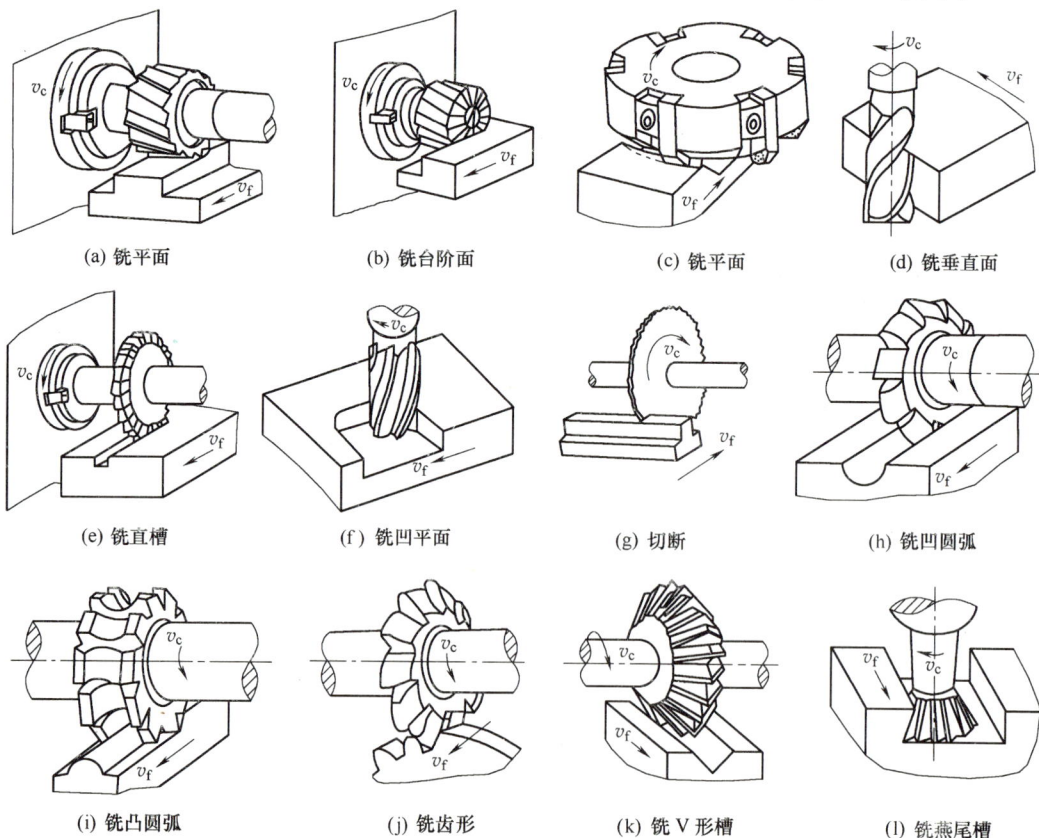

(a) 铣平面　　(b) 铣台阶面　　(c) 铣平面　　(d) 铣垂直面

(e) 铣直槽　　(f) 铣凹平面　　(g) 切断　　(h) 铣凹圆弧

(i) 铣凸圆弧　　(j) 铣齿形　　(k) 铣 V 形槽　　(l) 铣燕尾槽

图 8-39　铣床的应用范围示意图

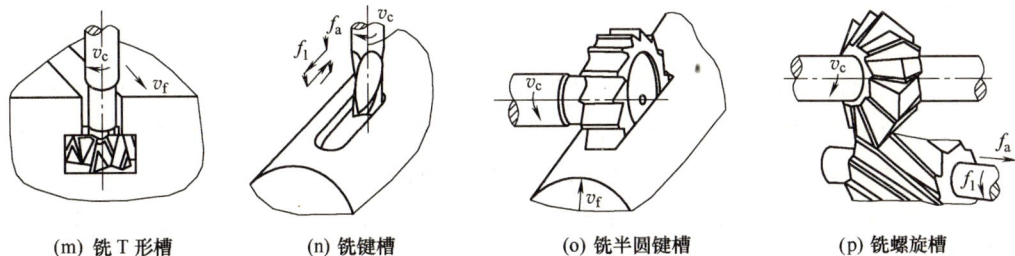

（m）铣 T 形槽　　　　（n）铣键槽　　　　（o）铣半圆键槽　　　　（p）铣螺旋槽

图　8-39（续）

七、铣削的工艺特点

（1）铣削应用广泛，生产率较高。由于铣刀是多齿刀具，铣削时不仅参与切削的刀齿多、切削刃长，而且切削速度较高，又无空行程，故铣削的生产率较高。

（2）铣刀散热条件较好。铣削过程中，由于铣刀的刀齿可以离开工件一段时间，刀齿可以利用此段时间进行冷却，故铣刀散热条件较好。但铣刀在切入和切出时，刀齿容易受到冲击力作用，容易磨损和破碎。

（3）铣削加工质量不如车削加工质量高，精铣后加工精度可达 IT9～IT7，表面粗糙度值是 $Ra=6.3～1.6\mu m$。

（4）铣床结构比较复杂，铣刀制造和刃磨较困难，铣削加工成本较高。

八、铣削安全文明操作规程

（1）开动铣床前要检查铣床各系统是否能正常运行，各手轮摇把的位置是否正确，快速进刀有无障碍，各限位开关是否能起到安全保护作用。

（2）每次开始工作时，要注意刀具及各手柄是否在需要位置上。扳快速移动手柄时，要先轻轻开动一下，看移动部位和方向是否相符。严禁突然开动快速移动手柄。

（3）安装刀杆、支架、垫圈、分度头、虎钳、刀孔等时，接触面均应擦干净。

（4）铣床开动前，检查刀具是否装牢，工件是否牢固，压板必须平稳，支撑压板的垫铁不宜过高或块数过多，刀杆垫圈不能做其他垫块使用，使用前要检查平行度。

（5）装卸工件或刀具，紧固、调整、变速及测量工件，更换刀杆、刀盘、立铣头、铣刀等时必须停车进行。拉杆螺丝松脱后，应注意避免砸手或损伤铣床。

（6）铣床开动时，不准测量工件尺寸、对样板或用手摸加工面。加工时不准将头贴近工件加工表面观察吃刀情况。取卸工件时，必须移开刀具后进行。

（7）拆装立铣刀时，台面须垫木板，禁止用手去托刀盘。

（8）使用扳手扳动螺母时，要选用合适的扳手开口，扳动时用力不可过猛，以防意外伤害。

（9）对刀时必须慢速进刀，刀接近工件时，需要手摇进刀，不准快速进刀，正在走刀时，不准停车。铣深槽时要停车退刀。

（10）吃刀不能过猛，自动走刀必须拉脱工作台上的手轮。不准突然改变进刀速度。

有限位撞块时,应预先调整好。

(11) 在进行顺铣时一定要消除丝杠与螺母之间的间隙,防止打坏铣刀。

(12) 快速进刀时,必须使手轮与转轴脱开,防止手轮转动伤人。高速铣削时,要防止铁屑伤人,并且不准急刹车,防止将轴切断。

(13) 铣床纵向、横向、垂直移动时,应与操作手柄所指的方向一致,否则不能进行铣削工作。铣床工作时,纵向、横向、垂直的自动走刀只能选择一个方向,不能随意拆下各方向的安全挡板。

(14) 铣削加工结束时,应关闭各开关,将铣床各手柄扳回空位,擦拭机床,注入润滑油,维护铣床并保持铣床清洁。

九、铣削加工实训案例

T形槽工件是常见的机床部件,它是由水平面、垂直面或斜面组成的,如图 8-40 所示。采用铣床加工此类工件的一般步骤如下。

(1) 用紧固螺栓将工件装夹在铣床工作台上。

(2) 使用立铣刀(或三面刃铣刀)先铣出直槽。

(3) 使用 T 形铣刀加工底槽。

(4) 使用角度铣刀加工倒角。

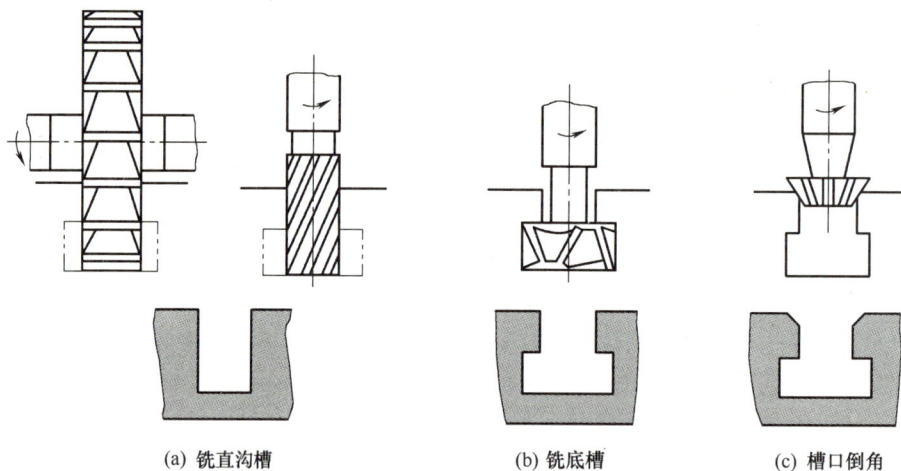

(a) 铣直沟槽　　　　　　(b) 铣底槽　　　　　　(c) 槽口倒角

图 8-40　T 形槽铣削过程图

模块五　数控机床及其应用

随着计算机技术的发展和广泛应用,机械装备的自动化程度不断提高,涌现出各种类型的数控机床,并得到广泛应用,也使传统的制造业发生根本性的变革。在现代制造业中,数控机床发挥了重要作用,它是集微电子、计算机、信息处理、自动检测、自动控制等高新技术于一体的现代生产装备。目前,数控机床已成为一个国家工业现代化的标志之一,也反映了一个国家综合国力的强弱。

一、认识数控技术

1. 数控技术

数控技术是指用数字化信号对机床运动及其加工过程进行控制的一种方法。它不仅可以控制机床上某些部件的位移、角度、速度等机械量,还可以控制温度、压力、流量、颜色等其他物理量。

2. 数控设备

数控设备是指采用了数控技术的机械设备,是用数字信号控制设备的工作过程。数控设备种类繁多,如数控机床、数控绘图机、数控测量仪、数控绣花机、数控编织机、焊接机器人等。其中数控机床就是一种装有程序控制系统的智能化机床,数控机床的运动和动作就是按照这种程序控制系统发出的由特定代码和符号编码组成的指令进行控制的。程序控制系统又称为机床的数控系统。

3. 数控系统

数控系统是用数字控制技术实现自动控制的系统,它能阅读输入载体上事先设定的数字值,并将其译码,实现机床自动加工零件的一种控制系统。数控系统与机床本体有机结合,就形成了各种数控设备(或数控机床)。

一般来说,数控系统对机床的控制包括顺序控制和数字控制两个方面。顺序控制是指对刀具交换、主轴调速、冷却液开关、工作台的极限位置等此类开关量的控制;数字控制是指机床进给运动的控制,用于实现对工作台或刀架的位移、速度等此类数字量的控制。

4. 数控加工

数控加工是操作者根据零件图样和工艺要求,编制成以数码表示的数控程序输入机床的数控装置或控制计算机中,以控制工件和工具的相对运动,使机床加工出合格零件的方法。数控加工不需要操作者直接操纵数控机床,但数控机床必须执行操作者的指令或意图。

5. 数控编程

数控程序由一系列指令代码组成,每一指令对应于工艺系统的一个动作状态。数控程序的编制称为数控编程,数控编程是按照数控系统规定的指令代码及程序格式编写成加工程序,是数控加工的关键环节,其实质是用数控系统能识别的数控程序表达零件的加工工艺。数控编程包括零件分析到形成数控加工程序的全部过程,如零件的加工工艺路线、工艺参数、刀具的运动轨迹、位移量、切削参数(主轴转速、进给量、背吃刀量等)以及辅助功能(换刀、主轴正转与反转、切削液开与关等)。

数控加工程序是用字母、数字和其他符号的编码指令表示的程序,是按零件加工顺序记载机床加工所需的各种信息,它包括零件加工的轨迹信息(几何形状、几何尺寸等)、工艺信息(如进给速度、主轴转速等)及开关命令(如自动换刀、冷却液开或关等)。

将编制好的数控加工程序输入数控机床的数控系统中,就可以指挥数控机床加工零件。数控程序的编制方法通常分为有手工编程和自动编程两种。

(1)手工编程。它是编程员根据加工图样和工艺要求,采用数控程序指令(目前通常采用 ISO 数控标准代码)和指定格式进行程序编写,然后再将编写好的程序通过操作输入数控系统中,经调试和修改完善后再投入使用的编程方法。手工编程主要用于加工形状简单的零件。

(2)自动编程。它是利用计算机进行辅助编制数控加工程序的方法。目前,自动编程多采用计算机 CAD/CAM 图形交互式自动编程,通过计算机进行有关处理后,自动生成数控程序,然后通过接口直接输入数控系统中。自动编程主要用于加工形状复杂的零件。

二、数控机床的组成

数控机床通常由输入/输出装置、数控装置、伺服驱动控制装置、机床电器逻辑控制装置和机床等组成,如图 8-41 所示。

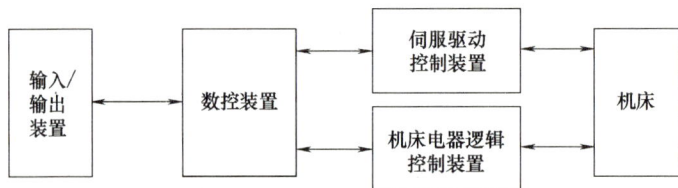

图 8-41　数控机床组成简图

1. 输入/输出装置

数控系统是严格按照外部输入的加工程序控制机床的加工过程,并对工件进行自动加工的系统。加工程序一般记录在各种信息载体上。

输入/输出装置的主要作用是输入加工程序和数据、打印和显示。输入装置是将程序载体上的数控代码转换成相应的电脉冲信息,传送并存入数控装置内。输出装置是用以显示输入的内容及数控机床工作状态等信息,监控数控系统的运行。常用的输入/输出装置有光电阅读机、键盘和显示器等。

2. 数控装置

数控装置是数控系统的核心,它的主要作用是根据输入的程序和数据,完成数值计算、逻辑判断、轨迹插补、输出相应的指令脉冲信号等任务,以控制机床的运动。数控装置一般由输入/输出接口、存储器、控制器和运算器等组成。

3. 伺服驱动控制装置

伺服驱动控制装置介于数控装置和机床之间。它的作用是把来自数控装置的脉冲信号转换成机床移动部件的运动。伺服驱动控制装置一般由执行元件(如步进电机、交/直流电动机等)、伺服控制电路、功率放大电路、检测装置等组成。伺服驱动控制装置一般是以轴为单位的独立体,用以控制各个轴的运动,它的性能是决定数控机床加工精度的主要因素。

4. 机床电器逻辑控制装置

机床电器逻辑控制装置介于数控装置和机床机械、液压部件之间。它的作用是接受数控装置输出的开关命令,进行机床操作面板及机床各种机电控制/监测机构的逻辑处理和监控,并为数控装置提供机床的状态和有关应答信号。它主要完成机床主轴的变速和变向,刀具的选择与交换,工件的装夹、冷却、液压、气动、润滑系统的控制功能及其他辅助功能。

5. 机床

机床主要包括主运动系统、进给运动系统、辅助部分(如液压、气动、冷却和润滑部分等)以及一些特殊部件,如储备刀具的刀库,自动换刀装置,自动托盘交换装置等。

三、数控机床的坐标系及与坐标系有关的点

1. 数控机床的坐标系

为了确定数控机床上的成型运动和辅助运动,必须先确定数控机床上某些运动部件的运动方向和运动距离,这就需要建立一个坐标系作为参考,这个坐标系就称为数控机床的坐标系。

数控机床的坐标系包括笛卡儿直角坐标轴、坐标原点和运动方向。坐标系对于数控加工及编程来说是一个重要概念。数控工艺员和数控机床操作者都必须对数控机床的坐标系有一个完整的和正确的理解,否则在编程时将会发生混乱,操作时容易发生事故。机床的运动形式是多种多样的,为了描述刀具与零件的相对运动、简化编程,我国已根据ISO标准统一规定了数控机床坐标轴的代码及运动方向。

数控机床的坐标系是为了确定工件在机床中的位置、机床运动部件的特殊位置(如换刀点、参考点等)以及运动范围(如行程范围)等建立的。因此,建立数控机床坐标系需要以下统一原则。

(1) 刀具相对于静止的工件而运动的原则。由于数控机床的结构不同,造成某些数控机床在加工过程中,刀具处于两种状态:刀具是运动的,工件是固定;或者是刀具是固定的,工件是运动。因此,为了编程方便,永远假定刀具相对于静止的工件而运动的原则,即"工件是固定的,刀具是运动"。

(2) 数控机床坐标系的规定。标准的数控机床坐标系是采用右手笛卡儿直角坐标系(见图 8-42),即大拇指的指向是 X 轴的正方向;食指的指向是 Y 轴的正方向;中指的指向是 Z 轴的正方向。

(3) 旋转运动坐标。A、B、C 分别表示轴线平行于 X、Y、Z 各轴的旋转运动。右手笛卡儿直角坐标系规定了直角坐标 X、Y、Z 三轴的正方向,同时根据右手螺旋法则,很容易确定围绕 X、Y、Z 各轴的旋转运动的正方向＋A、＋B、＋C。

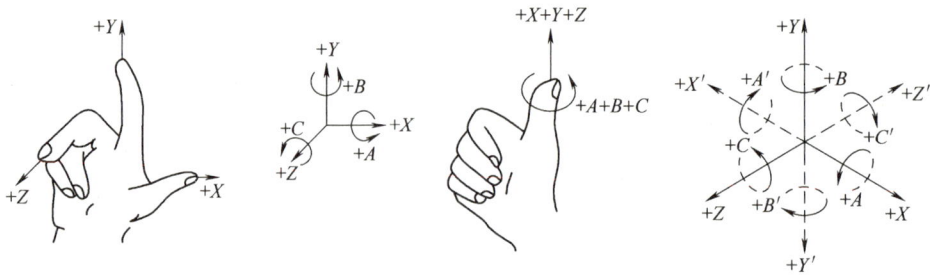

图 8-42　右手笛卡儿直角坐标系

　　ISO 标准对数控机床的坐标轴及其运动方向均有规定。Z 轴定义为平行于机床主轴的坐标轴,其正方向定义为刀具远离工件的运动方向;X 轴是水平的,它平行于工件的装夹平面,是刀具或工件定位平面内的主要坐标。在无回转刀具和无回转工件的机床(如牛头刨床)上,X 坐标平行于主要切削方向,以该切削力方向为正方向;在有回转工件的机床(如车床、磨床等)上,X 坐标方向是在工件的径向上,而且平行于横向滑座,以刀具离开工件回转中心的方向为正方向,如图 8-43 所示;在有刀具回转的机床(如铣床)上,如果 Z 坐标是水平的(主轴是卧式的),当由主要刀具主轴向工件看时,X 轴正方向指向左方。如果 Z 坐标是垂直的(主轴是立式的),当由主要刀具主轴向工件看时,X 轴正方向指向右方,如图 8-44 所示;Y 轴的正方向则根据 X 和 Z 的正方向,按右手法则确定。

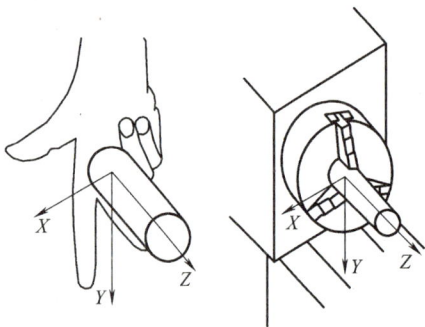

图 8-43　卧式数控车床坐标系

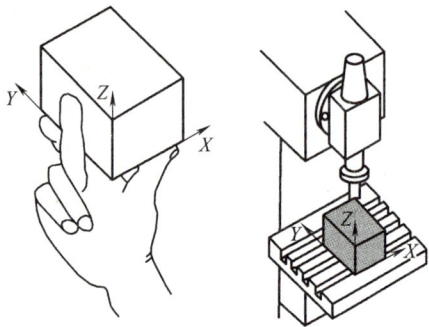

图 8-44　立式数控铣床坐标系

　　围绕 X、Y、Z 各轴的回转运动的正方向 $+A$、$+B$ 和 $+C$ 可相应地在 X、Y 和 Z 坐标轴的正方向上,按右手螺旋法则确定。

　　(4) 数控机床坐标系的原点。标准坐标系的原点位置是任意选择的。

　　(5) 附加坐标。一般称 X、Y、Z 为主坐标或第一坐标。如果在 X、Y、Z 主要直线运动之外另有第二组平行于它们的坐标运动,就称为附加坐标。第二组坐标则被指定为 U、V、W 坐标系,相应于 U、V、W 坐标系的回转运动则被指定为 D、E、F。如果还有第三组运动坐标,则该坐标被指定为 P、Q、R 坐标系。

　　(6) 工件的运动。为了反映数控机床的移动部件是工件而不是刀具,通常在图中用加"'"的字母表示运动的正方向,即带"'"的字母表示工件在运动,不带"'"字母表示刀具在运动,两者所表示的运动方向正好相反。

2. 与数控机床坐标系有关的点

数控机床上的有关点主要包括机床原点、机床参考点、刀具安装基准点、工件原点等内容,如图 8-45 所示。

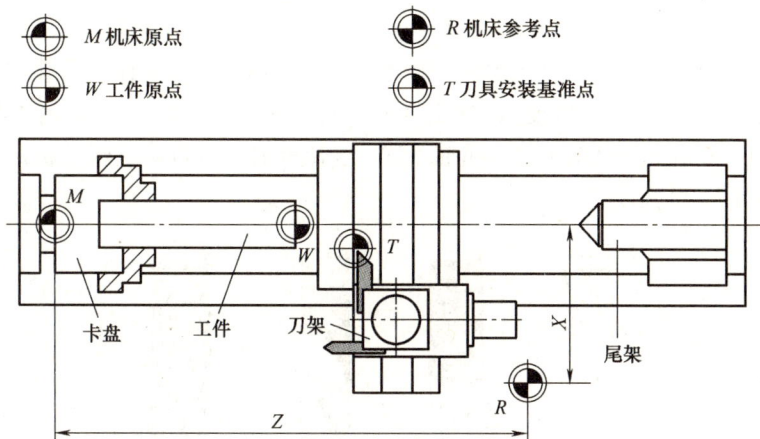

图 8-45　数控车床上的有关点

(1) 机床原点。它是由机床制造厂家设置在机床上的一个基准位置,其作用是使机床与控制系统同步,是建立测量机床运动坐标的起始点,又称为机床零点或机床绝对原点。机床坐标系建立在机床原点上,是机床上固有的坐标系。它是其他所有坐标系(如工件坐标系)以及机床参考点的基准点。在数控车床上,机床原点一般取在卡盘端面与主轴中心线的交点处。

(2) 机床参考点。它是由机床制造厂家在机床上的每一个进给轴上用挡铁和限位开关精确地预先确定好后,设置的一个物理位置(测量起点)。对每一个坐标轴都设置一个机床参考点,每一个坐标轴的机械行程由最大和最小限位开关来限定。而限位开关的特定位置与机床原点的相对位置是固定的,在这个位置上可以交换刀具及设定坐标系。因此,参考点对机床原点的坐标是一个已知的固定值。可通过参数指定参考点到机床原点的距离。

数控系统将每一个进给轴在参考点位置的坐标值均设定为零,因此,参考点也称为“机械零点”。“回零”操作,也就是回参考点。值得注意的是读者要从一开始就必须分清数控机床上的“机械零点”与“机床原点”是两个完全不同的概念。二者不能混为一谈。

数控机床启动时通常要进行手动回参考点以建立数控机床坐标系。数控机床回到参考点位置,也就知道了该坐标轴的零点位置,找到所有坐标轴的参考点,数控系统才能建立起数控机床坐标系。只有机床参考点被确认后,刀具(或工作台)移动才有基准,刀具在移动过程中屏幕也就随时显示出刀具的实际位置。

装有绝对测量系统的数控机床,由于其具有加工轴的精确坐标值并能随时读出,故不需要回参考点。但绝大多数数控机床采用增量式测量系统,因此需要返回参考点。

机床参考点可以与机床原点重合,也可以不重合。通常在数控铣床和加工中心上机床参考点与机床原点是重合的;在数控车床上机床参考点是离机床原点最远的极限点(见图 8-45)。数控机床开机时,首先接通数控机床总开关和控制系统开关,然后数控机床从任一位置返回参考点,即生产中常遇到的刀架返回参考点的操作。当数控机床开机回参考点之后,无论刀具运动到哪一点,数控系统对其位置都是已知的。也就是说,刀具起始点是一个已知点。

（3）刀位点(刀具安装基准点)。它是指刀具的定位基准点,它是编制加工程序过程中用以表示刀具特征的点,也是对刀和加工的基准。一般来说,圆柱铣刀和端面铣刀的刀位点是刀具轴线与刀具底面的交点;球头铣刀刀位点为球心;镗刀、车刀的刀位点为刀尖或刀尖圆弧中心;钻头是钻尖或钻头底面中心;线切割的刀位点则是线电极的轴心与工件面的交点,如图 8-46 所示。

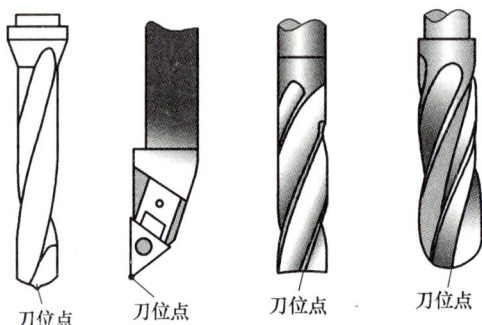

图 8-46　刀具安装基准点(刀位点)

（4）工件原点。它是工件坐标系的原点。选择工件原点时,最好将工件原点设在工件图的尺寸能够方便地转换成坐标值的位置上。在数控车床上加工工件时,工件原点一般设在主轴中心线与工件的右端面或左端面的交点上。在数控铣床上或加工中心上加工工件时,工件原点一般设在进刀方向一侧工件外轮廓表面的某一个角上或对称中心。

（5）对刀点。它是指工件加工程序的起始点(也称为起刀点)。对刀的目的是确定程序原点在机床坐标系中的位置,也就是使刀位点与对刀点重合的操作。对刀操作就是要测定出在程序起点处刀具刀位点相对于机床原点以及工件原点的坐标位置。

（6）换刀点。它是指加工过程中需要换刀时刀具的相对位置点。在数控车床上换刀点通常设在刀架远离工件的某一点或机床参考点上;数控铣床应选在工件外部,与工件或夹具不发生干涉的位置上;在加工中心上则以换刀机械手的固定位置点为换刀点。

四、数控加工程序的组成与格式

1. 程序组成

一个数控加工程序由程序名、程序内容和程序结束指令三部分组成。

（1）程序名。程序名位于程序主体之前,是程序的开始部分,独占一行。一般规定由字母"O"打头,其后面紧跟 4 位数字。有的数控系统规定前面由 4 个字母打头,后面紧跟 2 个数字(如 SIEMENS 系统)。程序名的作用是便于存储和查找。所以任何一个程序都必须有程序名。例如,FANUC 数控系统的程序名规定为:O ××××。即由 O 字母和后面的任意 4 位阿拉伯数字组成。SIEMENS 数控系统的程序名规定为:BGLJ ××。即由 4 个字母和后面的 2 位阿拉伯数字组成。

(2) 程序内容。程序内容部分是程序的主体,它由若干个程序段组成。每一个程序段又由若干个信息字组成。信息字之间不允许有小数点以外的标点符号,程序段的长短不限,一般是一个程序段独占一行,但各个程序段之间必须用程序段结束符号";"或"LF"分隔开,避免在执行时出错。例如,

N10   G90   G00   X0   Y0   Z30.0;

N20   M03   S1200   T0101;

N30   G94   G01   Z10.0   F200;

N40   X20.0   Y30.0;

N50;

M02;

(3) 程序结束指令。它位于程序主体的后面,可用 M02(程序结束)或 M30(程序结束并返回起始段)来结束整个程序,子程序结束指令是 M99。程序结束指令最好单独列为一个程序段。

2. 程序段格式

目前,使用最多的是一种字地址程序段格式,这种字地址程序段格式的程序段中,每一个信息字之前都标有地址码用以识别地址。因此,对不需要的字或与上一程序段相同的字都可以省略。一个程序段内的各字也可以不按顺序排列。采用这种格式进行编程,可以使编程直观、灵活、便于检查,也可以缩短程序。字地址程序段格式广泛用于车、铣、加工中心等数控机床中。字地址程序段格式中程序段的一般形式如下:

N120   G01   X−60.0   Y40.0   F120   S1500   T0101   M03;

五、数控机床的工作原理

在普通金属切削机床上加工零件时,操作者需要根据图样要求,通过选择合理的刀具与工件之间的运动参数(位置、速度等),利用刀具对工件进行切削加工,最终得到所需要的合格零件。而在数控机床上加工零件时,则需要操作者将刀具与工件的运动坐标分割成一些最小的单位量,即最小位移量(脉冲当量数),由数控系统按照零件加工程序的要求,使坐标移动若干个最小位移量,实现刀具与工件的相对运动,从而完成对工件的加工,如图 8-47 所示。

在数控加工程序中,需要使用各种 G 指令和 M 指令来描述工艺过程的各种操作和运动特征。在 ISO 标准中,准备功能字由字母"G"和其后的两位数字组成,从 G00 到 G99 共有 100 种,它命令数控机床作相应的操作。辅助功能字由字母"M"及其后的两位数字组成,从 M00 到 M99 也有 100 种,它表示数控机床的各种辅助动作及其状态。此外,还规定了进给速度功能字"F"、主轴转速功能字"S"、刀具选择和刀具补偿功能字"T"等。表 8-7 列出了部分常用的 G 功能和 M 功能。

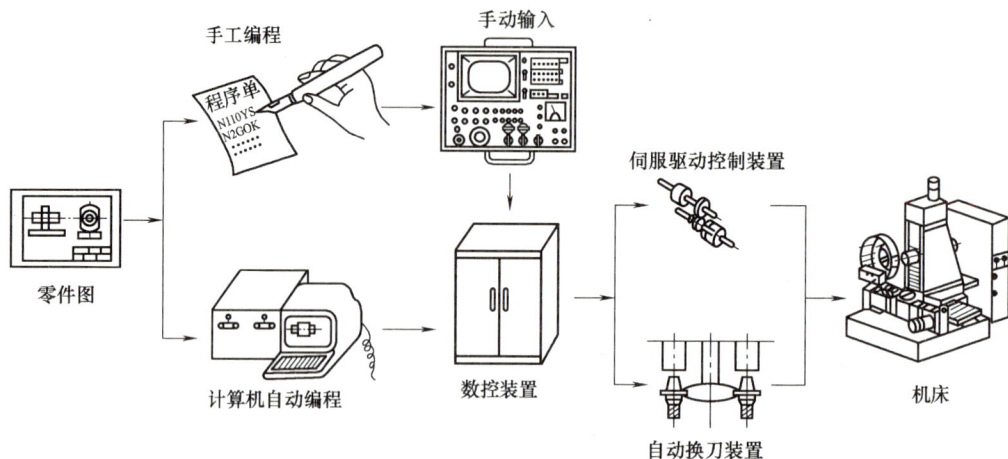

图 8-47 数控机床工作原理简图

表 8-7 部分常用的 G 功能和 M 功能

准 备 功 能	功　　　能	辅 助 功 能	功　　　能
G00	快速点定位	M00	程序停止
G01	直线插补	M02	程序结束
G02	顺时针方向圆弧插补	M03	主轴顺时针方向转
G03	逆时针方向圆弧插补	M04	主轴逆时针方向转
G04	暂停	M05	主轴停止
G33	等螺距螺纹切削	M07	2 号切削液开
G40	取消刀具补偿	M08	1 号切削液开
G90	绝对(值)程序编制	M09	切削液关
G91	增量(值)程序编制	M10	夹紧
G92	工件坐标系设定	M11	松开
G98~G99	不指定	M30	程序结束并复位

数控加工的一般工艺过程是:分析零件图样→确定加工方案→选择刀具与夹具→确定加工路线→确定切削用量→计算刀具运动轨迹→编写加工程序单→程序输入→程序校验→首件试切→检验→调整程序→正式切削。

例如,车刀车削如图 8-48 所示零件上的 $\phi30$ 外圆时,其加工程序是:

N10　G00　X30　Z4;
N20　G01　X30　Z−45　F0.2;

程序指令署名:G00 字是快速点定位,刀具从 P 点只能快速移动到 A' 点,坐标是(4,30),Z 方向留安全距离 4。G01 字定义为直线插补,刀具从 A 点直线加工到 B 点,B 点坐标是(−45,30);X30 字表示 X 轴正向位移不变,Z−45 字表示 Z 轴反向位移 45;F0.2 为直线

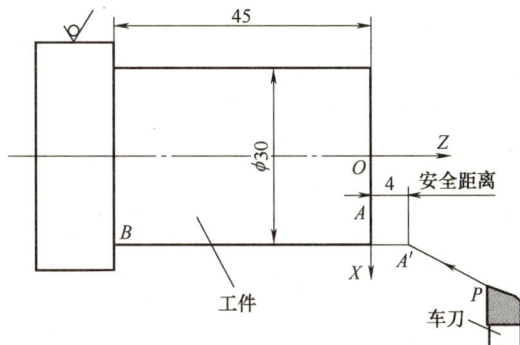

图 8-48 数控车床车削外圆简图

插补进给速度(是指 0.2mm/r)。

六、数控机床的分类

数控机床的种类较多,其分类原则也有多种。数控机床按刀具(或工件)进给运动的轨迹进行分类,可分为点位控制数控机床、直线控制数控机床和轮廓控制数控机床三类。数控机床按可同时控制的坐标轴数进行分类,可分为两坐标数控机床、两轴半数控机床、三坐标数控机床及多坐标数控机床等。数控机床按工艺用途进行分类,可分为普通数控机床(见图 8-49)和加工中心(见图 8-50)等。

图 8-49 普通数控车床

图 8-50 加工中心

1. 点位控制数控机床

采用点位控制的数控机床主要有:数控钻床、数控坐标镗床、数控冲床等,其特点是:只要求控制刀具或机床工作台从一点移动到另一点的准确定位,至于点与点之间移动的轨迹原则上不加控制,并且在移动过程中刀具不进行切削,如图 8-51(a)所示。

2. 直线控制数控机床

采用直线控制的数控机床主要有数控车床、数控镗铣床和数控磨床等,其特点是除了控制点与点之间的准确定位外,还要保证被控制的两个坐标点间移动的轨迹是一条直线,且在移动过程中,刀具能按指定的进给速度进行切削,如图 8-51(b)所示。

3. 轮廓控制数控机床

采用轮廓控制的数控机床主要有数控铣床、数控车床、数控磨床、数控齿轮加工机床和加工中心等,其特点是能够同时控制两个或两个以上的轴按要求移动,并且在移动过程中,刀具对工件表面进行连续切削,如图 8-51(c)所示。轮廓控制数控机床可以加工由任意轮廓的曲线或由曲面组成的复杂形状的零件。

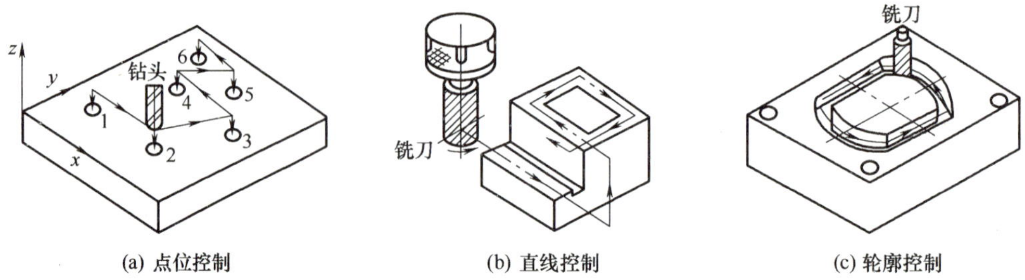

| (a) 点位控制 | (b) 直线控制 | (c) 轮廓控制 |

图 8-51　数控机床运动的控制方式

4. 普通数控机床

普通数控机床一般是指在加工过程中的某个工序上实现数字控制的自动化机床,在自动化程度上还不够完善,刀具的更换及零件的装夹等工序仍需由人工来完成,如数控车床、数控铣床、数控钻床、数控磨床、数控镗床和数控齿轮加工机床等,应用最多的是数控车床和数控铣床。

数控车床主要用于加工轴类和盘类回转体零件,它能自动完成内外圆柱面、圆锥面、圆弧、螺纹等工序的切削加工,并能进行切槽、钻孔、扩孔、铰孔等工作,特别适宜加工形状复杂的零件。

数控铣床主要用于加工各类形状较复杂的平面、曲面和壳体类零件,如各类模具、样板、叶片、凸轮、连杆和箱体等。数控铣床能实现远距离操纵,同时还有半自动刀具安装及拆卸装置。

5. 加工中心

加工中心是指带有刀库和自动换刀装置的数控机床。加工中心大多数以数控铣镗为主,将数控铣床、数控钻床和数控镗床的功能组合在一起,弥补了一台数控机床只能进行某一类加工的缺点,可以进行铣削、镗削、钻孔、攻螺纹等加工。加工中心配有自动换刀装置,工件经一次装夹后,可以几乎完成所有加工工序,因此,在加工中心上加工工件能有效地避免多次装夹产生的误差。例如,铣镗加工中心就是在数控铣床的基础上增加了一个容量较大的刀库(20～120 把)和自动换刀装置,工件在一次装夹后,可以对工件的大部分加工表面自动进行铣削、镗削、钻孔、扩孔、铰孔及攻螺纹等多种加工。目前,加工中心主要用于加工箱体类零件和复杂形状的零件。

七、数控加工的工艺特点及应用

1. 数控加工的工艺特点

(1)在加工方面具有高度柔性,适应性较强。通过改变程序,就可以很方便地进行另一种零件的加工,能够加工复杂形状的零件。

(2) 零件加工精度高,加工质量稳定。数控机床具有较高的刚性和精度,进给运动产生的误差可由数控装置进行精确补偿,减少了操作人员产生的人为误差,所以数控机床加工精度高,产品质量稳定、合格率高。

(3) 自动化程度高,工序高度集中,生产效率高,技术含量高。数控机床可以在一次装夹中,几乎可完成零件的所有表面加工,而且数控机床可自动换刀,可在不停车状态下自动变换主轴转速及快速空程控制,因此,能有效地减少机动时间和辅助时间。一般使用数控机床可提高生产率 3 倍以上。

(4) 减轻操作人员的劳动强度,改善劳动条件和环境,便于实现现代化管理。

(5) 数控机床的不足之处是初期设备投入较大,要求管理人员和操作人员的职业素质和职业能力较强。

2. 数控机床的应用范围

数控机床特别适合于加工小批量(如 100 件左右)而又多次生产的零件;适合加工精度要求高和形状复杂的零件,如箱体类、曲面类、曲线类等工件;适合加工需要进行多种工序加工的零件;适合加工必须严格控制公差的零件;适合加工需要频繁改型的零件;适合加工价格贵、不容许报废的关键零件;适合加工生产周期短的急需零件等。

需要提示的是:虽然数控机床的优点较多,但数控机床并不能完全替代全部普通机床,因为数控机床使用成本高,维修难度也高。因此,在选用数控机床时,应仔细核算生产成本,合理使用数控车床和普通车床,以便获得较好的经济效益。

八、数控加工安全文明操作规程

数控机床是严格按照从外部输入的程序来自动对工件进行加工的,因此,为了使数控机床能安全、高效地工作,需要操作人员进行安全文明生产,并按规范对数控机床进行维护和保养。

(1) 加工操作时中须穿戴好安全保护用品(如安全鞋、安全帽、护目镜等)。严禁穿戴手套、拖鞋、背心等操作数控机床。

(2) 操作人员应熟悉所用数控机床的组成、结构以及使用环境,并严格按数控机床操作手册的要求正确操作,尽量避免因操作不当而引起的故障。

(3) 操作机床时,应按要求正确着装。开机前清除导轨、滑动面上的障碍物及工量具等,并及时移去装夹工具。检查机械、液压、气动等操作手柄、阀门、开关等是否处于非工作位置上,检查刀架是否处于非工作位置上。检查箱体内的机油是否在规定的标尺范围内,并按润滑图表或说明书规定加油。

(4) 按顺序开机、关机,先开数控机床再开数控系统,先关数控系统再关数控机床。

(5) 正确对刀,确定工件坐标系,并核对数据。

(6) 程序输入后应认真核对,其中包括对代码、指令、地址、数值、正负号、小数点及语法的查对,保证无误。

（7）程序调试好后，在正式切削加工前，再检查一次程序、刀具、夹具、工件、参数等是否正确。

（8）刀具补偿值输入后，要对刀补号、补偿值、正负号、小数点进行认真核对。

（9）按工艺规程和程序要求装夹和使用刀具。执行正式加工前，应仔细核对输入的程序和参数，并进行程序试运行，防止加工过程中刀具与工件碰撞而损坏数控机床和刀具。

（10）按程序和工艺规定进行加工，严禁随意加大进刀量、切削速度和切削深度，严禁超负荷、超功能范围使用机床，严禁违章操作，不准将精密数控机床用于粗加工。应保持刀具锋利，不准吃刀停车，液压系统不准私自调整（除节流阀外）。

（11）刃磨刀具和更换刀具后，要重新测量刀长并修改刀补值和刀补号。

（12）程序修改后，对修改部分要仔细计算和认真核对。

（13）手动连续进给操作时，必须检查各种开关所选择的位置是否正确，确定正负方向，然后再进行操作。

（14）开机后让数控机床空运转 15min 以上，以使数控机床达到热平衡状态。

（15）数控机床运行中一旦发现异常情况，应立即按下红色急停按钮，终止数控机床的所有运动和操作。待故障排除后，方可重新操作数控机床及执行程序。

（16）出现数控机床报警时，应根据报警号查明原因，及时排除。

（17）定期清理冷却液箱中的铁屑等杂物，及时按规定补充冷却液。

（18）未经老师允许不准将 U（硬）盘、光盘插到与数控机床联网的计算机内，不准修改或删除计算机内的程序。

（19）加工完毕后，及时清理现场，清扫数控机床的铁屑，擦干净导轨面，上油防锈。

九、数控加工实训案例

数控车床主要用来加工轴类或盘类回转体零件，如车削圆柱、圆锥、圆弧和各种螺纹等，下面以图 8-52 所示零件为例说明用圆弧插补指令（G02 和 G03）编制精加工程序的方法。具体加工程序是：

```
O0002                        （程序名）
N10   G92 X40.0 Z5.0;        （建立工件坐标系，定义对刀点位置）
N20   M03 S650;              （主轴正转，转速 650r/min）
N30   X0;                    （快速定位到工件中心）
N40   G01 Z0 F60;            （工进接触工件毛坯）
N50   G03 U24.0 W−24.0 R15.0;（加工 R15 圆弧段）
N60   G02 X26.0 Z−31.0 R5.0; （加工 R5 圆弧段）
N70   G01 Z−40.0             （加工 φ26 外圆）
N80   X40.0;                 （退刀）
N90   G00 Z5.0;              （快速返回对刀点）
N100  M05;                   （主轴停）
N110  M30;                   （程序结束并复位）
```

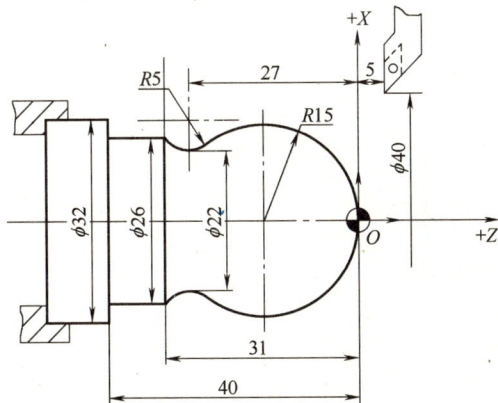

图 8-52 G02 和 G03 编程实例

模块六 其他机床及其应用

其他机床主要是指刨床、插床、镗床、磨床、拉床等,它们在生产中也具有较广的应用范围。

一、刨床及其应用

1. 刨床的分类、组成和刨刀

刨床是平面加工机床,刨床类机床主要有牛头刨床、龙门刨床和悬臂刨床等,其中牛头刨床应用最广。牛头刨床主要由床身、滑枕、刀架、横梁、工作台、进刀机构、变速机构、摆杆机构等组成,如图 8-53 所示。床身安装在机床底座上;滑枕带动刀架作直线往复主运动;刀架通过转盘固定在滑枕的前端,用来夹持刀具;横梁可沿床身上的垂直导轨移动,以调整切削刀具与工件在垂直方向上的相互位置;工作台带动工件作间歇进给运动。

刨削是指用刨刀对工件作水平往复直线运动的切削加工方法。刨削加工的主运动是刨刀的直线往复运动,其中刨刀前进是工作行程,刨刀退回是空行程。刨刀每次退回后,工件作横向水平移动是进给运动,如图 8-54 所示。

刨削加工常用的刨刀主要有平面刨刀、偏刀、角度刨刀、切刀、弯切刀、成型刀等,如图 8-55 所示。

2. 刨床的应用范围

刨床的主要功能是用刨刀加工平面、沟槽及成型面。根据刨具与工件相对运动方向的不同,刨削分为水平刨削和垂直刨削两种。水平刨削一般简称为刨削,垂直刨削则简称为插削。刨床的主要应用范围如图 8-56 所示。

3. 刨削的工艺特点

刨削加工可以获得公差等级是 IT10～IT7、表面粗糙度 $Ra=12.5～1.6\mu m$ 的加工精度。刨床结构简单、操作方便、通用性强,加工成本低;刨刀形状基本与车刀类似,制造、刃磨和安装方便;刨床主要用于单件小批量生产和修配。但刨削加工生产率低,刀具磨损较大。

图 8-53　牛头刨床

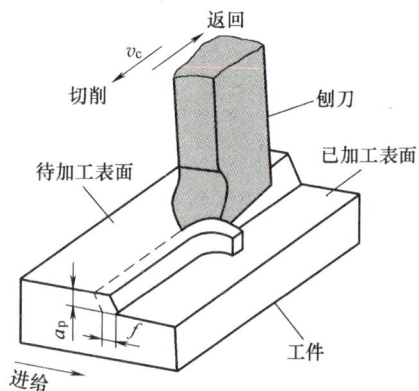

图 8-54　刨削运动示意图

(a) 平面刨刀　　(b) 偏刀　　(c) 角度刨刀　　(d) 切刀　　(e) 弯切刀

图 8-55　常用刨刀

刨平面　　刨垂直面　　刨斜面　　刨台阶　　刨直角槽　　刨T形槽

刨燕尾形工件　　刨V形槽　　刨齿条　　刨曲面　　孔内加工　　刨复合表面

图 8-56　刨床的主要应用范围

4. 刨削加工安全文明操作规程

为了确保刨削加工时的安全操作，工作中必须遵守下列安全文明规程。

(1) 工作时应穿工作服，女同志应戴工作帽，头发塞在工作帽内。

(2) 工作时操作位置要正确。不得站在工作台前面，防止切屑及工件落下伤人。

（3）工件、刀具及夹具必须装夹牢固。否则会发生工件"走动"，甚至滑出，造成设备事故和人身伤害事故。为了使工件装夹牢固，须采用接长套筒以增加台虎钳的夹紧力，不得用铁榔头敲打扳手。

（4）刀具必须装夹牢固，而且不得伸出过长。否则会使刀具损坏或折断。

（5）工作台上不得放置工具或其他物品，以免机床开动后，发生意外伤人。

（6）调整牛头刨床冲程时，要使刀具不接触工件，然后用手摇动进行全行程试验。滑板前后不许站人。刨床调整好后，随即将摇动手柄取下。

（7）刨床运行前，应检查所有手柄和开关及控制旋钮是否处于正确位置。暂时不使用的其他部分，应停留在适当位置，并使其操纵或控制系统处于空挡位置。

（8）刨削过程中，头、手不要伸到刨刀前检查。不得用棉砂擦拭工件和刨床转动部位。刨刀不停稳时，不得测量工件、装卸工件、调整刀具和清除切屑。

（9）刨床运行过程中，操作人员不得离开工作岗位。

（10）不准用手去抚摸工件表面，不得用手清除切屑，禁止用嘴吹铁屑，以免铁屑伤人及切屑飞入眼内。

（11）牛头刨床工作台或龙门刨床刀架作快速移动时，应将手柄取下或脱开离合器。

（12）装卸大型工件时，应尽量使用起重设备（或请人帮助）。工件起吊后，人员不得站在工件下面，以免发生意外事故。工件卸下后，要将工件放在合适的位置，并且要放置平稳。

（13）工作结束后，应关闭刨床电器系统和切断电源。然后再做清理工作，并对刨床进行润滑。

5. 刨削加工实训案例

刨削前采用机床用平口虎钳上（或螺钉压板）将工件安装在工作台上，并对工件进行找正，如图 8-57（a）所示。

刨削垂直面时，可选用偏刀，安装偏刀时刨刀伸出的长度应大于整个垂直面的高度，如图 8-57（b）所示。刨削时，把刀架转盘对准零线；调整刀座使刨刀相对于加工表面偏转一个角度，让刨刀上端离开加工表面，以减小刨刀切削刃对加工面的摩擦。在刀具返回行程终了时，手摇刀架上的手柄使刨刀作垂直进给，即可逐步刨出整个垂直面。

刨削斜面时，需要将刀架转盘转过一个所需要的角度。例如，刨削工件上的 60°斜面时，可将刀架转盘对准 30°刻线，如图 8-57（c）所示。然后手摇刀架上的手柄使刨刀作斜向进给，即可逐步刨出整个斜面。

二、插床及其应用

1. 插床的分类、组成和插刀

插床主要有普通插床（见图 8-58）、键槽插床、龙门插床和移动式插床等。插床实际上是立式牛头刨床，它与牛头刨床的主要区别在于滑枕是直立的，主运动是插刀沿垂直方向作直线往复运动，插刀向下移动是工作行程，插刀向上移动是空行程。工件可以沿纵向、横向、圆周三个方向作间歇进给运动。插床的主参数是最大插削长度，插刀的结构也基本上与刨刀相同。

(a) 工件安装和找正　　　　(b) 刨削垂直面　　　　(c) 刨削斜面

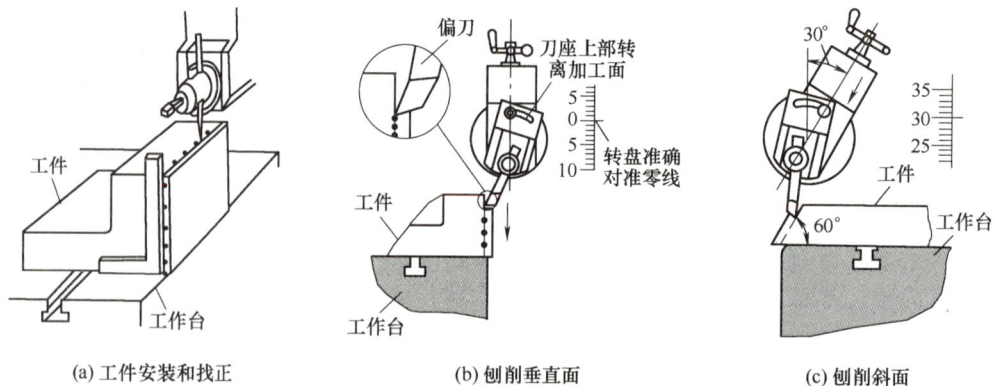

图 8-57　刨削加工实例示意图

插床主要由床身、滑枕、刀架、圆工作台、上滑座、下滑座、变速箱、分度装置、底座等组成。滑枕可以在小范围内调整角度,以便加工倾斜面及沟槽;圆工作台放在下滑座和上滑座之上,其可以做回转运动,可进行圆周进给和圆周分度;下滑座和上滑座可带动圆工作台分别作横向进给及纵向进给。

2. 插床的应用范围和插削的工艺特点

插床适用于加工单件或小批量零件的内表面,如加工孔内的键槽(见图 8-59)及零件上的方孔、多边形孔和花键孔等。与刨削相比,插刀刚性较低,生产率低,插削后的表面粗糙度可达 $Ra=6.3\sim1.6\mu m$。

图 8-58　普通插床

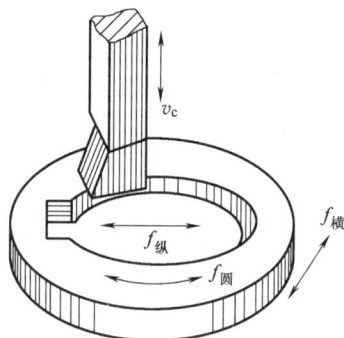

图 8-59　加工孔内键槽

三、镗床及其应用

1. 镗床的分类、组成和镗刀

镗床是进行孔和端面加工的机床,主要有卧式镗床、坐标镗床、精镗床等。镗削加工时主运动是镗刀的回转运动,工件或镗刀移动是进给运动。卧式镗床主要由床身、前立柱、主轴箱、镗轴、刀具溜板、平旋盘、后立柱、后支承架、工作台等组成,如图 8-60 所示。主轴变速箱可进行速度调整与换向;镗轴前端带锥孔,可以插入装有镗刀的镗杆;工作台可在水平位置上转动任意角度,可沿床身的纵向导轨进行纵向进给运动,也可沿着燕尾槽进行横向进给运动。所以,在镗床上可以很方便地镗削任意方向的垂直面。主轴箱和后支承架可分别沿前立柱、后立柱自动升降,以加工不同高度的孔。

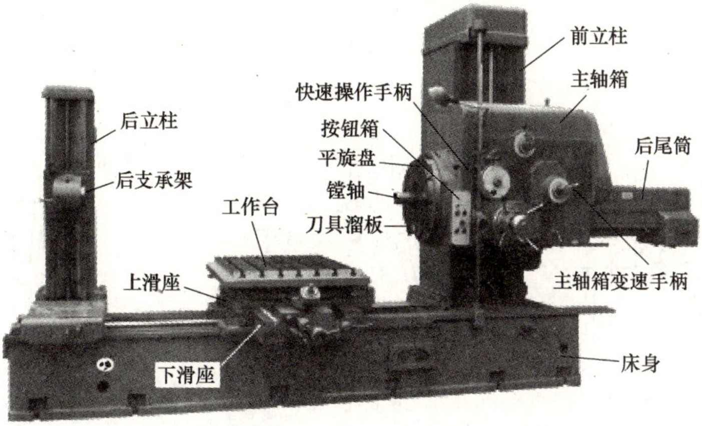

图 8-60　卧式镗床

镗刀按结构进行分类,通常可分为整体式单刃镗刀、镗刀头和镗刀块,如图 8-61 所示。

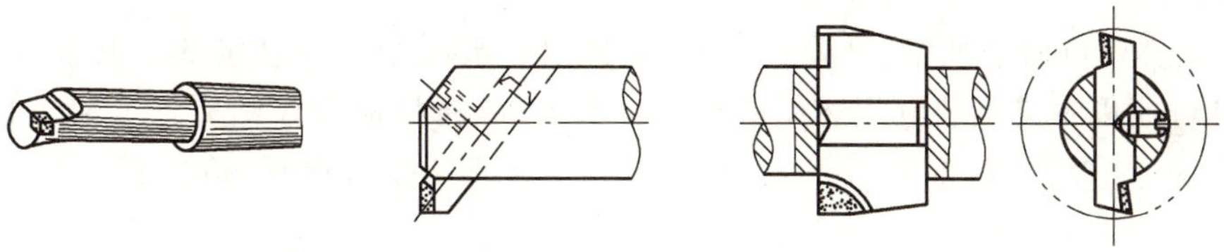

(a) 单刃镗刀　　　　(b) 镗刀头　　　　(c) 镗刀块

图 8-61　镗刀

2. 镗床的应用范围和镗削的工艺特点

镗床的主要功能是用来加工尺寸较大、位置精度要求较高的孔,尤其适合于加工分布在零件不同位置及要求较高位置精度的孔系,如形状复杂的机架、箱体类零件上的孔或大尺寸孔都能在镗床上加工。除此之外,镗床还可以用来完成镗孔、车端面、铣平面、钻孔、车螺纹等,如图 8-62 所示。

镗削是镗刀回转作主运动,工件或镗刀移动做进给运动的切削加工方法。镗削的加工精度是 IT9~IT8,表面粗糙度值 $Ra = 3.2 \sim 1.6 \mu m$,加工成本低,应用范围广,能较好地修正前道加工工序所造成的几何形状误差和相互位置误差。

3. 镗削加工安全文明操作规程

为了确保镗削加工时的安全操作,工作中必须遵守下列安全文明规程。

(1) 工作时应穿工作服,女同志应戴工作帽,头发塞在工作帽内。

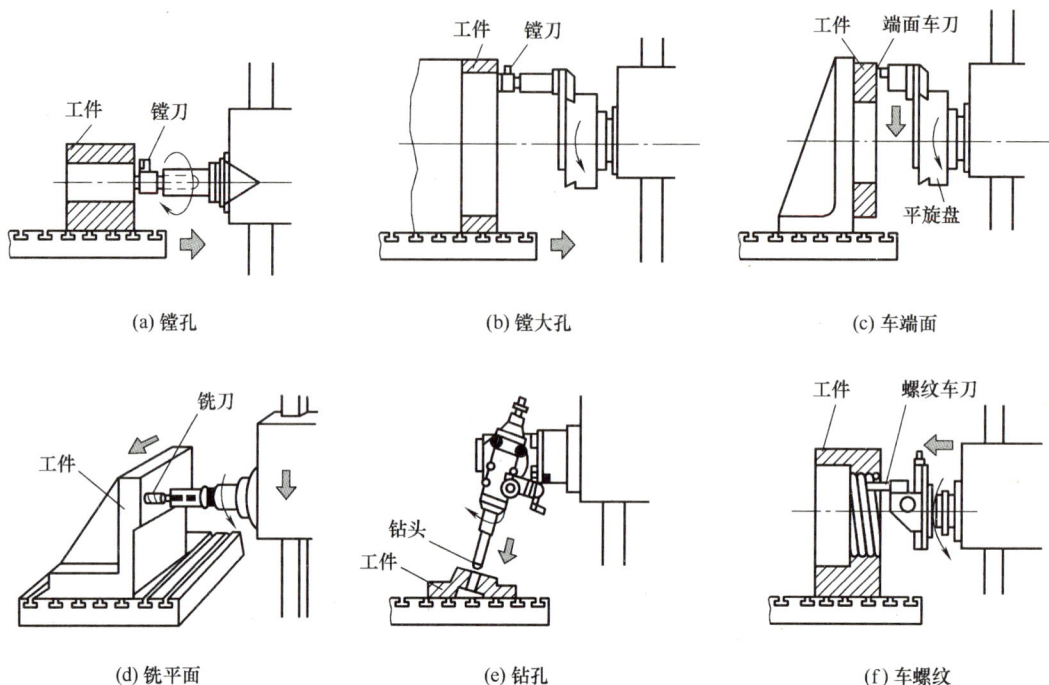

(a) 镗孔　　　　　　　　(b) 镗大孔　　　　　　　　(c) 车端面

(d) 铣平面　　　　　　　(e) 钻孔　　　　　　　　(f) 车螺纹

图 8-62　镗床的主要应用范围

（2）工作前要检查刨床各系统是否完好正常，各手轮摇把的位置是否正确，快速进刀有无障碍。

（3）调整镗床时应注意：升降镗床主轴箱之前，要先松开立柱上的夹紧装置，否则会使镗杆弯曲以及夹紧装置损坏而造成伤害事故；装镗杆前应仔细检查主轴孔和镗杆是否有损伤，是否清洁，安装时不要用锤子和其他工具敲击镗杆，迫使镗杆穿过尾座支架。

（4）每次开车及开动各移动部位时，要注意刀具及各手柄是否在需要位置上。扳动快速移动手柄时，要先轻轻开动一下，看移动部位和方向是否相符。严禁突然开动快速移动手柄。

（5）镗床开动前，检查镗刀是否安装牢固，工件是否夹紧牢固，压板必须平稳，支撑压板的垫铁不宜过高或块数过多。

（6）工作开始时，应先用手动进给，使刀具接进加工部位时，然后再用机动进给。

（7）镗床运转过程中，切勿将手伸过工作台，不准量尺寸、对样板或用手摸加工表面。镗孔、扩孔时不准将头贴近加工孔观察吃刀情况，更不准隔着转动的镗杆取东西。

（8）使用平旋刀盘式自制刀盘进行切削时，螺钉要上紧，不准站在对面或伸头察看，以防刀盘螺钉和斜铁甩出伤人；要特别注意防止绞住工作服造成伤人事故。

（9）启动工作台自动回转时，必须将镗杆缩回，工作台上禁止站人。两人以上操作一台镗床时，应密切联系，互相配合，并由主"操作人"统一指挥。

（10）当工具在工作位置时不要停车或开车，待其离开工作位置时，再开车或停车。

（11）在检验工件时，如果手有碰刀具的危险，应在检查之前将刀具退到安全位置后再进行检验。

　　（12）工作结束时，关闭各开关，把镗床各手柄扳回空位。

　　（13）大型镗床应设有梯子或台阶，以便于工人操作和观察。梯子坡度应不大于50°，并设有防滑脚踏板。

　　（14）及时清理工作现场，并对镗床进行润滑。

四、磨床及其应用

1. 磨床分类

　　磨床是用砂轮或其他磨具（如砂带、油石等）对工件表面进行磨削加工的机床。磨床主要有外圆磨床、内圆磨床、坐标磨床、平面磨床、无心磨床、工具磨床及专用磨床等，其中应用最广的是外圆磨床和平面磨床。平面磨床主要有卧轴矩台平面磨床及立轴圆台平面磨床。

2. 磨床组成

　　（1）外圆磨床组成

　　外圆磨床由砂轮架、头架、尾架、工作台及床身等组成，如图8-63所示。砂轮安装在砂轮架主轴的前端，由单独的电动机驱动作高速旋转主运动。工件安装在头架及尾架顶尖之间，由头架主轴带动工件作圆周进给运动。头架与尾架均安装在工作台上，工作台由液压传动系统带动，沿床身导轨作往复直线进给运动。砂轮架可以通过液压系统或横向进给手轮得到机动或手动横向进给。工作台由上下两部分组成，为了磨削外圆锥面，上层工作台可在水平面内转动±8°。外圆磨床主要用于磨削外圆柱面、外圆锥面及台阶端面等。

　　（2）内圆磨床组成

　　内圆磨床由头架、砂轮架、工作台、床身等主要部件组成，如图8-64所示。头架固定在床身上，工件安装在头架主轴前端的卡盘中，由头架主轴带动，作圆周进给运动。砂轮安装在砂轮架内的内磨头主轴上，由单独的电动机驱动作高速旋转主运动。砂轮架安装在工作台上，工作台由液压传动系统带动作往复直线运动一次，砂轮架横向进给一次。为

图8-63　外圆磨床

图8-64　内圆磨床

了便于磨削锥孔,头架还可以绕垂直轴线转动一定角度。内圆磨床主要用于磨削各种圆柱孔和圆锥孔。

（3）卧轴矩台平面磨床组成

卧轴矩台平面磨床由砂轮架、立柱、工作台及床身等主要部件组成,如图 8-65 所示。卧轴矩台平面磨床的砂轮轴呈水平位置,磨床的工作台为矩形,磨削时用砂轮的周边对工件进行磨削。砂轮安装在砂轮架的主轴上,砂轮主轴由电动机直接驱动。砂轮主轴高速旋转是主运动;砂轮架可以沿滑座下面的燕尾形导轨移动实现周期性横向进给;转动升降手轮,可以使砂轮架沿立柱导轨移动,实现垂直进给;工件一般直接放置在电磁工作台上,依靠电磁铁的吸力可以将导磁性的工件吸紧,电磁吸盘随磨床工作台一起安装在床身上,沿床身导轨作纵向往复进给运动。磨床的纵向往复运动和砂轮架的横向周期进给运动一般依靠液压传动实现。

（4）立轴圆台平面磨床

立轴圆台平面磨床由砂轮架、立柱、工作台及床鞍等主要部件组成,如图 8-66 所示。立轴圆台平面磨床的砂轮轴呈垂直位置,磨床的工作台为圆形。圆形工作台装在床鞍上,它除了做旋转运动实现圆周进给外,还可以随同床鞍一起沿床身导轨快速趋进或退离砂轮以便装卸工件;砂轮架可沿立柱导轨移动实现砂轮的周期性垂直进给;砂轮高速旋转是主运动,磨削时用砂轮的端面进行磨削。

图 8-65　卧轴矩台平面磨床

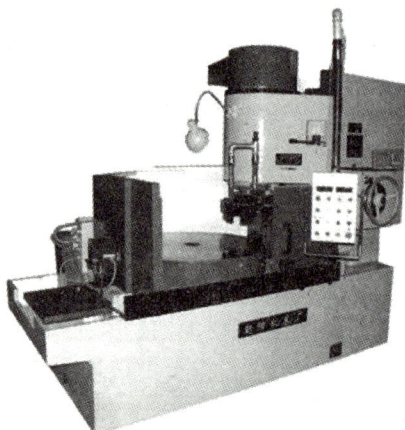

图 8-66　立轴圆台平面磨床

3. 砂轮

砂轮是由一定比例的硬度很高的粒状磨料和结合剂压制烧结而成的多孔性磨具,如图 8-67 所示。砂轮的性能主要取决于其内部的磨料、粒度、结合剂、硬度、组织、形状、尺寸及线速度等因素。砂轮是一种特殊刀具,也是一种标准件,其上的每一个颗粒相当于一个刀齿,整块砂轮即相当于一把多齿铣刀,磨削时凸出的颗粒从工件表面切下微小的切屑。各种形

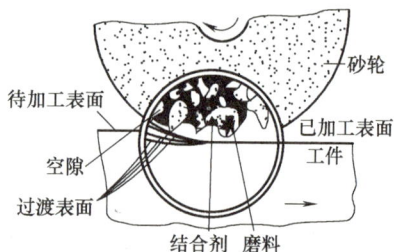

图 8-67　砂轮及其磨削示意图

状的砂轮如图 8-68 所示。

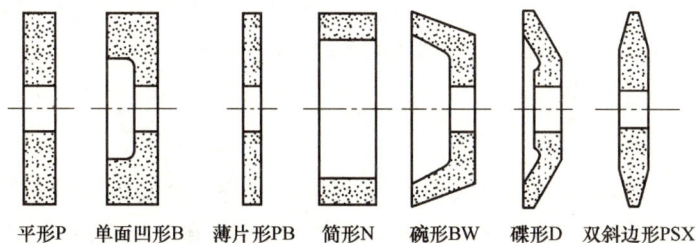

平形P　单面凹形B　薄片形PB　简形N　碗形BW　碟形D　双斜边形PSX

图 8-68　各种形状的砂轮

砂轮的磨料应具有很高的硬度和耐热性,又具有适当的韧性和强度,常用的磨料是刚玉类和碳化硅类。砂轮的粒度表示磨粒的大小程度。通常磨粒的粒度号越大,磨粒的尺寸越小,则加工表面的表面粗糙度值越小,生产效率越低。粗磨时适宜选用粒度号较小的砂轮(颗粒较粗);精磨时则适宜选用粒度号较大的砂轮(颗粒较细)。

4. 磨床的应用范围

磨床主要用于加工硬度较高的材料(如淬硬钢、硬质合金等),也能加工脆性材料(如玻璃、陶瓷、花岗石等),但磨床不适合磨削塑性较好的非铁金属。磨床的主要应用范围是磨削各种内外圆柱面、平面、沟槽、成型面(如齿轮、螺纹)等,如图 8-69 所示。磨床既可进行高精度和表面粗糙度值很小的磨削加工,也可以进行高效率的磨削加工(如强力磨削等)。

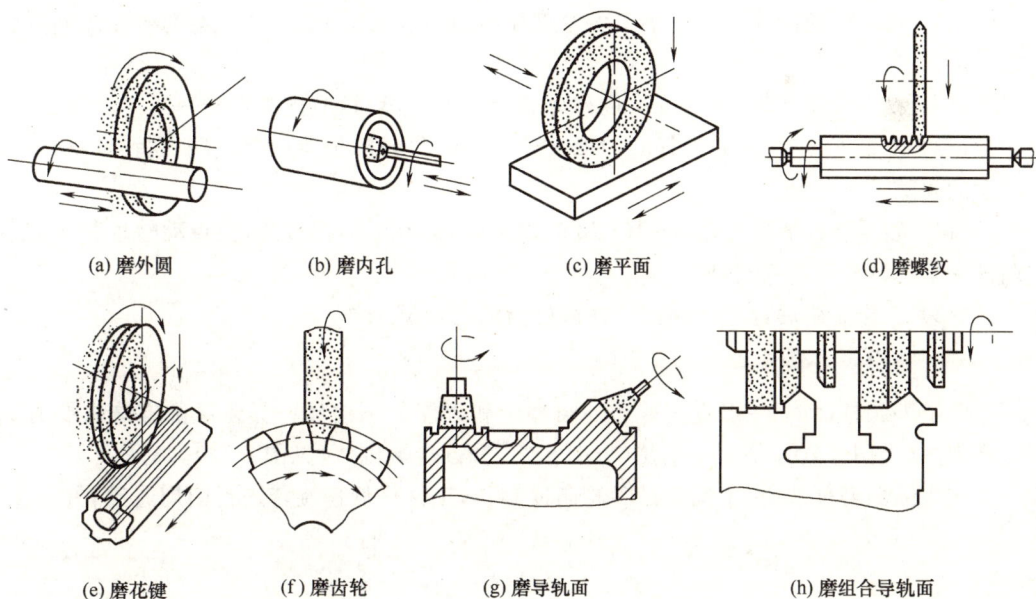

(a) 磨外圆　　　(b) 磨内孔　　　(c) 磨平面　　　(d) 磨螺纹

(e) 磨花键　　　(f) 磨齿轮　　　(g) 磨导轨面　　　(h) 磨组合导轨面

图 8-69　磨床的主要应用范围

5. 磨削工艺特点

磨削是指用磨具以较高的线速度对工件表面进行精加工的方法。磨削可以加工其他机床不能加工或很难加工的高硬度材料；磨削速度高，在磨削过程中产生的温度高；砂轮具有自锐性；磨削具有较强的适应性，可以获得高精度（IT7～IT5）和低粗糙度值（$Ra=0.8\sim0.2\mu m$）的加工表面，是机械零件精密加工的主要方法之一，一般也是机械加工的最后一道工序。

6. 磨削加工安全文明操作规程

为了确保磨削加工时的安全操作，工作中必须遵守下列安全文明规程。

（1）工作时应穿工作服，女同志应戴工作帽，头发塞在工作帽内。干磨或修整砂轮时要戴防护眼镜。

（2）检查砂轮是否松动，有无裂纹，防护罩是否牢固、可靠，发现问题时不准开动。

（3）砂轮正面不准站人，操作者应站在砂轮的侧面。

（4）砂轮转速不准超限，进给前要选择合理的吃刀量，要缓慢进给。

（5）装卸工件时，砂轮要退到安全位置。

（6）砂轮未退离工件时，不得停止砂轮转动。

（7）用金刚石修砂轮时，要用固定架将金刚石衔住，不准用手拿着修。

（8）吸尘器必须保持完好有效，并充分利用。

（9）干磨工件不准中途加冷却液；湿式磨床冷却液停止时应立即停止磨削；湿式作业工作完毕应将砂轮空转5min，将砂轮上的冷却液甩掉。

（10）根据砂轮使用说明书，选用与磨床主轴转速相符的砂轮。对砂轮应进行全面检查，发现砂轮质量、硬度和外观裂纹缺陷时不能使用。

（11）安装砂轮的法兰不能小于砂轮直径的1/3或大于1/2。法兰盘与砂轮之间要垫好衬垫。

（12）直径大于或等于200mm的砂轮装上砂轮卡盘后，应先进行静平衡。

（13）砂轮安装完后，要安好防护罩。砂轮侧面要与防护罩内壁之间保持20～30mm以上的间隙。

（14）砂轮装好后要经过5～10min的试运转，启动时不要过急，要点动检查。未安装调试完毕的砂轮不准移交使用。

（15）工作完毕后，应关闭电源，并做好清洁与保养工作。

7. 外圆柱面磨削实训案例

磨削外圆柱面时，一般选择普通外圆磨床和万能外圆磨床。具体磨削方法主要有纵向磨削法（见图8-70）、切入磨削法（见图8-71）和混合磨削法（见图8-72）。

采用纵向磨削法时，主运动是砂轮高速旋转，工件作低速旋转进行圆周进给，并与工

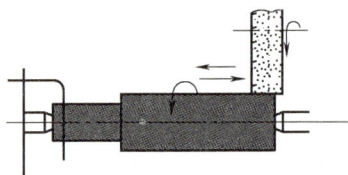

图 8-70 纵向磨削法　　　　图 8-71 切入磨削法　　　　图 8-72 混合磨削法

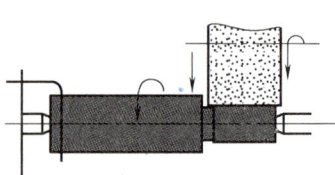

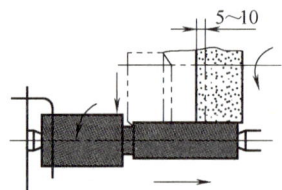

作台一起作纵向往复运动进行纵向进给。工作台每往复一次行程终了时,砂轮作周期性横向进给,每次横向进给的磨削深度较小,通过多次往复行程将磨削余量逐步磨去。纵向磨削法具有磨削深度小、磨削力小、磨削温度低、加工精度和表面质量高等优点。但纵向磨削法加工时间长,生产率低,适合于磨削细长轴类工件。

采用切入磨削法时,主运动是砂轮高速旋转,工件只作低速圆周进给运动,砂轮以很慢的速度连续或断续作横向进给运动,直到磨去全部磨削余量。切入磨法生产效率高,但磨削力大,磨削温度高,排屑难,散热差,工件易产生烧伤和变形,加工精度比纵向磨削法低,表面粗糙度值 Ra 较大。切入磨削法主要用于磨削工件刚性较好、长度较短的外圆表面以及有台阶的轴颈。

采用混合磨削法时,先用切入磨削法将工件分段进行粗磨,相邻两段间留有 5~15mm 的搭接,留较小的磨削余量,最后采用纵向磨削法精磨至所需尺寸及精度。混合磨削法既有切入磨削法的高生产率优点,又有纵向磨削法的高加工精度及低的表面粗糙度值优点。混合磨法适合于磨削加工余量较大和刚性较好的工件。

五、拉床及其应用

1. 拉床的分类

拉床是用拉刀作为刀具以加工工件通孔、平面和成型表面的机床。拉床按加工表面进行分类,可分为内拉床和外拉床。拉床按结构和布局形式进行分类,可分为立式拉床和卧式拉床。此外,还有齿轮拉床、内螺纹拉床、全自动拉床、数控拉床和多刀多工位拉床等。拉削加工时,一般工件不动,拉刀做直线运动切削,如图 8-73 所示。

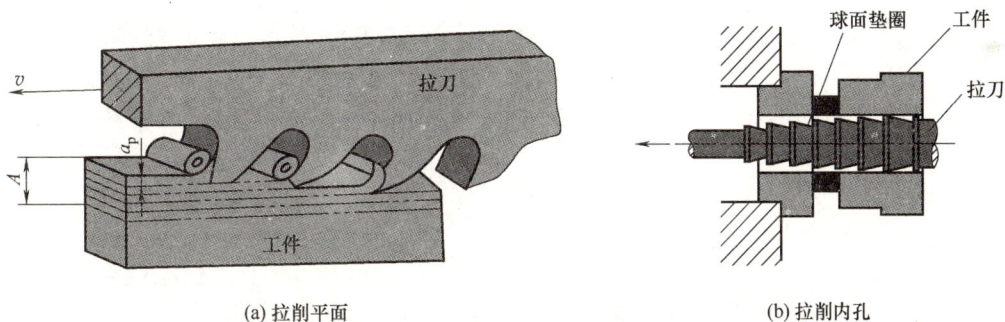

(a) 拉削平面　　　　　　　　　　(b) 拉削内孔

图 8-73　拉削运动

内拉床用于拉削内表面,如花键孔、方孔等。拉削时工件贴住端板或安放在平台上,传动装置带着拉刀做直线运动,并由主溜板和辅助溜板接送拉刀。内拉床有卧式拉床(见图 8-74)和立式拉床之分。卧式拉床应用较普遍,可加工大型工件,但占地面积较大;立式拉床占地面积较小,但拉刀行程受到限制。

外拉床用于外表面拉削,主要有立式外拉床(见图 8-75)、侧拉床和连续拉床等。对于立式外拉床来说,拉削时工件固定在工作台上,垂直设置的主溜板带着拉刀自上而下地拉削工件;对于侧拉床来说,拉床卧式布局,拉刀固定在侧立的溜板上,在传动装置带动下拉削工件,便于排屑,适用于拉削大平面、大余量的外表面,如气缸体的大平面和叶轮盘榫槽等;对于连续拉床来说,较多采用卧式布局,分为工件固定和拉刀固定两类。前者由链条带动一组拉刀进行连续拉削,它适用于拉削大型工件;后者由链条带动多个装有工件的随行夹具通过拉刀进行连续拉削,它适用于拉削中小型工件。

图 8-74　卧式拉床

图 8-75　立式外拉床

2. 拉床的结构和运动

卧式拉床在生产中应用较普遍,可加工大型工件,其结构如图 8-76 所示。拉削时,拉刀可使被加工工件表面在一次走刀中成型,所以拉削时只有一个主运动,进给运动是依靠拉刀的后一个刀齿高出前一个刀齿来实现的,相邻刀齿的高出量称为齿升量。拉削过程中,拉刀承受的切削力很大,拉刀应平稳地作低速直线运动。拉刀的主运动通常是由液压驱动的,拉刀或固定拉刀的随动刀架(或滑座)通常由液压缸的活塞拉杆带动。

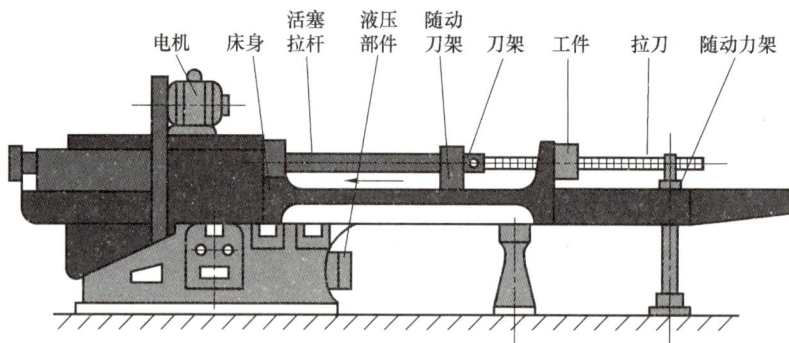

图 8-76　卧式拉床结构示意图

3. 拉刀

拉刀是多齿刀具,以圆孔拉刀为例(见图 8-77),从左向右其切削部分由一系列的刀齿组成,而且刀齿直径逐渐增大。当拉刀相对工件做直线运动时,拉刀上的刀齿一个一个地依次从工件的内表面上切削一层很薄的金属。校准部用来校准孔径和修光孔壁,当全部刀齿逐渐通过工件内孔后,既完成了工件的内孔加工。所以拉刀可一次将工件加工完毕,生产效率较高,加工工件质量好。

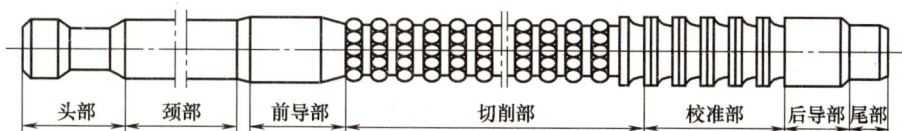

图 8-77 圆孔拉刀

4. 拉床的应用范围

在拉床上可以加工各种孔、平面、半圆弧面以及一些不规则表面。按加工表面进行分类,拉削可分为内拉削和外拉削。内拉床主要用于拉削内表面,如花键孔、方孔、多边形孔、圆孔、内齿孔等;外拉床主要用于拉削平面、成型面、外齿轮叶片的榫头等。如图 8-78 所示是适合于拉削的各种型孔。

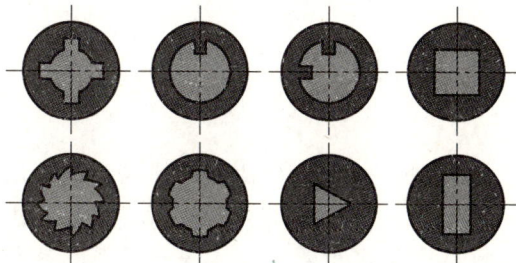

图 8-78 适合于拉削的各种型孔

拉削加工的孔必须预先经过钻削或镗削加工,被拉孔的长度一般不超过孔径的 3 倍。拉削时,工件的外形应易于准确地安装在拉床上,否则加工时易产生误差。如果拉削前,孔的端面未经加工,则应将其端面贴紧在球面垫圈上,拉削时可以使工件上的孔自动调整到与拉刀轴线一致的方向上。

5. 拉削的工艺特点

(1)生产效率高。拉削时,拉刀可使工件被加工表面在一次走刀中完成粗加工、半精加工和精加工,缩短了辅助时间,因此,生产效率较高。

(2)加工精度高,表面粗糙度值较小。拉削的经济加工精度可达 IT9～IT7,表面粗糙度值为 $Ra=1.6\sim0.4\mu m$。但拉削不能纠正孔的位置误差。

(3)拉床结构和操作比较简单,拉削过程平稳。拉床采用液压传动,拉削过程中拉刀平稳地作低速直线运动。

(4)拉削适应性差。拉削不能加工台阶孔、盲孔和特大直径的孔,也不宜拉削薄壁孔。

(5)拉刀制造成本高,拉削适用于大批量生产。拉刀结构复杂,制造费用高,一把拉刀只能加工一种规格的表面,故拉削加工主要用于大批大量生产。

6. 拉削加工安全文明操作规程

为了确保拉削加工时的操作安全,工作中必须遵守下列安全文明规程。

(1) 工作时应穿好工作服,女同志应戴工作帽,头发塞在工作帽内。

(2) 熟悉拉床使用和操作规程。

(3) 加工过程中要集中精力,注意观察压力表变化、声音变化以及振动和爬行等情况,然后根据实际情况及时对拉床进行检测和调整。

(4) 拉削过程中,不允许用手接触拉刀刃部,以免伤手;严禁对着拉刀站立,以防拉刀和斜铁崩断伤人。

(5) 停车后,取出拉刀,清理铁屑,小心刀刃伤手。

(6) 拉床导轨面不允许放置其他物品(如工具、量具等),要保持导轨面清洁。

(7) 工件堆放要平稳整齐,以防倒塌伤人。拉刀应吊放在专业吊架上。

(8) 拉削结束后,拉杆要退回缸体内,各操作手柄应处在停止或空挡位置,然后及时清理场地。

模块七　特种加工与先进加工技术简介

随着电子和信息技术的发展,人类对产品性能、质量和个性化的要求越来越高,零件的结构也越来越呈现多样化和复杂化,面对这些要求和变化,采用传统的加工方法已经不能满足生产需要,于是,科技人员逐步研发出了一些成熟的特种加工方法和先进加工技术。

一、特种加工简介

特种加工是直接将电、磁、声、光等能量或其组合施加在工件的待加工面上,去除多余的材料,使工件成为符合设计要求的零件加工过程。特种加工是最近几十年发展起来的新工艺,是对传统加工方法的发展和补充,它在航天、电子、仪器仪表、汽车等行业中已经成为不可缺少的加工方法。

特种加工的主要特点是:它不使用刀具或磨具等,而是直接利用机械能对工件进行切削加工,是利用电、磁、声、光等能量直接施加在被加工材料上进行加工,并获得需要的零件;它可以完成传统机械加工方法难以加工的材料(如高塑性、高硬度、高脆性的材料等)以及精密、精细和形状复杂工件的加工。目前,特种加工方法种类较多,主要有电火花加工、电解加工、超声波加工、激光加工、电子束加工和离子束加工等。

1. 电火花加工

电火花加工是指利用浸在工作液中的两极间脉冲放电时产生的电蚀作用蚀除导电材料的特种加工方法,又称放电加工或电蚀加工。

电火花加工机床主要有电火花成型加工机床和电火花线切割机床。电火花成型加工机床主要由机床主机(包括床身、立柱、工作台及主轴头等)、控制柜及工作液净化循环系统组成。电火花线切割机床由主要机床部分(包括送丝机构、丝架、工作台和床身等)、脉冲电控制部分和工作液循环系统组成。

电火花加工原理如图 8-79 所示。加工时,将工具电极和工件放入绝缘液体介质中,当在工具电极和工件之间加上脉冲电源时,逐渐缩短工具电极和工件电极之间的间隙,就会在工具电极和工件之间产生脉冲性火花放电。在放电通道中产生的大量热能使金属局部熔化甚至气化,并在放电爆炸力的作用下,将熔化的金属微粒抛出去,从而达到蚀除金属的目的。抛出去的金属微粒经工作液循环系统过滤后被带走。每一次脉冲放电后工件表面上便产生微小放电痕,这些微小放电痕的大量积累就实现了工件电火花加工,最终工具电极的形状就精确地"复制"在金属工件上。

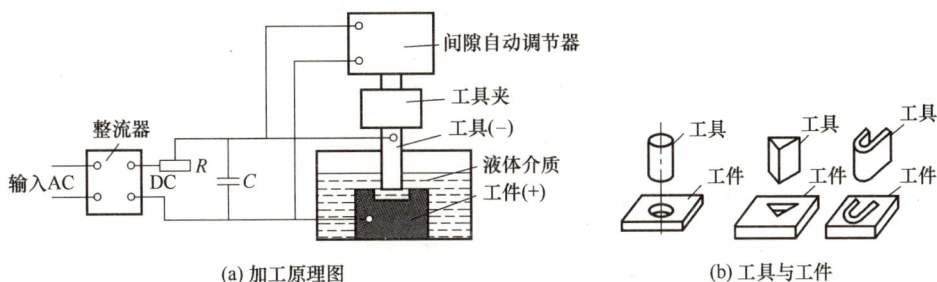

(a) 加工原理图　(b) 工具与工件

图 8-79　电火花加工原理图

电火花加工的特点是:可以加工任何高熔点、高强度、高硬度、高脆性、高黏性、高韧性、高纯度的导电材料,能够实现"以柔克刚"的加工效果;电火花加工是一种非接触式加工方法,加工时"无切削力",几乎没有热变形影响;只需更换工具电极和调节脉冲参数,就能在一台电火花加工机床上进行粗加工、半精加工和精加工。但电火花加工生产率较低,有电极损耗,影响加工精度,它主要适合于加工冲模、挤压模、塑料模以及带有小孔、深孔、弯孔、异形小孔、槽和曲线形空腔的工件。

利用电火花加工原理,还可以进行电火花线切割。如图 8-80 所示是用沿着自身轴线运行的电极丝(钼丝)作工具电极的电火花线切割原理。电火花线切割在切割过程中无明显的机械切削力,也没有明显的电极损耗,加工精度较高,但不能加工曲面。目前,国内外数控电火花线切割机床都采用了不同水平的微机数控系统,实现了电火花线切割数控化。电火花线切割广泛用于加工各种冲裁模(冲孔和落料用)、样板以及各种形状复杂型孔、型面和窄缝等。

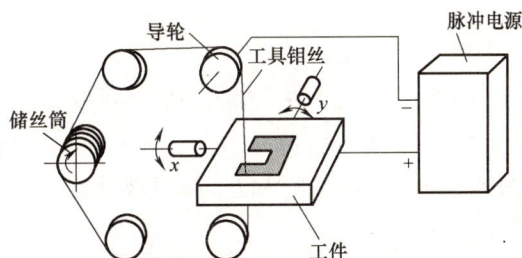

图 8-80　电火花线切割原理图

2. 电解加工

电解加工(或电化学加工)是利用电解过程中的阳极溶解原理,并借助于成型阴极,将工件按一定形状和尺寸加工成型的一种工艺方法。电解加工机床主要由机床主体、直流电源和电解液系统组成,如图8-81所示。

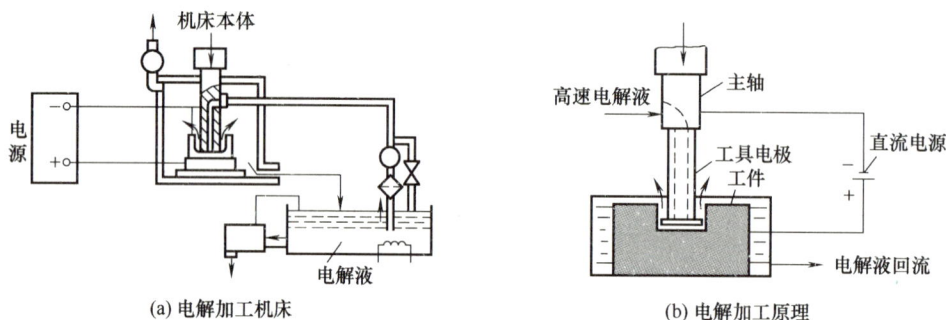

图 8-81　电解加工机床及其加工原理

电解加工时,工具电极接直流电源的负极(或阴极),金属工件接直流电源正极(或阳极)。然后在金属工件和工具电极之间接上低电压(6~24V)、大电流(有时可达20000A)的稳压直流电源。工具电极慢慢地向工件进给,在两极之间形成狭小间隙(通常为0.1~0.8mm),让导电电解液高速(5~60m/s)通过,这样金属工件就开始按工具电极的形状逐渐地溶解,同时溶解的产物被高速流动的电解液不断冲走,从而使阳极溶解过程能够连续地进行,最终工具电极的形状便"复制"在金属工件上。

电解加工的特点是:可以加工高硬度、高强度和高韧性的难切削金属材料(如淬火钢、高温合金、钛合金等);加工过程中无机械力和切削热,加工面上不存在应力和变形,工件无金相组织变化,适合于加工易变形工件或薄壁工件;加工后无毛刺,工件表面加工质量较高($Ra=0.8\sim0.2\mu m$);可以一次性加工出形状复杂的型面或型孔,如锻模、冲压模、叶片、叶轮、深孔(如炮管膛线、枪管内的来复线等)。电解加工的缺点是难以实现高精度加工,所需的附属设备较多,占地面积较大;电解液对机床有腐蚀作用,机床维护费用较高,电解产物的处理和回收也较难,需要采取防腐蚀和防污染措施。

电解加工的生产效率比电火花加工高5~10倍,适合于成批和大量生产,目前电解加工已经成为航空航天、兵器、医疗器械、电子行业中的重要加工方法之一,广泛应用于加工发动机叶片、叶轮、模具中。此外,电解加工还用于电解抛光、去毛刺、切割、雕刻和刻印等方面。

3. 超声波加工

超声波加工是在含有磨料的液体介质中或干磨料中,利用超声波作动力,带动磨料冲击工件表面,以产生磨料的冲击、抛磨、液压冲击及空化作用来去除材料的加工方法。超声波加工机床有立式和卧式两种,其组成主要包括超声波发生器、超声波振动系统、机床主体、磨料悬浮液及循环净化系统等。

超声波加工机床和原理如图8-82所示。加工时在工具(采用韧性材料制造,如未淬火的碳素钢)和工件之间注入液体(水或煤油等)与磨料(碳化硼、三氧化二铝等)混合的悬浮液,磨料在工具的超声波振动和一定压力的作用下,获得高速冲击能量,以极高的冲击速度不断地撞击和抛磨工件表面,使工件材料产生局部破碎。随着悬浮液的高速搅动和循环流动,磨料不断得到更新,被粉碎下来的微粒也被循环流动的悬浮液带走。随着工具逐渐地伸入工件中,工具的形状便"复制"在工件上,最终完成加工过程。

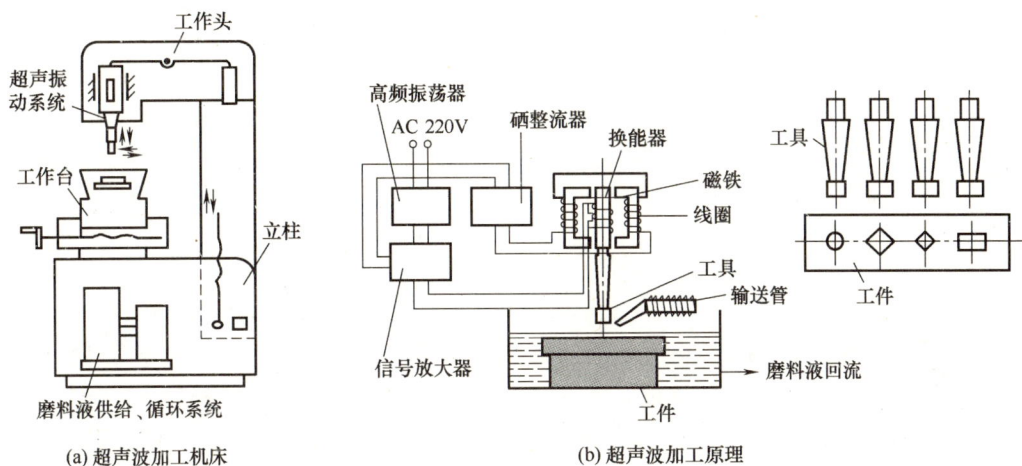

图 8-82　超声波加工机床和原理

　　超声波加工的特点是:要求磨料的硬度大于工件材料的硬度,工具材料的硬度可以小于工件材料的硬度(但工具磨损较大);加工过程中,对工件的宏观作用力小、热影响小,工件表面粗糙度值可达 $Ra=0.63\sim0.08\mu m$,加工精度可达 $0.01\sim0.02mm$,加工质量优于电火花加工和电解加工;超声波加工机床结构简单,操作与维修方便,但生产效率较低。

　　超声波加工适合于加工各种硬脆材料,特别适合加工非金属材料和半导体材料(如玻璃、陶瓷、石英、锗、硅、石墨、玛瑙、宝石、金刚石等),也适合于加工薄壁和窄缝零件,适合于加工各种硬脆材料上复杂形状的孔、型腔、成型表面等。

4. 激光加工

　　激光是由于原子的受激辐射而产生的,它是一种能量高度集中、亮度高、方向性好、单色性好的相干光。激光的能量密度远高于其他光源,激光经过聚焦在焦点附近可产生 10^4 ℃以上的高温,可在很短时间内迅速熔化、蒸发和汽化被照射材料。激光加工就是利用激光束与物质相互作用的特性对材料(包括金属与非金属)进行切割、焊接、表面处理、打孔及微细加工的工艺方法,它是一种汇集光、电、材料及计算机等技术于一体的现代加工方法。

　　如图 8-83 所示,当激光器的工作物质(钇铝石榴石)受到光泵(激励脉冲灯)的激发后,会有少量激发粒子发生受激辐射跃迁,形成光放大。放大的光通过全反射镜和部分反射镜的反馈作用产生振荡,并从聚光器的一端输出激光。激光通过透镜聚焦形成高能光束,照射到工件的待加工表面上,即可进行激光加工。由于聚焦区域小、亮度高,温度可达

10000℃以上,被照射材料瞬时急剧熔化和蒸发,并产生强烈的冲击波,使熔化物质以爆炸方式喷射出去,激光加工就是利用这种原理实现的。固体激光器中常用的工作物质除了钇铝石榴石外,还有红宝石和钛玻璃等材料。

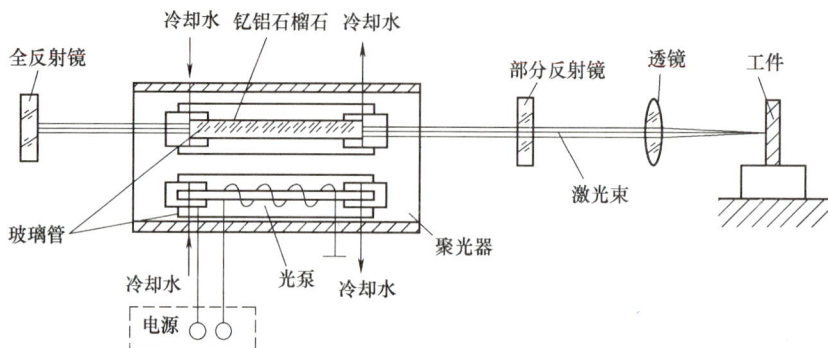

图 8-83　固体激光器加工原理图

　　与传统的加工方法相比,激光加工的特点是:应用范围广,几乎所有的金属材料和非金属材料都可以进行加工,特别适合于在极硬、极脆、极薄、极软和熔点极高的难加工材料上加工出各种微孔(如直径为 0.01～1mm 的微孔)、深孔(如深径比 50～100 的孔)、窄缝等;激光加工时不需要刀具,加工过程中热影响区小,工件几乎无变形,加工质量高、速度快、效率高(如打一个孔仅需 0.001s);激光加工时,可以通过透明介质对工件进行加工,不需要高电压、高真空环境以及射线保护装置等;激光加工时与计算机数控技术结合,可以组成高效自动化加工设备,从而大大降低劳动强度。

　　激光加工应用广泛,非常适合于对工件进行穿孔、蚀刻、切割等加工,主要用来加工化纤喷丝头、仪表中的宝石轴承、金刚石拉丝模具、火箭发动机和柴油机的燃料喷嘴、集成电路划片和精密零件的微型切割等。例如,利用激光可在硬质合金化纤喷丝头(ϕ100mm)上加工出 12000 个 ϕ0.06mm 的微孔。目前,激光加工工艺正得到快速发展,已逐步形成一个涉及领域广泛的新的材料加工技术。

5. 电子束加工

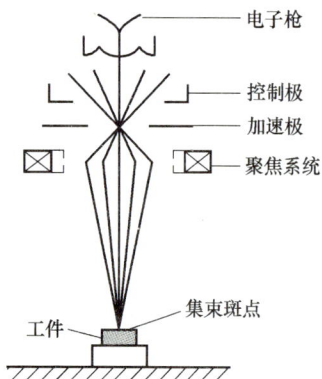

图 8-84　电子束加工原理图

　　电子束加工在真空条件下,利用电子枪中产生的电子经加速、聚集,形成高能量大密度的细电子束以轰击工件被加工部位,使该部位的材料熔化和蒸发,从而进行加工,或利用电子束照射引起的化学变化而进行加工的方法。

　　如图 8-84 所示,在真空条件下,阴极发射的电子束经加速极加速后,通过聚焦系统形成高能量密度的电子束。当高能电子撞击工件材料时,因电子质量小、速度大,动能几乎全部转化为热能,使工件材料被冲击部分的温度在瞬间就升高到几千摄氏度以上,在热量还来不及向周围扩散时,就已把局部材料瞬时熔化、汽化,直到将材料蒸发去除,从而实现加工目的。

电子束加工的特点是:加工速度快,生产效率高,如打孔时每秒钟可以在 0.1mm 厚的钢板上加工出 3000 个直径为 0.2mm 的微孔;电子束加工可控性能好,电子束的粗细、强度和位置均可利用电场或磁场进行控制;工件几乎不产生应力和变形,并且加工是在真空室内进行的,熔化时没有氧化作用;电子束加工适应范围广,各种金属和非金属都可以采用此方法进行加工,它常用于在不锈钢、耐热钢、合金钢、陶瓷、玻璃和宝石等材料上加工微孔、深孔和窄缝,还用于焊接、切割、热处理、蚀刻等方面。

6. 离子束加工

离子束加工是利用离子源产生的离子,在真空中经加速聚焦而形成高速、高能的束状离子流,从而对工件进行加工的方法。

离子束加工原理与电子束加工原理类似,是在真空条件下,把氩、氪、氙等惰性气体通过离子源作用产生离子束并经过加速、集束、聚焦后,投射到工件表面的加工部位,实现对工件进行去除加工的方法,如图 8-85 所示。与电子束加工不同的是离子的质量比电子的质量大千万倍,如氢离子,其质量是电子质量的 1840 倍,氩离子的质量是电子质量的 7.2 万倍。由于离子的质量大,故在同样的电场中加速较慢、速度较低,但一旦加速到最高速度时,离子束则比电子束具有更大的能量。

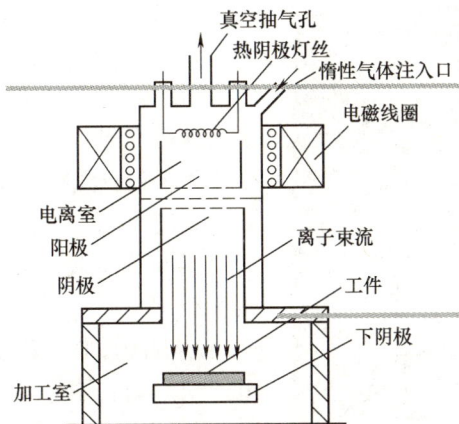

图 8-85　离子束加工原理图

离子束加工的特点是:可控性能好,离子束通过离子光学系统调整和控制,可以精确地控制离子束流注入的宽度、深度和浓度等,因此,可以精确地控制加工效果;由于离子束加工是在真空中进行的,因此,加工时几乎无氧化现象,非常适合于加工易氧化的材料;离子束加工过程中,工件几乎不产生应力和变形。

目前,离子束加工主要用于精密、微细及光整加工,特别适用于亚微米至纳米级精度的加工。通过对离子束流密度和能量的控制,可对工件进行离子溅射、离子铣削、离子蚀刻、离子抛光和离子注入等加工。例如,利用离子溅射,可加工非球面透镜,以及对金刚石刀具做最后刃磨等;利用离子蚀刻,并借助于掩膜技术可以在半导体上刻出小于 $0.1\mu m$ 宽度的沟槽;利用离子抛光,可以把工件表面的原子一层层地抛掉,从而加工出没有缺陷的光整表面。

二、先进制造技术简介

随着现代科技的发展以及产品精度的不断提高,传统的零件制造技术已不能满足生产需要,于是一些先进的零件制造技术便脱颖而出。先进制造技术(或现代制造技术)是指制造业不断吸收信息技术、计算机技术和管理技术的成果,并将其综合应用于产品设计、加工、检测、管理、销售、使用、服务及回收的制造全过程中,以实现优质、高效、节能、清洁及灵活生产,提高企业对动态多变市场的适应能力和竞争能力的制造技术的总称。目前,先进制造技术主要有水射流切割、超精密加工技术、成组技术、柔性制造系统(FMS)、虚拟制造技术、绿色制造与绿色加工技术以及 3D 打印技术等。

先进制造技术是一个国家综合国力的标志之一,世界工业发达国家都在高度重视它,如美国为了捍卫其在制造业中的霸主地位,通过大量研究报告为美国制造业的发展规划蓝图,并通过立法,促进制造业和制造技术的发展与进步;日本通过大力发展先进制造技术,获得了巨大成功,赢得了巨大的销售市场;欧洲各国为了与美国和日本抗衡,也在积极发展制造业,赶超美国和日本。下面介绍部分成熟的先进制造技术。

1. 水射流切割

"水滴石穿"让人们看到秉性柔弱的水存在着潜在的威力。工程技术人员运用液体增压原理,通过特定的装置(增压口或高压泵),将动力源(电动机)的机械能转换成压力能,并将压力能作用在液体(如水)上,具有巨大压力能的液体在通过小孔喷嘴时,可再将压力能转变成机械能(动能),从而形成高速水射流(或高压水流)。利用高速水射流可以切割各种金属材料和非金属材料,并形成水射流切割,如图 8-86 所示。

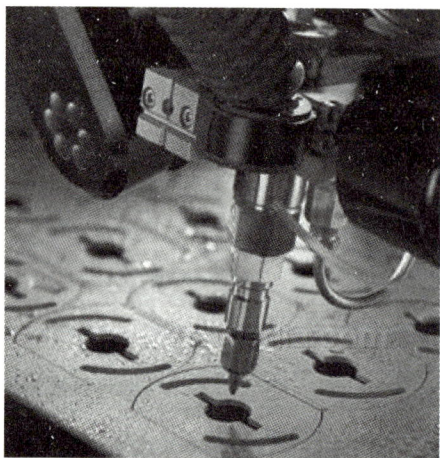

图 8-86　水射流切割

水射流切割又称水刀、水射流,是集机械、电子、计算机、自动控制技术于一体的高新技术,是近二十年兴起的一项冷态切割新工艺。与传统的切割工艺相比,水射流切割具有切缝窄(0.8~2mm),切口平整,无热变形,无边缘毛刺,切割速度快,效率高,切割无污染等优点,因其不破坏材料内部组织,节省材料,切割智能化程度高等优点被广泛应用于切割各种金属、非金属、复合材料,以及对陶瓷和石料进行拼花加工等。

目前,水射流切割的用途主要有三个方面:第一是切割非可燃性材料,如大理石、瓷砖、玻璃、水泥制品等材料,这是热切割无法加工的材料;第二是切割可燃性材料,如钢板、塑料、布料、聚氨酯、木材、皮革、橡胶等,以往的热切割也可以加工这些材料,但容易产生燃烧区和毛刺,但水射流切割则不会产生燃烧区和毛刺,而且被切割材料的物理性能和力学性能不发生改变;第三是切割易燃易爆材料,如弹药(如炮弹切割)和易燃易爆环境内的切割,这是其他加工方法无法取代的。

2. 超精密加工技术

超精密加工技术是指加工误差在 $0.1\sim0.01\mu m$，表面粗糙度值 $Ra<0.02\mu m$ 的加工技术，如金刚石刀具超精密切削、超精密磨料加工(如金刚石微粉砂轮超精密磨削、超精密砂带磨削技术)、超精密特种加工(如电子束、离子束、激光束加工等)和复合加工(如电解研磨、机械化学研磨、超声研磨)等。超精密加工技术的目的是提高零件的加工精度，它广泛应用于高新技术领域、军事工业及高精度机电设备制造中，如精密测量仪器、激光核聚变用反射镜、军用飞机、航天器、导弹、潜艇、精密陀螺仪、复印机磁鼓、摄像机磁头及精密机床中的精密丝杠、精密齿轮、精密蜗轮、精密导轨、精密轴承等都需要采用超精密加工技术。

超精密加工的目的是：提高装配水平，实现自动化装配；提高零部件互换性；采用高精度机床，提高产品质量，降低废品率；提高零件的耐磨性和组装精度。目前，实现超精密加工的方法主要有超精密切削、超精密磨削与研磨、超精密特种加工三大类。例如，利用金刚石刀具进行超精密切削，可加工各种镜面，解决了激光核聚变系统和天体望远镜的大型抛物面镜的加工；采用超精密磨削和研磨可以加工大规模集成电路基片和高密度硬磁盘的涂层表面；采用精密特种加工(如电子束、离子束刻蚀方法)，可以加工大规模集成电路芯片上的图形。

3. 成组技术(GT)

成组技术是遵循事物的相似性原理，把许多具有相似信息的问题汇归成组(或族)，以求用同一的方法解决，达到节省时间，提高生产效率的先进制造技术。成组技术发展至今，已经突破了工艺的范畴，扩展为综合性的成组技术，被广泛应用到产品设计、制造工艺、生产管理及企业的其他领域等方面，并成为现代数控技术、柔性制造系统和高度自动化集成制造系统的基础。

成组技术的核心是成组工艺。成组工艺是将相似的零件组成一个零件(或族)，按零件组制订统一的加工方案，以扩大生产批量和提高生产效率的生产方法。相似零件是指一些几何形状相似，尺寸相近，加工工艺也相似的零件。加工工艺的相似表现为三个方面：第一是采用相同的加工方法进行加工；第二是采用相似的夹具安装；第三是采用相似的测量工具进行测量。

4. 柔性制造系统(FMS)

柔性制造系统是由统一的信息控制系统、物料储运系统和一组数控加工设备组成，能够适应加工对象变换的自动化机械制造系统。它是由传输系统联系起来的一些设备(通常是具有换刀装置的数控机床或加工中心)。传输系统把工件放在托盘或其他连接装置上送到各加工设备，使工件加工准确、迅速和自动化。柔性制造系统的工艺基础是成组技术，它按照成组的加工对象确定工艺过程，选择相适应的数控加工设备、刀具及物料的储运系统，借助计算机技术，通过编程或对程序稍加调整就能在一定范围内可同时对几种不同的工件进行加工，从而实现"柔性"特点。

柔性制造系统具有加工制造和一定程度的管理功能，因此，采用柔性制造系统后，可显著提高劳动生产率，缩短制造周期和提高机床利用率，减少操作人员(可实现昼夜 24h 连续"无人化生产")，压缩在制品数量和库存量，可使加工成本降低，减少生产场地面积和设备数量，提高经济效益。如图 8-87 所示是一种柔性制造系统简图。

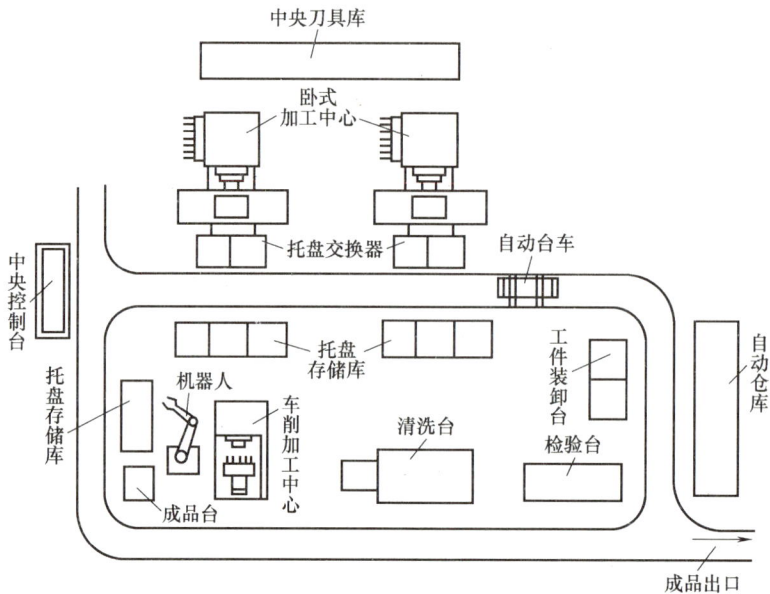

图 8-87　一种柔性制造系统简图

5. 虚拟制造技术

随着科技的不断发展,机械产品的生命周期越来越短,客户对产品的特殊需要也越来越复杂。在这种情况下,如果继续沿用传统的新产品开发模式,如"试制原型→反复试验→确定产品规格→投产",就难以适应市场需要,而且新产品的试制成本和试制风险也较高,为此工程技术人员利用虚拟制造技术就可以很方便地实现新产品的开发工作。虚拟制造技术就是将制造过程的计算机模型和仿真技术用于产品辅助设计和生产全过程的模拟技术。

虚拟制造技术的实质就是利用计算机进行建模和仿真,使新产品开发过程在计算机上模拟进行,不需要消耗物理资源。它可以帮助设计师和工程师预测新产品的功能,分析制造过程中存在的潜在问题,优化新产品开发方案,从而实现以最小的成本,保证新产品一次性开发成功。

6. 绿色制造与绿色加工技术

绿色制造是指在保证产品的功能、质量、成本的前提下,综合考虑环境影响和资源效率的现代制造模式。它的目的是使产品从设计、制造、使用及报废整个产品生命周期中不产生环境污染或者是产生的环境污染最小化,符合环境保护要求,对生态环境无害或危害极小,节约资源和能源,使资源利用率最高,能源消耗量最低。

绿色加工技术是指在不牺牲产品的质量、成本、可靠性、功能和能量利用率的前提下,充分利用资源,尽量减轻加工过程对环境造成的有害影响,达到加工过程中优质、低耗、高效及清洁化。例如,铸造生产过程中,采用电熔化技术代替冲天炉熔化,采用无砂、少砂的铸造新技术等都属于绿色加工技术。根据绿色加工技术追求的目标分类,可将绿色加工技术分为低物耗的绿色加工技术、低能耗的绿色加工技术、废弃物少的绿色加工技术和少污染的绿色加工技术。

根据采用的加工介质分类,可分为自然绿色加工和辅助绿色加工。自然绿色加工是指在机械加工时,除自然环境冷却外,不使用任何其他附加的介质(如冷风、水、植物油等),如干式切削(或磨削)、高速干式铣削等就是采用自然环境冷却的。辅助绿色加工是指把无污染冷却介质(或润滑油)输入切削区域,起到冷却或润滑等作用,如水射流加工和喷雾加工。

绿色制造技术及其相关理念正逐渐应用于企业生产中,如汽车和家电制造过程中,注重使用清洁燃料;采用新工艺,降低汽车尾气排放;使用轻型材料(如铝合金、复合材料等),降低汽车自重,减少能耗;回收汽车零部件,减少材料消耗,节省加工过程中的能源损耗等就是在贯彻绿色制造目标。

7. 3D打印技术

3D打印技术(或称三维打印技术),即快速成型技术的一种,它是一种以数字模型文件为基础,运用粉末状金属或塑料等可粘合材料,通过逐层打印的方式来构造物体的技术。3D打印技术通常是采用数字技术材料打印机来实现的,它常在模具制造、工业设计等领域被用于制造模型,后逐渐用于一些产品的直接制造,目前已经使用3D打印技术打印零部件。此外,3D打印技术还在珠宝、鞋类、工业设计、土木工程、汽车、航空航天、牙科、医疗产业、教育、地理信息系统、土木工程、枪支(见图8-88)以及其他领域都得到应用。

3D打印技术出现在20世纪90年代中期,实际上是利用光固化和纸层叠等技术的最新快速成型装置。日常生活中使用的普通打印机可以打印计算机设计的平面物品,而3D打印机(见图8-89)与普通打印机工作原理基本相同,只是打印材料有些不同,普通打印机的打印材料是墨水和纸张,而3D打印机内装有液体或粉末(如金属、陶瓷、塑料、砂)等不同的"打印材料",是实实在在的原材料,将3D打印机与计算机连接后,通过计算机控制系统可以将"打印材料"一层一层地叠加起来,最终把计算机上的蓝图变成实物。通俗地说,3D打印机是可以"打印"出真实的3D物体的一种设备,如打印一个机器人、打印一个玩具车,打印各种模型,甚至是食物等。之所以通俗地称其为"3D打印机",是参照了普通打印机的技术原理,因为分层加工的过程与喷墨打印十分相似。因此,3D打印技术又称为3D立体打印技术。

图 8-88　3D打印机打印的枪械零件　　　　图 8-89　3D打印机

3D打印存在着许多不同的技术。它们的不同之处在于以可用的材料不同，以及不同的构建方式。3D打印常用的材料有尼龙、玻璃纤维、耐用性尼龙材料、石膏材料、铝材料、钛合金、不锈钢、镀银、镀金、橡胶类材料等。

3D打印的设计过程是：先通过计算机建模软件进行建模，然后将建成的三维模型"分区"成逐层的截面，即切片，最后指导3D打印机逐层进行打印。

3D打印机通过读取文件中的横截面信息，用液体状、粉状或片状的材料将这些截面逐层地打印出来，然后再将各层截面以各种方式粘合起来从而制造出一个实体。3D打印技术的主要特点是其几乎可以制造出任何形状的物品。3D打印机打出的截面厚度通常为 $100\mu m$，即 $0.1mm$。

传统的制造技术（如注塑法）可以以较低的成本大量制造聚合物产品，而3D打印技术则可以以更快、更有弹性以及更低成本的办法生产数量相对较少的产品。例如，一个桌面尺寸的三维打印机就可以满足设计者或概念开发小组制造模型的需要。

目前，3D打印技术正迅速兴起，已成为炙手可热的新兴产业，它可以打印的立体产品种类也正在迅速增加。例如，利用3D打印技术可以打印建筑物、汽车、骨骼、牙齿、假肢、玩具、复杂模型等。

8. 工业机器人

工业机器人（见图8-90）是面向工业领域的多关节机械手或多自由度的机器装置，它能自动执行工作，是靠自身动力和控制能力来实现各种功能的一种机器。它通常配备传感器、机械手、刀具或其他可装配的加工工具等，可以接受人类指挥，也可以按照预先编排的程序运行。此外，现代工业机器人还可以根据人工智能技术制定的原则纲领行动。

图 8-90   工业机器人

工业机器人有以下几个显著特点。

（1）可编程。生产自动化的进一步发展是柔性启动化。工业机器人可随其工作环境变化的需要而再编程，因此它在小批量多品种具有均衡高效率的柔性制造过程中能发挥很好的功用，是柔性制造系统中的一个重要组成部分。

（2）拟人化。工业机器人在机械结构上有类似人的行走、转腰动作，具有大臂、小臂、手腕、手爪等部分，在控制上有计算机。此外，智能化工业机器人还有许多类似人类的"生物传感器"，如皮肤型接触传感器、力传感器、负载传感器、视觉传感器、声觉传感器、语言功能等。传感器提高了工业机器人对周围环境的自适应能力。

（3）通用性。除了专门设计的专用的工业机器人外，一般工业机器人在执行不同的作业任务时具有较好的通用性。例如，更换工业机器人手部末端操作器（手爪、工具等）便可执行不同的作业任务。

工业机器人由主体、驱动系统和控制系统三个基本部分组成。主体即机座和执行机构，它包括臂部、腕部和手部，有的工业机器人还有行走机构。大多数工业机器人有 3～6 个运动自由度，其中腕部通常有 1～3 个运动自由度；驱动系统包括动力装置和传动机构，用以使执行机构产生相应的动作；控制系统是按照输入的程序对驱动系统和执行机构发出指令信号，并进行控制。

工业机器人可代替人做某些单调、频繁和重复的长时间作业，或是在危险、恶劣环境下的作业，以及在原子能工业等部门中，完成对人体有害物料的搬运或工艺操作等。此外，工业机器人在汽车、家电、机械加工、食品加工等多个行业也得到广泛应用。

模块八　零件生产过程基础知识

在现代机械制造中，虽然零件的种类很多，它们之间在结构、材质、尺寸、技术要求及生产数量等方面存在差异，但它们有一个共同点，即一般都需要经历一系列的表面加工过程，借助不同的加工设备以及相关人员的密切配合，才能顺利完成一个合格零件的生产。因此，对于从事机械制造方面的人员来说，熟悉机械零件的生产过程及表面加工方法非常重要。

一、生产过程基础知识

1. 生产过程

生产过程是指将原材料转变为成品零件并组装成机器的全过程。它包括原材料运输与保存、生产准备工作、毛坯制造、毛坯加工、热处理、检验、装配、调试、表面处理、涂装、包装等。生产过程一般包括工艺过程和辅助过程两大部分。

（1）工艺过程。它是利用生产设备、工具及一定的方法改变生产对象的形状（如铸造成型、锻造成型）、尺寸（如机械加工）、相对位置（装配）和性质（如物理性能、化学性能、力学性能）等，使其变为成品或半成品的过程。例如，铸造、锻压、焊接、热处理、机械加工、电镀、装配等都属于工艺过程。工艺过程包括若干道工序。机械加工是采用切削加工或特种加工方法，直接改变毛坯的形状、尺寸和表面质量，使零件符合技术条件要求的全过程。

（2）辅助过程。与原材料改变为成品件有间接关系的过程称为辅助过程，如运输、保管、检验、设备维修、购销等都是辅助过程。

2. 工艺规程

工艺规程是指生产中用一定的文件形式规定产品或零部件制造工艺过程和操作方法等的工艺文件。通常零件从毛坯到成品或半成品所采用的加工工艺过程，可以灵活选择，并呈现出多样化。目前体现工艺规程的形式是机械加工工艺过程卡和机械加工工序卡。一般来说，工艺规程与产品的生产类型和生产条件等密切相关，它主要包括工艺路线拟定、工序的确定、机床和工艺装备的选择、加工余量、切削用量和工时定额等。

机械加工工艺过程卡(见表8-8)是以工序为单位简要说明零件加工过程的一种工艺文件。它是制订其他工艺文件的基础，也是生产技术准备、编制作业计划和生产组织的依据。但由于机械加工工艺过程卡中对各个工序内容的说明不够具体，故不能直接指导操作人员进行操作，只能用来了解零件的加工工艺流程，其主要可用来进行生产管理，而且主要用于单件小批生产。

表 8-8   机械加工工艺过程卡片(适用于单件小批生产)

工厂名称	产品名称及型号			零件名称			零件图号			
	材料	名称		毛坯	种类		零件质量/kg	毛重		第　页
		牌号			尺寸			净重		共　页
		性能				每台件数		每批件数		
工序号	工序内容		加工车间	设备名称及型号	工艺装备名称及型号			技术等级	工时定额/min	
					夹具	刀具	量具		单件	准备终结
更改内容										
编制		校对			审核			会签		

机械加工工序卡(见表8-9)是在机械加工工艺过程卡片的基础上，以工序为单位详细地说明每个工步的加工内容、工艺参数、操作要求以及所用设备等内容。机械加工工序卡主要包括毛坯工序卡、机械加工工序卡、热处理工序卡、特种检验工序卡等。通常机械加工工序卡都有工序简图，它主要用于大批、大量生产或单件小批生产中的关键工序或成批生产中的重要零件。

3. 机械加工工艺过程的组成

机械加工工艺过程由一系列工序组成。一道工序又由若干个安装、工步、工位、走刀

表 8-9 机械加工工序卡片

工厂名称	产品名称及型号	零件名称	零件图号	工序名称	工序号	第 页
(工序简图)		车间	工段	材料名称	材料牌号	力学性能
		同时加工件数	每批件数	技术等级	单件时间 /min	准备终结时间 /min
		设备名称	设备编号	夹具名称	夹具编号	切削液
		更改内容				

工步号	工步内容	计算数据 /mm			走刀次数	切削用量				工时定额 /min			刀具、量具及辅助工具			
		直径或长度	走刀长度	单边余量		背吃刀量 /mm	进给量/ (mm/r, mm/min)	转数 r/min 或双行程 /min	切削速度/ (m/min)	基本时间	辅助时间	工作地点服务时间	名称	规格	编号	数量

编制		校对		审核		会签	

等单元组成。分析机械加工工艺过程的组成是为了合理地制订工艺规程。

(1) 工序。它是指由一个操作人员(或一组操作人员)在一个工作地点(或同一设备),对同一个(或同时对几个)工件连续完成的那一部分工艺过程。工序是工艺过程的基本组成部分,是安排生产计划、生产管理和经济核算的基本单元。一般来说,加工一个零件需要若干个工序才能完成。

(2) 安装。它是指工件(或装配单元)在一次装夹过程中完成的那部分工序。安装包括定位和夹紧两项内容。定位是在加工前使工件在机床上(或在夹具中)处于某一正确的位置。工件定位之后还需要夹紧,它的作用是保证工件的正确位置不因切削力、重力或其他外力的作用而变动。在同一道工序中,可能要经过几次安装。但在加工过程中应尽量减少安装次数,以减少安装过程中产生的误差和装卸工件的辅助时间。工件的安装方式一般有专用夹具安装、划线找正安装和直接找正安装三种。

专用夹具安装是指将工件放在通用夹具(如 V 形铁)或专用夹具中,依靠夹具的定位元件获得工件正确位置的安装方法,如图 8-91 所示。使用专用夹具可以方便、迅速、准确地安装工件,无须找正,其定位精度可达 0.01mm,它一般用于成批或大量生产中工件的安装。

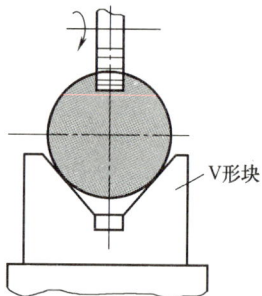

图 8-91　V 形铁

直接找正安装是指操作人员将工件直接安装在机床工作台(或通用夹具)上,有时借助划针盘上的划针、角尺、百分表(或千分表)等工具,通过目测、校验和调整,找正工件在机床上的正确位置,然后夹紧工件的安装方法,如图 8-92 所示。直接找正安装的定位精度较低(0.1~0.5mm),安装效率也较低,它多用于单件或小批量粗加工件的找正安装。

划线找正安装是指以工件待加工表面上划出的线痕或者以工件的实际表面作为定位依据,加工时用划针盘或指示表找正工件的正确位置,然后夹紧工件的安装方法,如图 8-93 所示。该方法多用于生产批量较小、位置精度较低的零件的粗加工,以及使用夹具安装困难的大型零件。需要说明的是,如果使用划针盘进行找正,其定位精度是 0.2~0.5mm;如果使用百分表进行找正,其定位精度相对较高。

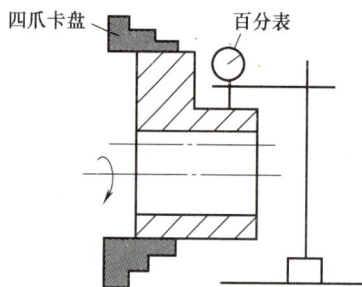

图 8-92　直接找正法

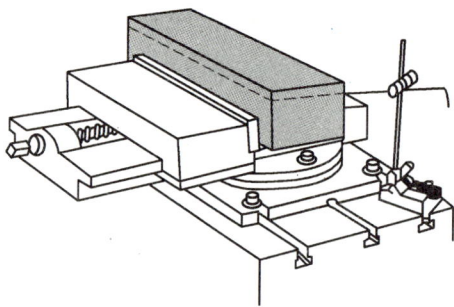

图 8-93　划线找正

(3) 工步。它是指在一次安装中加工表面和切削刀具都不变的情况下,连续完成的那部分工艺过程。工步是构成工序的基本单元,一道工序一般由几道工步组成。划分工步的目的是合理安排工艺过程。构成工步的任一个因素(如加工表面和切削刀具)改变时,则转变为另一个新工步。如图 8-94 所示,在钻床上进行台阶孔加工工序时,此道工序则由 3 个工步组成,即工步 1 钻孔、工步 2 镗孔和工步 3 镗环槽。在实际生产中,为了提高生产效率,有时用几个刀具同时加工一个工件的若干个表面,这种情况可视为一个工步,称为复合工步。另外,对于多次重复进行的工步,如在法兰上依次钻 4 个 φ15mm 的孔,习惯上也可算作一个工步,如图 8-95 所示。

(4) 工位。采用转位(或移位)夹具、回转工作台或在多轴机床上加工时,工件在机床上一次安装后,工件需要经过若干个位置依次进行加工,工件在机床上所占的每一个位置上所完成的那一部分工艺过程就称为工位。通常工件每安装一次至少应有一个工位。因此,生产中为了减少安装次数,常采用多工位进行加工,即一个工序中可以包括几个工位。如图 8-96 所示是在具有回转工作台的铣床上加工工件的示意图。在工位 1 装卸工件,在工

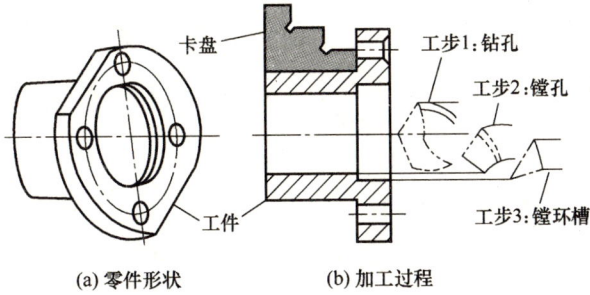

图 8-94　台阶孔加工工序中的 3 个工步

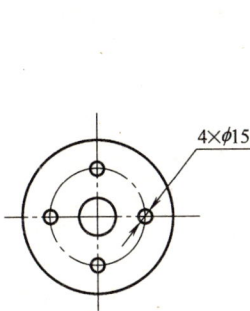

图 8-95　工件上多次重复进行的工步

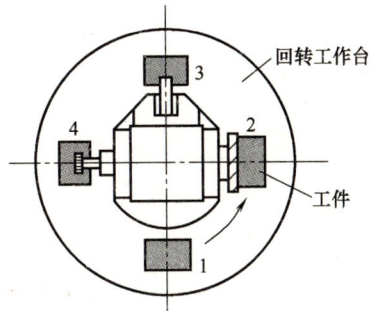

图 8-96　包括 4 工位的工序

位 2～4 是分别加工工件的三个表面,因此,该工序是 1 道工序,1 次安装,3 个工步,4 个工位。

(5) 走刀。走刀是指在一个工步中,被切削表面需要几次切除多余的金属层,在使用同一刀具、相同转速和相同进给量条件下,刀具一次切除金属层所经历的工艺过程。一个工步中可以是一次走刀完成加工(或是多次走刀完成加工)。

4. 基准

基准是指用来确定零件上一些点、线、面位置所依据的某些点、线、面。基准根据其作用进行分类,可分为设计基准和工艺基准两大类。

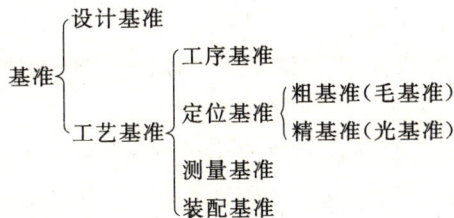

$$
\text{基准}\begin{cases}\text{设计基准}\\[2pt]\text{工艺基准}\begin{cases}\text{工序基准}\\[2pt]\text{定位基准}\begin{cases}\text{粗基准(毛基准)}\\[2pt]\text{精基准(光基准)}\end{cases}\\[2pt]\text{测量基准}\\[2pt]\text{装配基准}\end{cases}\end{cases}
$$

(1) 设计基准。它是设计时在零件图纸上使用的基准。如图 8-97 所示轴套零件图中的轴线就是各个外圆和内圆的设计基准,端面 A 则是端面 B 和端面 C 的设计基准。

(2) 工艺基准。它是制造零件和装配机器的过程中使用的基准。工艺基准按用途可分为工序基准、定位基准、测量基准和装配基准。

工序基准是指在工序图上,用以标定该工序被加工表面位置的基准。如图 8-98 所示就是钻孔工序图中设置的工序基准案例。

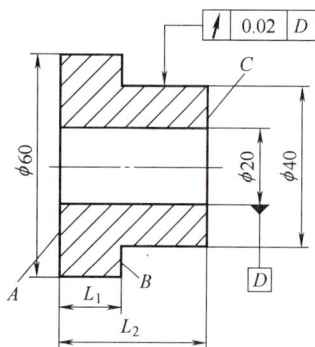

图 8-97　轴套零件图

定位基准是指加工过程中用作定位的基准。如图 8-99 所示,箱体零件在加工孔 4 和孔 5 时,需要用底面 2 安装在夹具上,此时底面 2 就是定位基准。定位基准包括粗基准和精基准。工件在加工过程中,用未经加工过的毛坯表面作为定位基准的称为粗基准。通常粗基准只使用一次;用已加工过的表面作为定位基准的称为精基准。选择精基准时,应有利于保证工件的加工精度并使工件装夹准确、牢固、方便。需要说明的是,定位基准除了是工件的实际表面外,也可以是工件表面的几何中心、对称线或对称平面,但定位基准必须由相应的实际表面来体现。

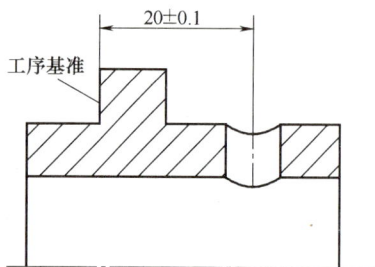

图 8-98　工序基准案例

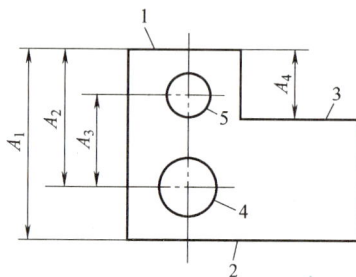

图 8-99　箱体零件的定位基准

测量基准是指用于检验工件上已加工表面的尺寸及其表面之间位置精度的基准。如图 8-97 所示的轴套零件中的内孔就是检验 $\phi40$ 外圆径向跳动的测量基准。

装配基准是指机器装配中,用于确定零件或部件在机器中正确位置所采用的基准。如图 8-97 所示的轴套零件中的内孔就是装配基准。

（3）选择粗基准的基本原则。

为了保证加工过程顺利进行,选择粗基准时应遵循以下一些基本原则。

① 保证零件各表面相互位置要求原则。选用工件非加工表面作为粗基准时,应保证工件加工面与非加工面之间的位置误差为最小。

② 合理分配加工余量原则。为了保证工件某个重要表面的加工余量均匀,应选择重要表面作为粗基准。

③ 便于工件装夹原则。选作粗基准的表面应尽可能平整光洁,并有足够大的面积,不允许有锻造飞边、铸造浇冒口、切痕或其他缺陷,以保证工件定位准确、稳定和夹紧可靠。

④ 粗基准不得重复使用原则。因为粗基准表面粗糙,定位精度低,不能保证工件在两次安装中保持同样的位置精度,因此,粗基准不得重复使用。

（4）选择精基准的基本原则。

为了保证加工过程顺利进行以及加工质量稳定,选择精基准时应遵循以下一些基本原则。

① 基准重合原则。应尽可能选择设计基准作为定位基准,这样可以避免定位基准与设计基准不重合而引起的定位误差。

② 基准统一原则。尽可能选择统一的定位基准,这样有利于保证各加工表面之间的位置精度,避免基准转换带来的误差,又可使用统一的夹具。例如,加工轴类零件时,可用轴两端的中心孔作精基准,并在车削、铣削、磨削等工序中始终以它作为精基准,既可保证各段轴颈之间的同轴度,又可提高生产效率。又如齿轮加工时通常先将内孔加工好,然后再以内孔作为精基准。

③ 互为基准原则。当工件上两个加工表面之间的位置精度要求较高时,可以采用两个加工表面互为基准反复加工的方法,称为互为基准原则。例如,加工短套筒类工件时,为了保证孔与外圆的同轴度,就是先以外圆作为定位基准磨削孔,然后再以磨削好的孔作为定位基准磨削外圆。

④ 自为基准原则。部分工件的表面在精加工工序中,要求加工余量小而且均匀,此时常以加工表面自身为精基准,如浮动铰孔、拉孔、珩磨、无心磨、浮动镗孔等加工方法都是自为基准的实际案例。

二、生产纲领和生产类型

生产纲领是企业在计划期内应当生产的产品数量和进度计划。计划期为 1 年的生产纲领称为年生产纲领。生产纲领对企业的生产过程和生产组织起决定性指导作用,它影响着产品的工作地点的专业化程度、工艺方法和工艺装备等。

生产类型是指企业(或车间)生产专业化程度的分类。根据生产纲领的不同,并考虑产品的体积、质量和其他特征,可将生产类型分为单件生产、成批生产和大量生产三种,见表 8-10。

表 8-10　各种生产类型的划分、概念及其生产特点　　　　单位:件

特征	同种零件的年产量				
生产类型	单件生产	成批生产			大量生产
		小批生产	中批生产	大批生产	
重型件(30kg)	5 件以下	5~100	100~300	300~1000	1000 件以上
中型件(4~30kg)	10 件以下	10~200	200~500	500~5000	5000 件以上
轻型件(4kg 以下)	100 件以下	100~500	500~5000	5000~50000	50000 件以上
概念	单个工作地制造不同结构和尺寸的产品,很少重复或不重复生产	产品成批地投入制造,生产呈周期性重复生产			产品的数量很大,工作地点经常重复地进行某个零件的某一道工序的加工
生产特点	产品品种多、数量少,加工余量大	几种产品品种轮番制造,加工余量中等			产品品种单一而数量大,加工余量小
适用范围	新产品试制,专用工艺装备的制造,以及重型机器制造等	制造机床、汽车和拖拉机等			制造滚动轴承、标准件、自行车、电动车、轻工产品以及常规军工产品等

三、典型表面加工方法

零件种类繁多,尽管它们之间在结构、形状、尺寸和重量等方面存在差别,但它们都是由一些基本表面(如外圆面、孔、平面、沟槽及成型面等)组成。另外,由于各种零件的基本表面在加工精度、表面粗糙度值、生产类型和经济性要求等方面存在差别,所以,各类零件表面所采用的加工方法也就存在很大的不同。下面介绍各类典型零件的毛坯及其表面的加工方法。

1. 机械零件毛坯的制造方法概述

机械零件根据其材质、结构、形状及性能要求的不同,可以选择铸造成型、锻压成型(如锻造、挤压、轧制、冲压等成型工艺)、焊接成型、型材成型等方法。科学合理地选择机械零件毛坯成型方法对于保证机械零件的性能和加工质量,以及提高生产效率和降低机械零件的制造成本具有重要意义。

2. 典型零件的外圆表面加工方法

轴类零件、盘套类零件等都具有外圆表面。外圆表面的加工方法主要是车削和磨削。通常车削是作为粗加工和半精加工,磨削(或精细车)通常作为精加工。不同精度和表面粗糙度值的外圆面,可按如图 8-100 所示的要求选择相应的加工方法和加工工艺路线。

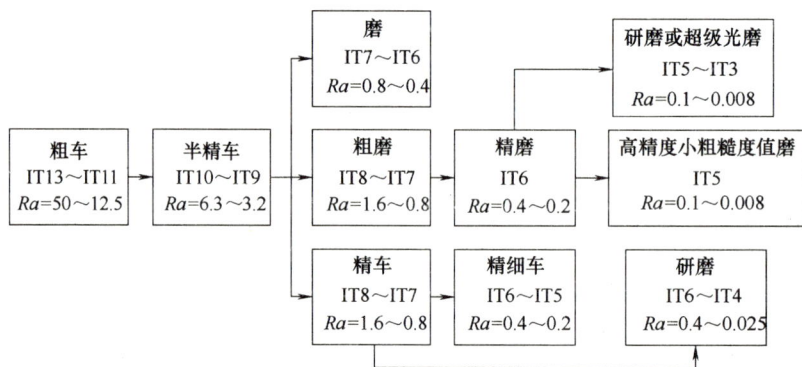

图 8-100　不同精度和表面粗糙度值的外圆面的加工方法及其加工工艺路线

(1)对于低精度的外圆面,只要经过粗车就可以达到精度要求。

(2)对于中等精度的外圆面,经过粗车后还要经过半精车才能达到精度要求。

(3)对于高精度的外圆面,需要经过粗车、半精车、精车或磨削后,才能达到精度要求。

(4)对于更高精度(精度 IT6～IT5,表面粗糙度值 $Ra=0.4\sim0.2\mu m$ 以下)的外圆面,需要经过粗车、半精车、精车或磨削后,再经过研磨或精细磨等加工才能达到精度要求。

(5)对于由铜、铝等非铁金属制作的工件,由于切屑容易堵塞砂轮,因此采用精车比磨削更容易保证质量。所以,由非铁金属制作的工件一般采用车削方法进行加工。

(6)在加工设备选择方面,需要根据工件的材料、尺寸、形状及生产类型进行综合考虑后,选择合适的机床。例如,单件小批量生产轴类零件、盘套类零件时,一般选用普通车床比较合理;成批或大批量生产时,选择生产率较高的六角车床或数控车床比较合理;直径大、长度短的工件则选用立式车床加工比较合理;经过淬火的工件或表面硬度高的工件,选用磨削加工就比较合理。

3. 典型零件的孔加工方法

机械设备中带孔的零件是非常普遍的,如紧固孔、螺纹孔、箱体上的孔、回转体上的孔(如套筒、法兰盘)等。通常加工孔比加工外圆表面困难。因为加工孔所用刀具的尺寸要受到孔径的限制,而且切削过程中工件的冷却、排屑和测量等都比较难,特别是加工直径较小的深孔(孔深与孔直径之比大于 5~10 的孔)时,由于刀具的刀杆细、刚性差,孔的加工难度较大。因此,在加工精度等级相同时,加工孔比加工外圆表面需要更多的工序和工时。

常用的孔加工方法主要有钻孔、扩孔、铰孔、镗孔和磨孔等,所用的机床主要有车床、钻床、镗床和磨床。如图 8-101 所示是不同精度和表面粗糙度要求的孔的加工方法和加工工艺路线。

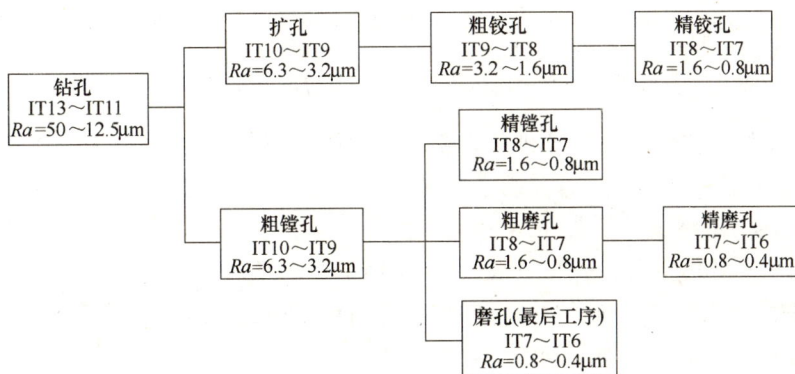

图 8-101　不同精度和表面粗糙度值的孔的加工方法和加工工艺路线

(1) 对于低精度的小孔,用钻孔方法可直接获得。

(2) 对于中等精度的孔,可采用钻模钻孔或钻孔后再扩孔的方法获得。其中孔径大于 30mm 的孔,可分两次进行钻孔加工;孔径大于 80mm 的孔采用镗孔是比较理想的加工方法。

(3) 对于精度较高的小孔,当孔径小于 20mm 时,可采用钻孔后再铰孔方法获得。

(4) 对于精度较高的大孔,钻孔后可再进行精镗或磨削。对于高精度的孔,经过精磨后还要再进行珩磨、研磨等加工。

(5) 对于铸件或锻件上已经形成的孔,可直接进行扩孔或镗孔加工。其中孔的直径大于 100mm 的孔,采用镗孔比较理想。如果孔的精度要求更高时,可继续进行精镗孔、精铰孔、磨孔等加工。

4. 典型零件的平面加工方法

平面是箱体类零件、盘套类零件、键槽类零件和板形类零件的主要表面。平面加工的技术要求除了表面粗糙度外,通常还要考虑其形状精度(如平面度、直线度)和位置精度(如垂直度、平行度)。高精度的平面可作为配合面和导轨面,更高的个别平面的表面粗糙度值甚至需要达到镜面状态。

常用的平面加工方法主要有车削、铣削、刨削、插削和磨削等,其中刨削、铣削和磨削是平面加工的主要方法。如图 8-102 所示是不同精度和表面粗糙度要求的平面的加工方法和加工工艺路线。

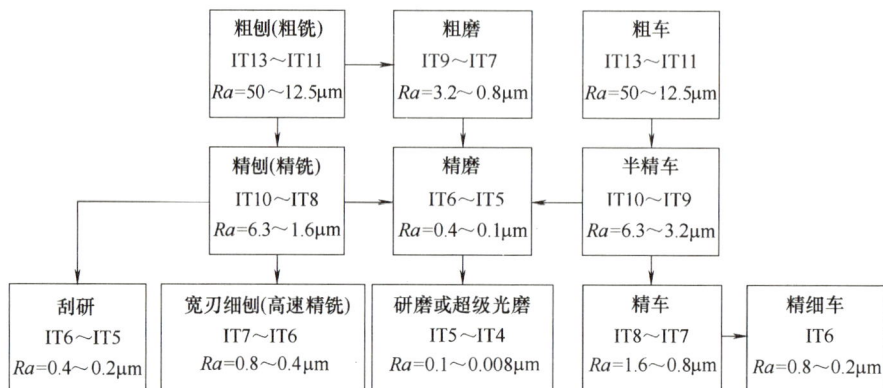

粗刨(粗铣)	粗磨	粗车
IT13～IT11	IT9～IT7	IT13～IT11
$Ra=50～12.5\mu m$	$Ra=3.2～0.8\mu m$	$Ra=50～12.5\mu m$

精刨(精铣)	精磨	半精车
IT10～IT8	IT6～IT5	IT10～IT9
$Ra=6.3～1.6\mu m$	$Ra=0.4～0.1\mu m$	$Ra=6.3～3.2\mu m$

刮研	宽刃细刨(高速精铣)	研磨或超级光磨	精车	精细车
IT6～IT5	IT7～IT6	IT5～IT4	IT8～IT7	IT6
$Ra=0.4～0.2\mu m$	$Ra=0.8～0.4\mu m$	$Ra=0.1～0.008\mu m$	$Ra=1.6～0.8\mu m$	$Ra=0.8～0.2\mu m$

图 8-102   不同精度和表面粗糙度值的平面的加工方法和加工工艺路线

(1) 对于轴类零件的端平面和盘套类零件的端平面,通常在车床上一次性装夹后与外圆(或内孔)同时加工出来,这样既容易保证它们之间的相互垂直,同时也节省了辅助时间。此类平面加工路线可以是:粗车→精车。

(2) 刨削和铣削多用于平面的粗加工、半精加工和精加工。刨削适用于单件小批量生产或加工狭长的平面。铣削适合于成批大量生产,可代替刨削,生产率较高,而且铣削也是非铁金属工件的主要加工方法。此类平面的加工路线可以是:粗刨(或粗铣)→半精刨(半精铣)→精刨(精铣)。

(3) 磨削是高精度平面的主要加工方法。对于经过淬火的工件(如薄板工件)上的平面,磨削可以说是唯一的加工方法。对于工件上精度要求更高的平面,经过磨削后,还需要进行研磨或超级光磨等。

5. 典型零件的成型面加工方法

成型面是指具有特定形状的表面,如操作手柄的轮廓、凸轮的轮廓、风扇的叶片、齿轮表面、螺旋面等,这些表面都有其特定的用途。加工成型面时,刀具的切削刃形状和切削运动要满足表面形状的要求。通常成型面可以采用车削、铣削、刨削、磨削等方法进行加工,基本的加工方式可以归纳为两类:第一类是选用成型刀具进行加工,如铣齿(见图 8-103);第二类是利用刀具与工件之间的相对运动进行加工,如加工螺旋槽、齿轮齿形、利用靠模装置车成型面(见图 8-104)等。

四、典型零件的加工工艺

典型零件主要是指轴类零件(如阶梯轴、锥度心轴、光轴、曲轴等)、盘类零件(如齿轮、

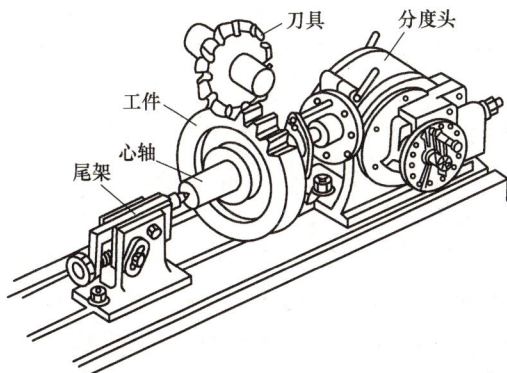

图 8-103　在卧式铣床上用盘形齿轮铣刀铣齿　　　图 8-104　用靠模装置车削手柄成型面

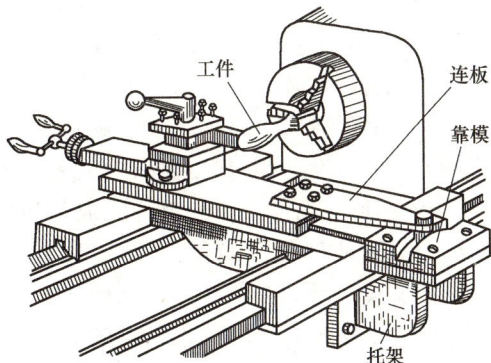

带轮、法兰盘等）、套筒类零件（如轴套等）、箱体类零件（如齿轮箱等）及支架类零件等，如图 8-105 所示。

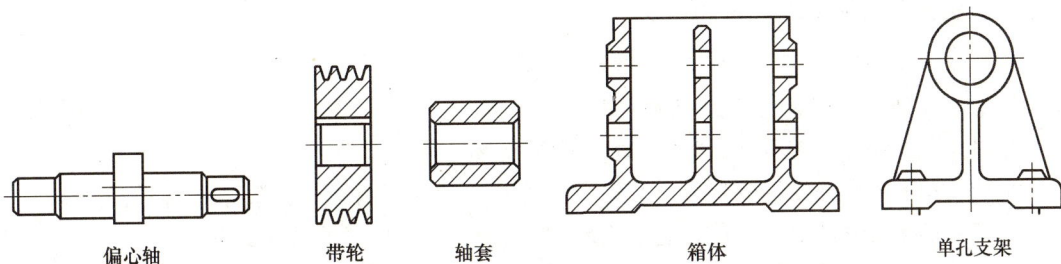

图 8-105　典型零件

通常机械零件的生产过程包括毛坯成型和切削加工两个阶段。毛坯成型主要有铸造、锻造、焊接、冲压、型材切割等方法；切削加工主要有钻削、车削、铣削、刨削、磨削、特种加工等方法。从毛坯成型到获得合格的零件，可以有多种加工工艺过程进行选择。但对企业来说，在现有的实际生产条件下，一般仅有一个或几个加工工艺过程是最经济、最合理、最高效的。因此，在对毛坯进行加工之前，我们需要根据零件的技术要求和生产实际条件，对不同的切削加工方法进行合理的分析和优选，制定出合理的机械加工工艺过程，这样才能保证工件的加工质量，降低生产成本。

1. 典型零件的加工工艺过程的划分

总体来说，机械零件的加工工艺过程是根据零件的加工精度和质量要求决定的。对于加工质量要求较高的零件来说，其加工工艺过程是分阶段进行的，其加工工艺过程一般是：毛坯成型阶段→粗加工阶段→半精加工阶段→精加工阶段→光整加工阶段→超精加工阶段→检验→零件合格→涂装→组装。在每个加工阶段中又包含若干个加工工序。同时在各加工阶段之间还要根据需要，穿插热处理工序、表面处理工序、检验工序、去毛刺工序及清洗工序等。而且不同加工质量等级的零件，有不同的加工工艺过程。

（1）毛坯加工阶段。其任务是根据零件的技术要求、性能要求、生产类型、制作材料及形状与结构，选择合理的毛坯成型方法，制造出与零件的形状比较接近的毛坯，达到既节省材料与加工工时,又满足使用要求。

（2）粗加工阶段。其任务是从毛坯上切除较多的加工余量,提高生产率,对加工精度和表面质量考虑较少。

（3）半精加工阶段。其任务是完成零件次要表面加工,并为零件主要表面的精加工作准备,目的在于为零件主要表面的精加工准备好定位基准。对于加工质量要求不高的零件来说,到半精加工阶段就算完成了切削加工过程。

（4）精加工阶段。其任务是完成零件主要表面加工,目的在于保证零件的加工精度和表面质量。绝大多数零件经过精加工后就算完成了切削加工过程。

（5）光整加工阶段。对于精密零件来说,由于其上的个别表面需要经过光整加工才能达到精度要求,所以,在精加工之后还需要安排光整加工阶段。光整加工阶段的任务是从零件上不切除或切除极薄的金属层,获得很光洁的表面或强化零件表面。光整加工通常不能提高零件的位置精度,其主要目的是提高零件表面的质量,降低表面粗糙度值。

（6）超精加工阶段。其任务是按照超稳定和超微量切削原则,实现零件加工尺寸误差和形状误差控制在 $0.1\mu m$ 以下。

2. 划分典型零件加工工艺过程的目的

划分零件加工工艺过程的目的主要如下。
（1）为了保证加工质量,便于合理安排热处理工序。
（2）有利于合理使用现有设备、人力和物力,以便科学有效地组织生产过程。
（3）能够及时地对工件进行检验,及早地发现加工过程中存在的缺陷。
（4）有利于保护精加工面。

3. 选择机械加工方法需要考虑的基本因素

选择合理的机械加工方法需要根据零件的毛坯类型、结构形状、材料、热处理状态、加工精度、生产类型以及实际生产条件等因素来进行综合决策。具体需要考虑的主要因素如下。

（1）根据零件表面的尺寸精度和表面粗糙度值 Ra 选择合理的机械加工方法。
（2）根据零件结构和加工表面的大小选择机械加工方法。
（3）根据零件热处理状态选择机械加工方法。
（4）根据零件制作材料的性能选择机械加工方法。
（5）根据零件生产类型选择机械加工方法。

4. 机械加工工序安排的基本原则

（1）基准先行原则。选作精基准的表面,在机械加工前应先进行加工,以便为后续加工提供精基准,如轴类零件,在进行车削和磨削工序之前都需要先加工中心孔。

（2）先粗后精原则。先安排粗加工,后安排半精加工和精加工。因为零件的加工误差需要一步一步减小。对于零件上具有较高精度要求的表面,只有在粗加工完后再进行精加工才能保证加工质量。

（3）先面后孔原则。对于箱体、连杆、支架类工件,通常是先加工平面,再以平面作为孔加工的定位基准,这样便于安装和保证孔与平面之间的位置精度要求。

（4）先主要后次要原则。零件的主要工作表面、装配基准面等要先加工。螺孔、键槽等次要表面由于加工量较小，又与主要表面有位置精度要求，应安排在主要表面加工结束后进行，或穿插在主要加工表面的加工过程中进行。但在精加工阶段，要求高精度的主要表面应安排在最后，以免受其他加工表面的影响。

5. 热处理工序的合理安排

（1）合理安排预备热处理。安排预备热处理的目的是改善金属的切削加工性能。通常预备热处理安排在切削加工之前，如退火或正火一般安排在毛坯成型之后，粗加工之前。

（2）合理安排调质处理。安排调质处理的目的是获得良好的综合力学性能。通常将调质处理安排在粗加工之后，半精加工之前。

（3）合理安排最终热处理。最终热处理主要包括淬火与回火、表面淬火、渗碳、渗氮等。安排最终热处理的目的是提高零件的强度、硬度和耐磨性。通常将最终热处理安排在半精加工之后，磨削加工之前，这样安排可以保证热处理后形成的变形、表面氧化层、脱碳层等，在磨削加工过程中可以除掉。

（4）合理安排时效处理。安排时效处理的目的是消除工件的内应力，稳定工件尺寸。尺寸较大的铸件和形状复杂的锻件必须在粗加工、半精加工和精加工之前各安排一次时效处理。一般来说，安排了预备热处理或低温回火后，则不需安排时效处理。

热处理工序在机械加工工序中的合理工序位置如图 8-106 所示。例如，机床类齿轮通常采用中碳钢（或合金调质钢）制造，其加工工艺过程和热处理工序安排是：下料→锻造→毛坯→退火（或正火）→粗加工→调质→精加工→表面淬火＋低温回火（或渗氮）→磨削加工→检验→涂装→组装。

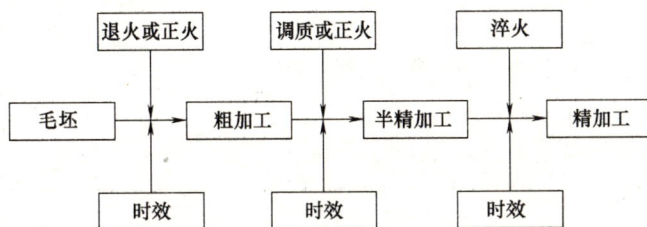

图 8-106 热处理工序的合理安排

6. 辅助工序的安排

辅助工序是必要工序，如果安排不合理或遗漏，将给后续工序和装配带来困难。辅助工序是指检验、去毛刺、划线、校直、清洗、涂装防锈油等。其中检验是主要的辅助工序。检验工序一般安排在重要加工工序的前后以及成品入库之前，其目的是及时发现废品。通常去毛刺一般安排在工件镗孔和铣削之后。清洗工序一般安排在零件成品入库之前，或者组装之前，或者工件精密加工之前。

7. 典型零件加工工艺过程举例

如图 8-107 所示是阶梯轴简图，其主要加工表面是外圆面，其加工精度较高，而且各段圆柱有同轴度要求；其次是键槽和端面。从生产数量看，属小批生产。阶梯轴毛坯采用选择尺寸与零件最终产品相近的圆钢型材 $\phi70$ 作为基础。阶梯轴零件的切削加工工艺过程见表 8-11。

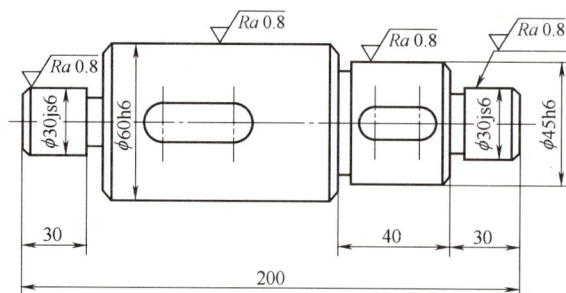

技术要求

1. 未注倒角：C1；
2. 热处理技术条件：调质处理，硬度30～35HRC；
3. 材料：45钢；
4. 数量：20件。

图 8-107　阶梯轴零件图

表 8-11　阶梯轴零件切削加工工艺过程

工序号	工序名称	工 序 内 容	设 备	目　　　的
1	下料	$\phi70\times210$	锯床	
2	车削	三爪自定心卡盘夹外圆。车削端面，钻中心孔	车床	确定基准
3	车削	分别车削四段外圆，留少量磨削余量，切槽，倒角	车床	确定几何形状
4	热处理	调质处理	加热炉	满足调质要求
5	铣键槽	铣键槽，去毛刺	铣床、钳工台	完成组件连接部分
6	粗磨外圆	磨削外圆，并留很小的精磨余量	磨床	定精度
7	精磨外圆	磨削外圆到尺寸要求	磨床	满足精度要求
8	检验	按图样检验入库	量具	

练 习 题

一、填空题

1. 钻床种类很多，其中_____钻床、_____钻床和摇臂钻床是最常用的钻床。

2. 卧式车床主要由左右床脚、床身、_____箱、交换齿轮箱、_____箱、_____杠、丝杠、溜板箱、刀架和尾座等部分构成。

3. 车刀种类很多，常用车刀有_____式车刀、_____式车刀、机械夹固式车刀等。

4. 车床上常用的专用夹具有卡盘（三爪自定心卡盘和四爪单动卡盘）、_____盘、顶尖(死顶尖和活顶尖)、拨盘、鸡心夹头、_____架、_____架和心轴等。

5. 车削一般分为_____车、半精车、_____车和精细车四个精度级别。

6. 铣床种类较多,主要有_____式升降台铣床、_____式升降台铣床、仿形铣床、工具铣床、龙门铣床及数控铣床等。

7. 角度铣刀、_____形槽铣刀、_____尾槽铣刀、铣齿刀等主要用于加工成型面。

8. 铣削平面的方法主要有_____铣削(或称周铣)和_____铣削(或称端铣)。

9. 数控机床通常由输入/输出装置、_____装置、_____驱动控制装置、机床电器逻辑控制装置和机床等组成。

10. 在数控加工程序中,需要使用各种_____指令和_____指令来描述工艺过程的各种操作和运动特征。

11. 刨床是平面加工机床,刨床类机床主要有_____刨床、_____刨床和悬臂刨床等。

12. 刨削加工常用的刨刀主要有_____刨刀、偏刀、_____刨刀、切刀、弯切刀、成型刀等。

13. 插床主要有普通插床、_____插床、_____插床和移动式插床等。

14. 镗床是进行孔和端面加工的机床,主要有_____镗床、_____镗床、精镗床等。

15. 镗削加工时主运动是镗刀的_____运动,工件或镗刀移动是_____运动。

16. 平面磨床主要有_____轴矩台平面磨床及_____轴圆台平面磨床。

17. 磨床的主要应用范围是磨削各种内外圆柱面、_____面、沟槽、_____面(如齿轮、螺纹)等。

18. 拉削时,拉刀可使工件被加工表面在一次走刀中完成粗加工、_____加工和_____加工,缩短了辅助时间,因此,生产效率较高。

19. 特种加工方法种类较多,主要有电火花加工、_____加工、超声波加工、_____加工、电子束加工和离子束加工等。

20. 根据采用的加工介质分类,可分为_____绿色加工和_____绿色加工。

21. 工业机器人由主体、_____系统和_____系统三个基本部分组成。

22. 生产过程一般包括_____过程和_____过程两部分。

23. 一道工序由若干个安装、_____步、_____位、走刀等单元组成。

24. 工件的安装方式一般有_____夹具安装、_____线找正安装和直接找正安装三种。

25. 根据生产纲领的不同,并考虑产品的体积、重量和其他特征,可将生产类型分为_____生产、成批生产和_____生产三种。

26. 基准根据其作用的不同,可分为_____基准和_____基准两大类。

27. 通常机械零件的生产过程包括_____成型和_____加工两个阶段。

28. 辅助工序是指检验、去_____、划线、校直、_____洗、涂装防锈油等。

二、判断题

1. 金属切削机床的主参数表示机床规格的大小和工作能力。 （　　）

2. 钻孔加工质量高，属于精加工。 （　　）

3. 跟刀架适用于夹持不带台阶的细长轴类工件。 （　　）

4. 端面铣削是用端铣刀端面刀齿进行铣削的方法。 （　　）

5. 超声波加工适合于加工各种软材料。 （　　）

6. 虚拟制造技术的实质就是利用计算机进行建模和仿真，使新产品开发过程在计算机上模拟进行，不需要消耗物理资源。 （　　）

7. 安装仅仅涉及夹紧操作。 （　　）

8. 工艺基准是设计零件和装配机器的过程中所使用的基准。 （　　）

9. 通常粗基准只使用一次。 （　　）

10. 选择精基准时，应有利于保证工件的加工精度并使工件装夹准确、牢固、方便。

（　　）

三、简答题

1. 车削加工的工艺特点有哪些？

2. 粗车、半精车、精车和精细车的目的是什么？

3. 卧式铣床的主运动是什么？进给运动是什么？

4. 铣削加工的工艺特点有哪些？

5. 数控加工的工艺特点有哪些？

6. 插床与牛头刨床相比有何差别？

7. 磨削的工艺特点有哪些？

8. 外圆柱面的磨削方法有哪些？各适用于加工哪些工件？

9. 拉削的工艺特点有哪些？

10. 电火花加工有何特点？

11. 选择粗基准的基本原则有哪些？

12. 选择精基准的基本原则有哪些？

13. 划分零件加工工艺过程的目的是什么？

14. 机械加工工序安排的基本原则有哪些？

四、课外调研活动

1. 观察你周围的工具和零件，分析其制作材料和性能（使用性能和工艺性能），它可以选用哪些机械加工方法完成？

2. 特种加工不同于传统加工方法，它是科技人员从"逆向思维"的角度思考问题，研发出的新奇加工工艺，在现有的特种加工方法基础上，你还能想到哪些新的加工方法？

单元九

钳工

教学目标

　　本单元主要介绍钳工中的划线、錾削、锯削、锉削、钻孔（含扩孔、铰孔）、攻螺纹、套螺纹、刮研、弯曲、矫正、铆接等基本技能。学完之后，第一，要掌握钳工基本操作的重点要领；第二，要在实习中认真实践，初步形成一定的钳工基本技能。

模块一　钳工简介

一、钳工的工作内容

　　钳工是以手工操作为主，有时也借助钻床等设备，在金属材料处于冷态时，利用钳工工具对金属材料及其工件进行切除加工，获得合格产品的一种加工方法。钳工因常在钳工台上用虎钳夹持工件进行操作而得名。钳工通常以手工操作为主，具有设备简单、操作方便、适用面广的特点，但钳工生产效率低，劳动强度较大，适合于单件与小批量制作或装配与维修作业。钳工的工作内容主要包括划线、錾削、锉削、锯割、钻孔、扩孔、铰孔、锪孔、攻螺纹、套螺纹、刮削、研磨、矫正、弯曲和铆接等。

二、钳工的历史和地位

　　钳工是机械制造中最古老的金属加工技术。19 世纪以后，随着各种机床的发展和普及，虽然它们逐步替代了大部分钳工的作业内容，实现了机械化和自动化，但在机械制造过程中钳工仍是广泛应用的基本技术，钳工仍然在机械制造中具有重要的地位，究其原因如下。

　　（1）划线、刮削、研磨和机械装配等钳工作业，至今尚无适当的机械化设备可以全部代替。

（2）某些最精密的样板、模具、量具和配合表面（如导轨面和轴瓦等），仍需要依靠工人的手艺做精密加工。

（3）在单件小批量生产、修配工作或缺乏设备条件的情况下，采用钳工制造某些零件仍是一种比较经济和实用的方法。

三、钳工职业等级划分

钳工职业等级共划分为五个级别：初级（国家职业资格五级）、中级（国家职业资格四级）、高级（国家职业资格三级）、技师（国家职业资格二级）、高级技师（国家职业资格一级）。

钳工职业技能鉴定方式包括理论知识考试和技能操作考核。理论知识考试采用闭卷笔试方式，技能操作考核采用现场实际操作方式。理论知识考试和技能操作考核均实行百分制，成绩皆达 60 分以上者为合格。技师、高级技师鉴定还须进行综合评审。

四、钳工常用设备

钳工常用的设备主要有钳工工作台、台虎钳、砂轮机、钻床（如台式钻床、立式钻床、摇臂钻床）等。

1. 钳工工作台

如图 9-1 所示，钳工工作台就是钳工用的工作台，台边装有台虎钳，台桌尺寸和结构可按工作需要制定，高度通常为 800～900mm。

2. 台虎钳

台虎钳是用来夹持工件的工具。钳工常用的台虎钳有两种：固定式台虎钳和回转式台虎钳，如图 9-2 所示，其中回转式台虎钳使用方便，应用较广。台虎钳的规格是用钳口宽度表示的，常用的规格有 100mm、125mm 和 150mm 等。

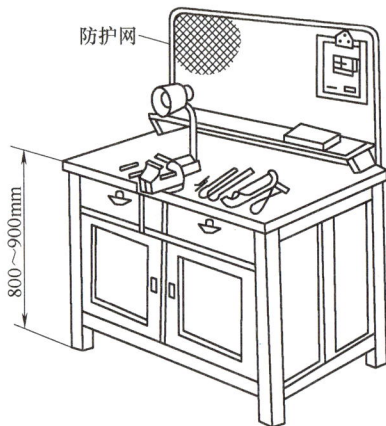

图 9-1　钳工工作台

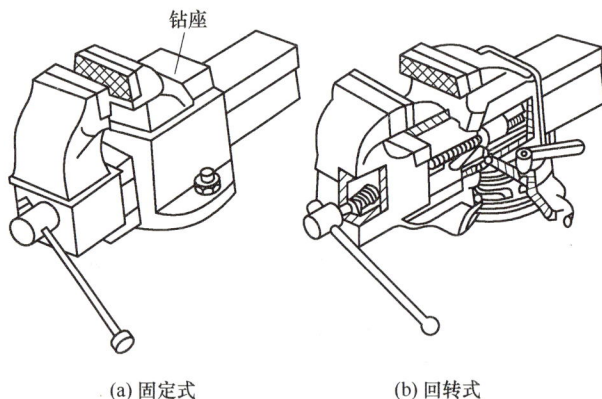

图 9-2　台虎钳

3. 砂轮机

砂轮机是用来刃磨錾子、钻头、刮刀等工具的专业设备，有时也可代替手工操作，进行工件修磨、去毛刺、锐边倒钝及磨削工作等。

4. 钻床

钻床是钳工加工过程中用来钻削加工的设备。钻床的种类有台式钻床、立式钻床和摇臂钻床等，可根据工件的大小、孔径的大小进行合理选用。

五、钳工安全文明操作规程

为了确保钳工操作时的安全，工作中必须遵守下列安全文明规程。

（1）工作前必须穿戴好防护用品，检查工具、夹具（如大小榔头、钳子、錾子、锉刀等）的完好情况，锤端与錾子端不得有卷边毛刺，以免锤击时飞出伤人。

（2）铲、剔工作时，对面不许站人，以免毛刺飞出伤人。在固定的工作台上铲、剔工件时，应设挡板或铁丝防护网。

（3）刮研操作时，工件必须固定稳固，操作时刮刀不准对人操作。

（4）打锤时不许戴手套。以免锤滑脱伤人。挥锤时应观察周围是否有行人与障碍物。

（5）禁止使用缺裂手柄的锉刀、手锯、刮刀等，以免戳伤手部，不得用扳手代替手锤敲打物件。

（6）使用尖刀器物时应保持警觉，不许用其随意开玩笑，以免伤人。

（7）使用千斤顶时，物体与平台之间需放有方木，不许往里伸手，大型工件划线，始终不许撤去绳索，放走吊车或撤去吊链，以防意外事故发生。

（8）起重物件和设备时，应站在避开物件坠落的位置，悬空件未放稳之前，不许探头伸脚。

（9）装配件上有对穿的孔时，不许手指伸入，以防错位伤手，工件上的毛刺应及时修去。

（10）装配机件时，必须轻慢放置，拆卸弹簧时，应注意弹簧的弹力，避免弹簧伤人。禁止用锤直接锤击淬火后的零部件，应采用铜锤或垫上软金属垫后再进行锤击。

（11）使用钻床钻孔时，必须遵守"钻床安全操作规程"。

（12）使用易燃、易爆、有毒物品时，应严加管理，严格操作，工作场地禁止吸烟。

（13）工作场地要清洁、整齐，拆卸零件、工具要存放好，搞好文明生产。

模块二 划 线

划线是根据工件图纸要求，在毛坯或半成品的表面划出加工图形、加工界线的操作。它是钳工的一种基本操作。划线通常分为平面划线和立体划线两种，如图 9-3 所示。平面划线划出的线条都在一个平面上，较为简单；立体划线是在工件的几个不同表面上进行划线，并且通过划线，可纠正和弥补工件上存在的某些缺陷和误差，所以，立体划线比平面划线复杂，难度也大。

一、划线工具

钳工用划线工具主要有划针、划针盘、高度尺、划线平台、划规与划卡、90°角尺、样冲、V形铁、万能角度尺、千斤顶等。

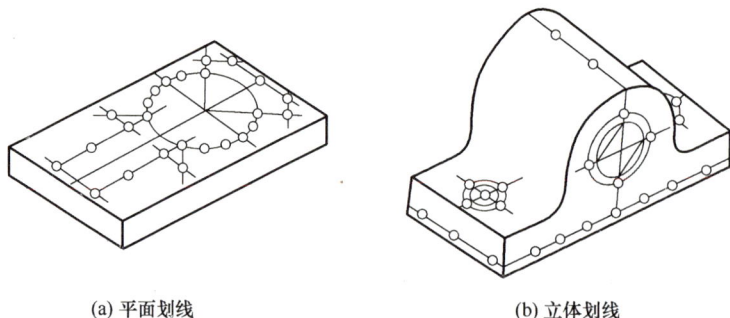

(a) 平面划线   (b) 立体划线

图 9-3 平面划线和立体划线

1. 划针

划针是用于在工件上划出线条的工具,一般由 $\phi3mm \sim \phi5mm$ 的弹簧钢丝或碳素工具钢制作。正确的划线方法如图 9-4 所示,要求划线时划出的线条细而清晰。

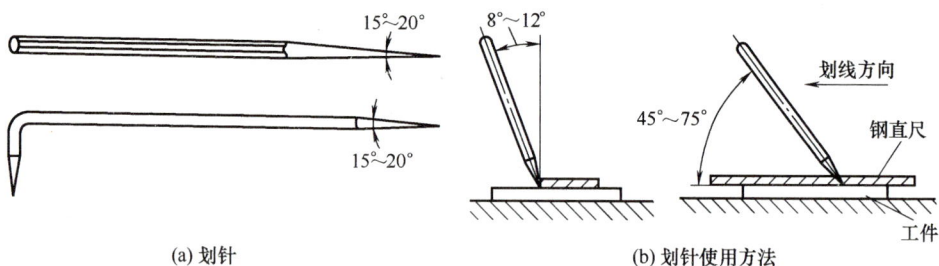

(a) 划针   (b) 划针使用方法

图 9-4 划针及其使用方法

2. 划针盘

划针盘是安装划针的工具,多用于立体划线和校正工件。常见的划针盘有普通划针盘和可微调划针盘,如图 9-5 所示。

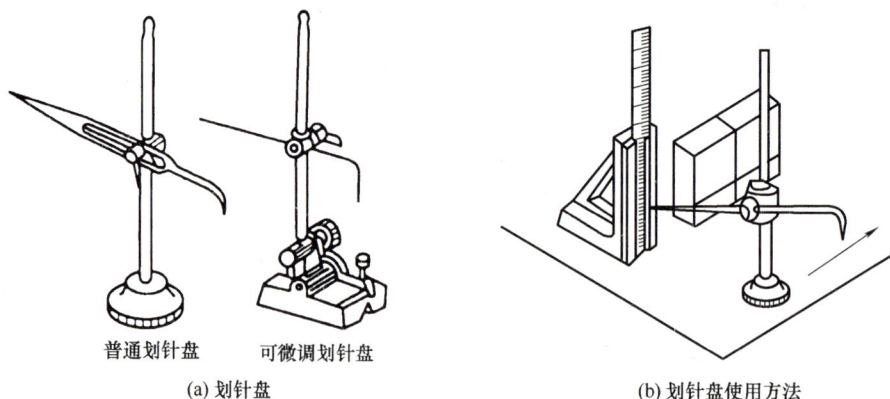

普通划针盘   可微调划针盘
(a) 划针盘   (b) 划针盘使用方法

图 9-5 划针盘及其使用

3. 高度尺

如图 9-6(a)所示是普通高度尺,由钢直尺和底座组成,用来给划针盘量取高度尺寸;

如图 9-6(b)所示是游标高度尺,它附带划针脚,能直接表示出高度尺寸,其读数精度一般为 0.02mm,可以作为精密划线工具。游标高度尺,相当于钢直尺和划针盘的组合,是一种精密的划线工具。

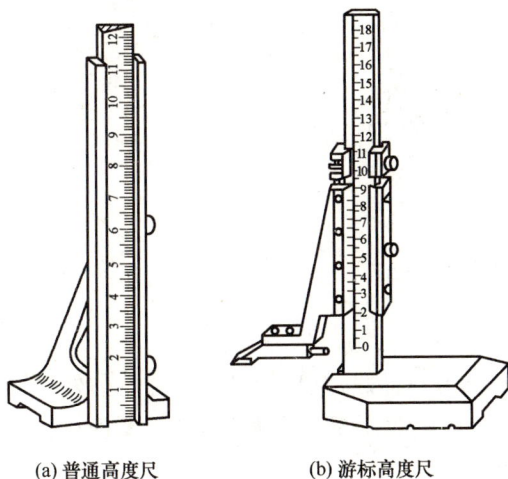

(a) 普通高度尺   (b) 游标高度尺

图 9-6　高度尺

4. 划线平台

划线平台是划线的基准工具。划线平台表面通常经精刨或精刮而成,如图 9-7 所示。划线平台在使用中不允许用钢件在平面上敲打,以防损伤其表面,不使用时,其表面要涂油以防生锈。

5. 划规与划卡

划规是圆规式的划线工具,如图 9-8 所示。划规用于划圆和圆弧,量取尺寸及等分线段、等分角度等操作。

图 9-7　划线平台

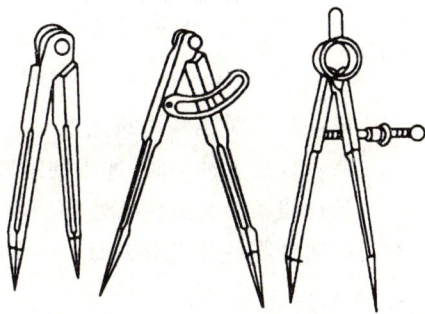

图 9-8　划规

划卡又称单脚划规,它主要用于确定孔和轴的中心位置,如图 9-9 所示。划卡也可用于划平行线。

6. 90°角尺

90°角尺(见图 9-10)是钳工常用的测量工具,在划线中,用来划垂直线和找正工件位置。

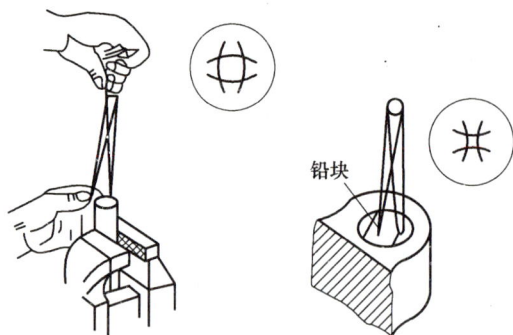

图 9-9　使用划卡定中心示意图

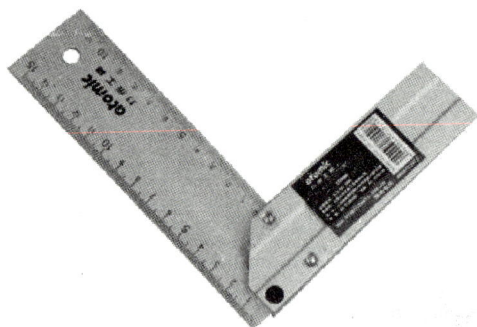

图 9-10　90°角尺

7. 样冲

样冲用于划线时在线上冲出冲眼,并作为界线标志。 另外,样冲也可用于划圆时的中心眼,钻孔时的定位眼。样冲一般用工具钢制作,尖端要淬火。打冲眼的方法如图 9-11 所示,其具体操作要求如下。

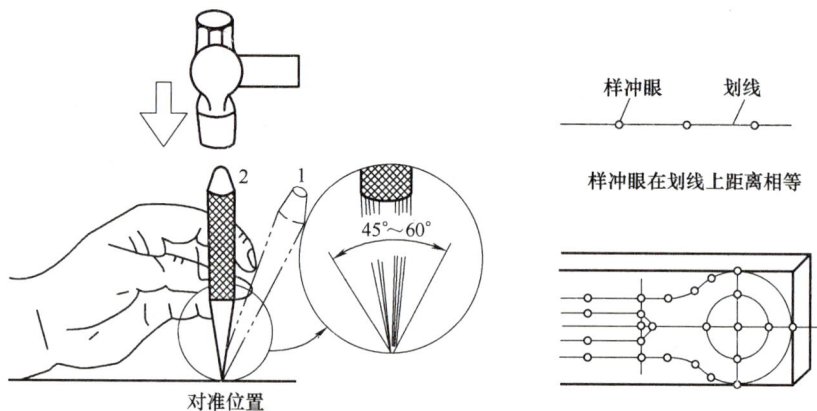

图 9-11　样冲及使用方法

(1) 样冲尖要对准基线的正中。

(2) 在直线段上冲眼时,冲眼的距离可大些;在曲线上冲眼时,冲眼的距离要小些。

(3) 凡是线条交叉或转折处都必须冲眼。

(4) 在薄壁零件和光滑表面上冲眼时,冲眼要浅;在毛坯件上冲眼时,冲眼要深些。

8. V 形铁

V 形铁是用于安装和支承圆柱形和半圆柱形工件(如轴、套管等)的专业工具,如图 9-12 所示。

9. 万能角度尺

万能角度尺是用于划工件的角度线的专业工具,如图 9-13 所示是常见的一种万能角度尺。

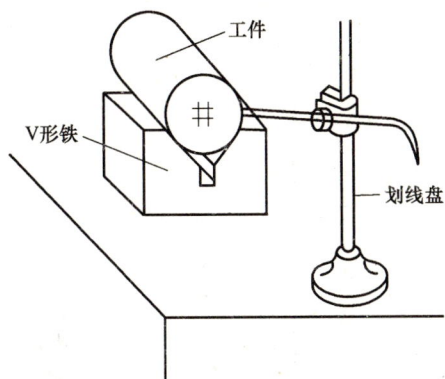

图 9-12 用 V 形铁支承工件

图 9-13 万能角度尺

10. 千斤顶

千斤顶是进行立体划线过程中用来支承较大或不规则工件的辅助工具,通常三个为一组,其高度可以调整,如图 9-14 所示。

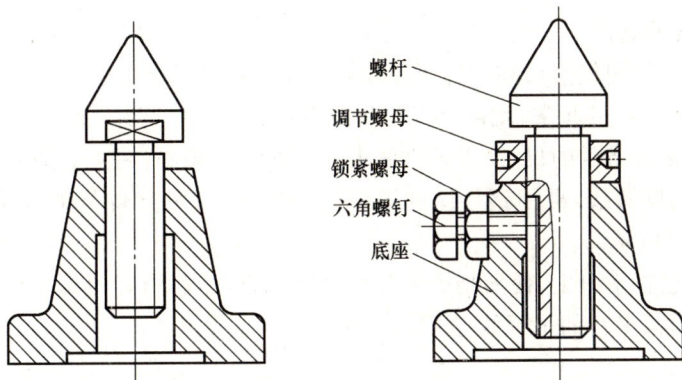

图 9-14 千斤顶

二、划线步骤和方法

1. 划线前的准备

(1) 按图纸要求准备好划线工具,如角度尺、划针、划规、样冲、手锤和钢尺等。

(2) 清理工件表面,如铸件上的冒口、浇口、毛刺,锻件上的飞边、氧化皮等。

(3) 给工件划线部位涂色。例如,铸件和锻件的表面可涂上石灰水或白漆,小的毛坯件可以涂粉笔,已加工的表面可涂上蓝油或墨汁等。涂色时,涂料要涂得薄而均匀,以便使划出的线条清晰可见。

(4) 在带孔工件上划线需用塞块将孔塞满,以便划出孔的中心线。

2. 划线基准的选择

在零件图上总有一个或几个起始尺寸作为其他尺寸的依据,这些尺寸就是零件的设计基准。总体来说,划线基准应尽量与设计基准一致。另外,根据零件结构和加工情况的不同,划线基准通常有以下三种类型。

（1）以两个互相垂直的平面为基准,如图 9-15(a)所示。

（2）以一个平面和一个中心平面为基准,如图 9-15(b)所示。

（3）以两个互相垂直的中心平面为基准,如图 9-15(c)所示。

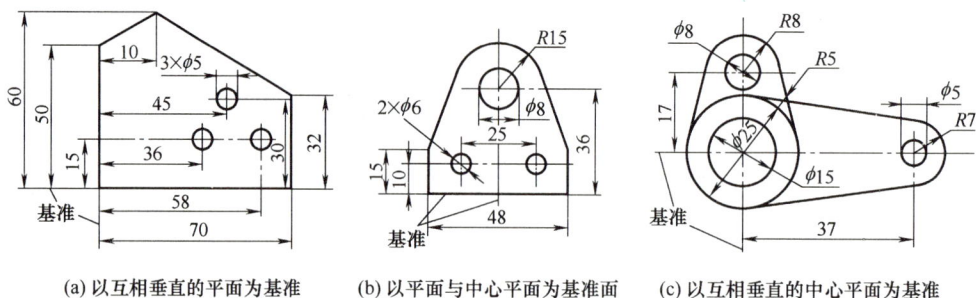

(a) 以互相垂直的平面为基准　　(b) 以平面与中心平面为基准面　　(c) 以互相垂直的中心平面为基准

图 9-15　划线基准的选择

3. 基本线条的划法

（1）平行线的划法

① 通过基准线用钢直尺在工件上量取两个相同尺寸的点(注意钢直尺与基准线要垂直),然后把两个点连接起来,就可获得与基准线相平行的平行线,如图 9-16(a)所示。

② 用圆规量取所需的尺寸,以基准线上任意两点为圆心(两圆心的间距越大,划出的线越准确),划两圆弧线,再用钢尺做两圆弧线的切线,就可获得与基准线相平行的平行线,如图 9-16(b)所示。

③ 将工件放在平台上,使所划平面与平台面垂直,然后用划针盘和高度尺配合划线,就可获得与平台面平行的平行线,如图 9-16(c)所示。

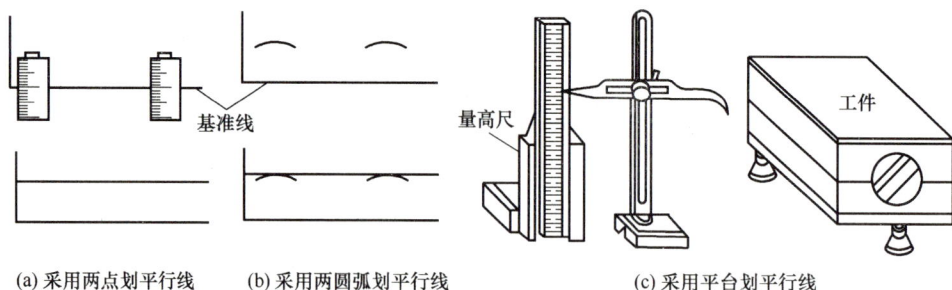

(a) 采用两点划平行线　　(b) 采用两圆弧划平行线　　　　(c) 采用平台划平行线

图 9-16　平行线的划法

（2）垂直线的划法

① 用 90°角尺划垂直线,如图 9-17(a)所示,划出的直线就与直角尺座的一边垂直。

② 用扁 90°角尺划平面上的垂直线,具体方法如图 9-17(b)所示。

③ 用作图法划垂直线,如图 9-17(c)所示。先用圆规在 AB 线上任取两点 a、b 作为圆心,以大于两点间距一半的长度 R 为半径(两点间距越大,R 越大,划出的线就越准确)

作圆,划出四条圆弧线,圆弧线相交于两点 c、d,然后用钢直尺连接 c、d 点就得到了直线 AB 的垂直线 CD,且直线 AB 与 CD 的交点 O 即是两圆心 a 和 b 间的中点。

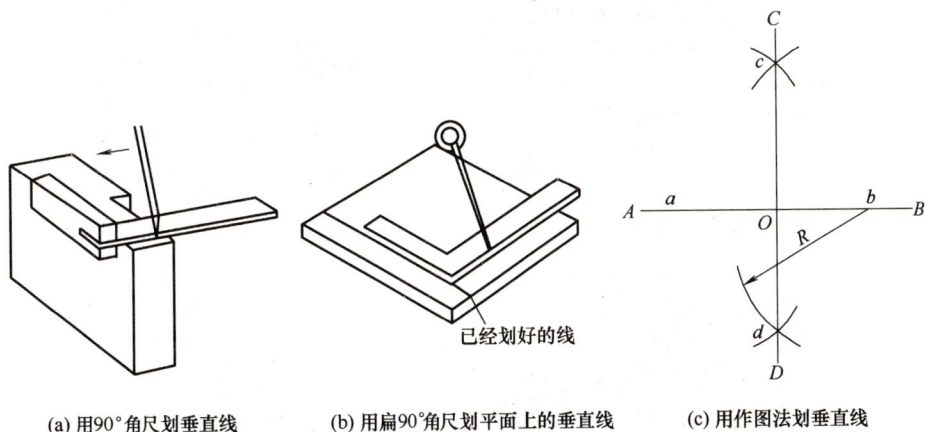

(a) 用90°角尺划垂直线　　(b) 用扁90°角尺划平面上的垂直线　　(c) 用作图法划垂直线

图 9-17　垂直线划法

（3）划圆弧

划圆弧线的要点是确定圆弧中心。圆弧中心确定后,在圆弧中心处打上冲眼,然后用圆规按要求的半径划出圆弧线即可。

4. 立体划线实例

如图 9-18 所示是滑动轴承座的立体划线过程。具体划线操作如下。

（1）仔细研究图纸（见图 9-18(a)）。

（2）确定划线基准。

（3）清理工件表面,给划线部位涂色,工件上的孔洞堵上木料或铅块。

（4）用千斤顶支承工件并找正（见图 9-18(b)）。

（5）划出基准线,并划各水平线（见图 9-18(c)）。

（6）翻转工件找正,并划出垂直线（见图 9-18(d)和图 9-18(e)）。

（7）检查无误后,打样冲眼（见图 9-18(f)）。

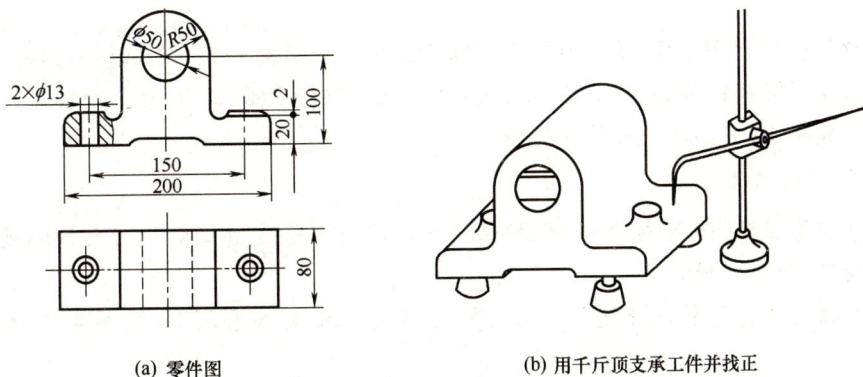

(a) 零件图　　　　　　　　　　(b) 用千斤顶支承工件并找正

图 9-18　滑动轴承座的立体划线过程

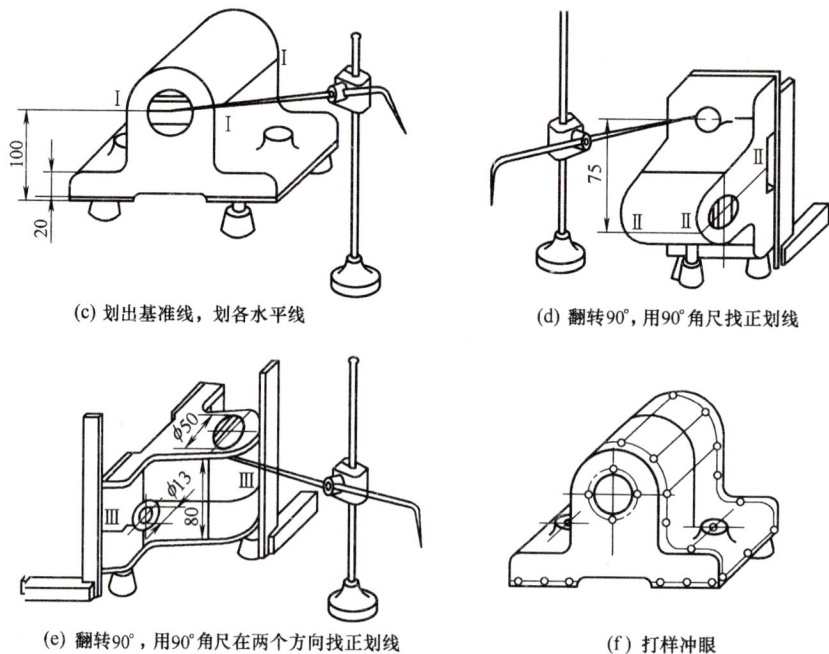

(c) 划出基准线，划各水平线

(d) 翻转90°，用90°角尺找正划线

(e) 翻转90°，用90°角尺在两个方向找正划线

(f) 打样冲眼

图　9-18(续)

模块三　錾　　削

錾削是用手锤击打錾子，对工件进行切削加工的操作。錾削主要用于清理锻件和铸件上的飞边、边缘、毛刺、浇口及冒口，用于分割板料以及加工沟槽、平面等。

一、錾削工具

錾削工具主要有手锤以及各种类型的錾子。

1. 手锤

手锤是钳工常用工具，手锤有圆头手锤和方头手锤两种。錾削时常用的是圆头手锤。手锤的规格以锤头的质量表示，如 0.25kg 手锤、0.50kg 手锤、0.75kg 手锤等。锤头多用碳素工具钢锻制，并经淬火和回火处理。

2. 錾子的种类

錾子通常采用 T8 钢或 T10 钢锻制，刃部经淬火和回火处理后获得合理的硬度。錾子的种类如图 9-19 所示。

（1）扁錾。它主要用于錾削平面、錾切薄金属和去除毛刺等，是錾削中最常用的錾子。

（2）窄錾。它主要用于錾削表面和内孔开槽。

（3）油槽錾。它主要用于在滑动平面上和其他凹面上开油槽。

3. 錾子刃部的角度

錾子刃部的两个刀面的夹角称为楔角,用 β_0 表示;錾削时,錾子刃部后面与已加工表面的夹角称为后角,用 α_0 表示;錾削时,錾子刃部前刀面与基面的夹角,称为前角,用 γ_0 表示,如图 9-20 所示。

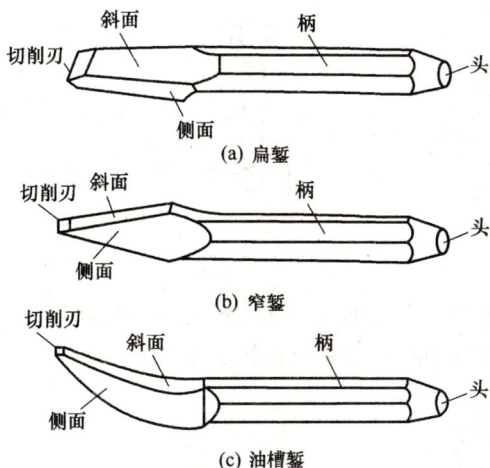

图 9-19 錾子

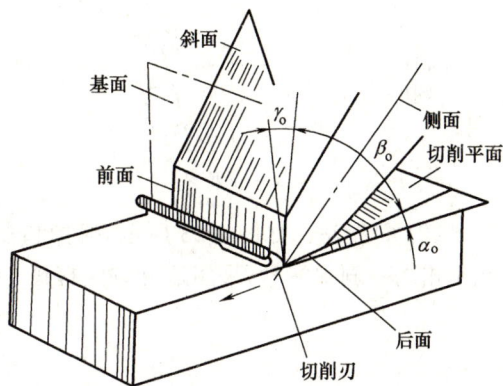

图 9-20 錾削角度

錾子的楔角和后角对錾削质量和錾削效率有直接影响。楔角 β_0 较小时,錾刃锋利,但刀头强度低,易崩刃。通常錾削硬度高的金属材料时,$\beta_0=60°\sim70°$;錾削软金属材料时,$\beta_0=30°\sim50°$;錾削一般钢材时,$\beta_0=50°\sim60°$。后角 α_0 太大时,会使錾子切入工件表面太深,既錾不动,又容易损伤錾子的刃口;后角 α_0 太小时,錾子容易从工件表面滑出,影响錾削效率。通常后角 $\alpha_0=5°\sim8°$。

4. 錾子的刃磨

錾子的切削部分经锻打后都要经过刃磨,刃口在变钝时也要进行刃磨。通常錾子的刃磨顺序是:磨两斜面→磨两侧面→磨錾子头部的楔角(β_0)。

5. 錾子的热处理

为提高錾子刃部的硬度、韧度以及使用寿命,必须对錾子进行科学合理的热处理,具体热处理方法如下。

将錾子的刃部 $20\sim30$mm 长的一段放入炉中加热,当加热至暗樱红色时,用钳子迅速取出垂直插入水中 $4\sim6$mm。当露出水面部分呈暗棕色时,提起錾子,这时候开始观察錾子刃部的颜色变化情况(看不清可用砂布擦一下)。錾子刃部的颜色变化顺序是:灰白色→黄色→红色→紫色。当刃部的颜色变为紫色时,迅速把錾子整体放入水中冷却到室温,则完成了整个热处理过程。上述过程实际上是进行淬火加自热回火(或自回火)过程。

二、錾削操作

1. 錾子的握法

錾子的正确握法如图 9-21 所示,大拇指和食指自然伸开,其余三指握住錾子,錾子不要握得太紧,否则握得时间较长时手会感到疲劳。

2. 手锤的握法

手锤的握法有紧握法和松握法两种。

（1）紧握法。如图 9-22 所示,右手紧握锤柄,并且在挥锤时始终保持不变。

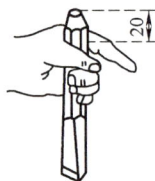

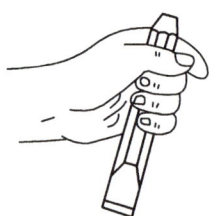

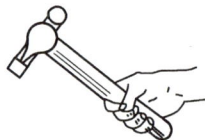

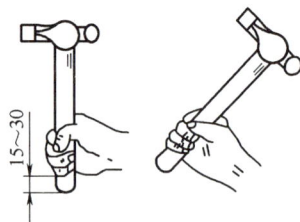

图 9-21   錾子的握法   图 9-22   手锤紧握法

（2）松握法。如图 9-23 所示,拇指和食指始终握住锤柄,其余三指在挥锤时放松,而在锤击的一刹那握紧,采用这种方法握锤,人不易疲劳,并能充分发挥力量。

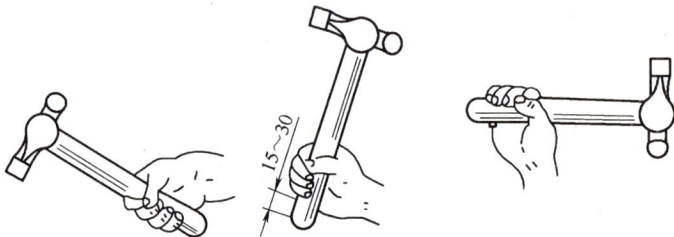

图 9-23   手锤松握法

3. 挥锤

挥锤方法主要有臂挥、肘挥和腕挥等。

（1）臂挥。如图 9-24（a）所示,用松握法握手锤,挥锤时,手腕、肘部和臂部全部动作,这种方法适用于錾削量较大的场合。

（2）肘挥。如图 9-24（b）所示,用松握法或紧握法握锤,挥锤时,手腕和肘部同时运动,这种方法适用于一般錾削场合。

(a) 臂挥   (b) 肘挥

图 9-24   挥锤

（3）腕挥。用紧握法握锤，挥锤时，只有手腕的运动，这种方法用于手锤轻击场合。

4. 錾削过程

（1）人体位置和姿势。操作者站立在台虎钳的左侧，左腿向前半步，腿不要过分用力，膝盖稍有弯曲，右脚稍朝后并站稳伸直，头部不要探前或后仰，应面向工件，整个动作要自然，这种站立姿势对于錾削、锉削、锯割都是适用的，如图 9-25 所示。

锤击时，不管右手如何挥动，眼睛应始终注视錾子刃部和工件表面，头部不要摇来晃去。当工件表面出现高低不平时，随时调整錾削时的 α_0 角（后角），并且身体要随挥锤动作自然地前后微动。

（2）起錾。錾削过程分为起錾、錾削和錾出三个阶段。錾削平面时，起錾时錾子转过 45° 左右，从工件的尖角处开始，轻打錾子同时慢慢地将錾子移向中

图 9-25　錾削时操作者站立步位图

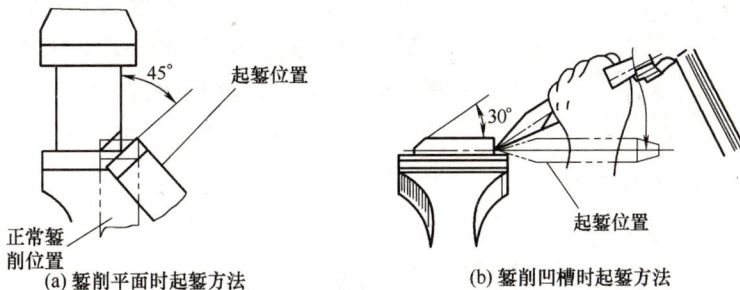

间，使刃口与工件平行为止，如图 9-26（a）所示。錾削凹槽时可采用图 9-26（b）所示的方法，起錾时刃部贴住工件，錾子头部向下倾斜 30° 左右，然后开始錾削。正确的起錾方法不仅可以防止錾子弹跳，使錾削容易进行，还能控制錾削余量。

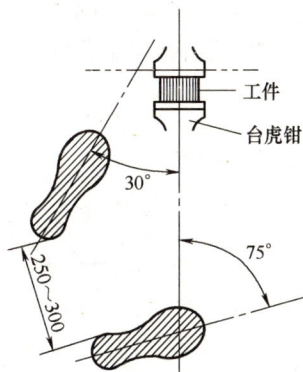

(a) 錾削平面时起錾方法　　(b) 錾削凹槽时起錾方法

图 9-26　起錾方法

（3）锤击次数。锤击的次数一般掌握在臂挥时每分钟 30～40 次，肘挥时每分钟 40～50 次，手挥时速度再快一些。锤击的速度应由慢到快，用力也由轻到重。

无论用哪种动作挥锤，锤击几次后錾子应退一下再錾，锤击了 8～10 次后錾子应在浸有机油的棉纱中蘸一下。

（4）錾出的方法。当錾削到工件的另一头时应掉头进行錾削，如图 9-27 所示。当工件为脆性材料时，尤其要注意这一点。

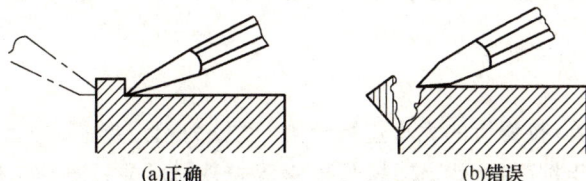

(a) 正确　　　　　　(b) 错误

图 9-27　錾出方法

三、錾削实例

1. 大平面的錾削

如图 9-28 所示,当要錾削的平面较大时,可先按要求划出加工界限,用槽錾沿参考线錾出凹槽,然后再用扁錾倾斜一定角度把剩下的凸出部分錾去。如果錾削表面太粗糙时,

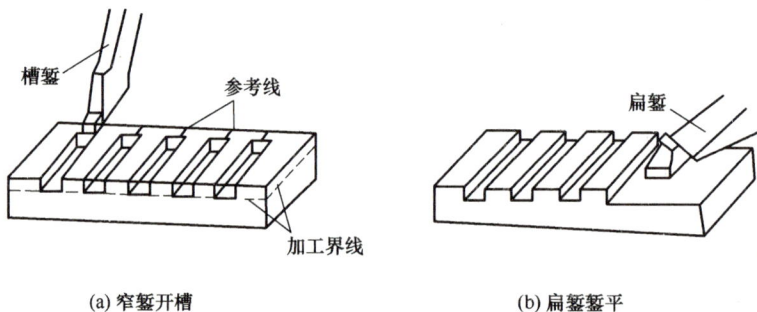

(a) 窄錾开槽　　　　　　　　　　　　　(b) 扁錾錾平

图 9-28　大平面的錾削方法

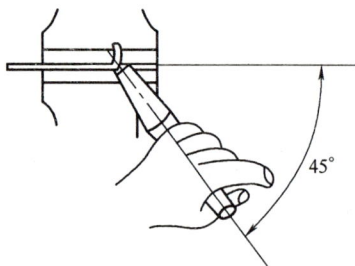

图 9-29　薄板料的錾断

可用扁錾再修整一下。

2. 薄板料的錾断

划出工件的錾切线,使之与台虎钳钳口平齐,然后夹紧。用扁錾沿与钳口成 45°左右,自右向左錾切,如图 9-29 所示。錾切时,通常将有用的那部分材料夹持在钳口下面,因为钳口上面的材料在錾削时容易弯曲变形。

模块四　锯　　削

锯削是指用手锯对工件进行分割或切槽的操作。锯割的主要工具是手锯,手锯由锯弓和锯条组成。锯割精度较低,通常需要进一步加工。

一、手锯

1. 锯弓

锯弓有固定式锯弓和可调式锯弓两种,如图 9-30 所示。其中可调式锯弓使用方便,应用广泛。

2. 锯条

锯条是锯削工具,按锯齿的大小进行分类,可分为粗齿锯条、中齿锯条和细齿锯条三种。粗齿锯条适用于锯削铜、铝、铸铁、低碳钢等较软材料或较厚的工件;细齿锯条适用于锯削较硬材料、薄板、薄管等。锯条安装时,必须注意安装方向,齿尖的方向应朝前,如果

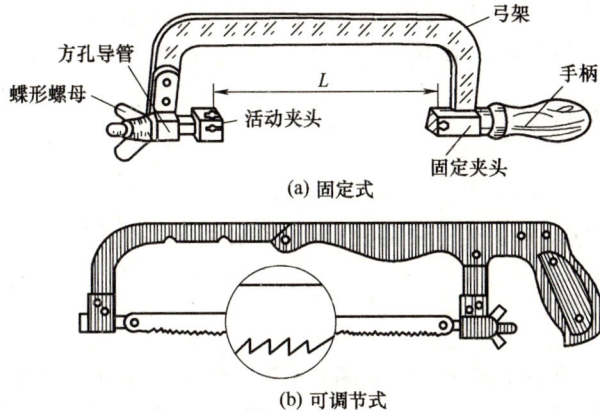

方孔导管

蝶形螺母

弓架

手柄

活动夹头

固定夹头

(a) 固定式

(b) 可调节式

图 9-30　手锯

安装方向相反,就不能正常进行锯削,如图 9-30(b)所示。

二、锯削操作

1. 手锯的握法

手锯的握法如图 9-31 所示,左手拇指放在手锯架背上,其余四指轻轻放在锯弓前端。右手握住手把,不要握得太紧,否则会很容易感到疲劳。

2. 起锯

起锯是锯削过程中很重要的一步。起锯时,左手大拇指贴住锯条,起导向作用,如图 9-32 所示。起锯角度约为 15°,先锯出一条槽,行程要短,压力要小,速度要慢。当槽锯到槽深为 2～3mm 时,即可正常锯削。

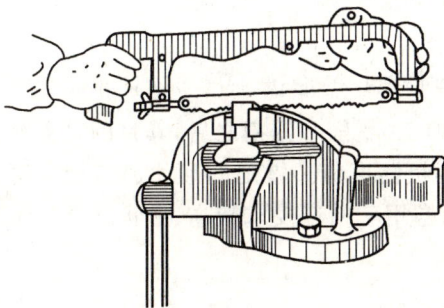

图 9-31　手锯的握法

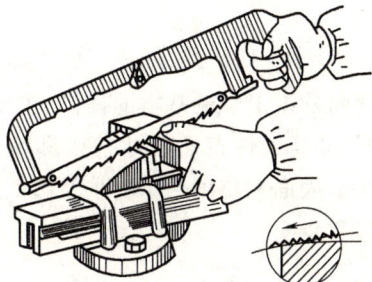

图 9-32　起锯示意图

3. 锯削姿势

手锯的推进主要靠右手施力,左手轻扶手锯并稍加压力。推锯时身体的上部略向前倾斜,并作直线往复运动,同时身体不要左右摆动,以保持锯缝平直。回复时,只要把手锯拉回即可。锯削的往复次数通常为每分钟 30～60 次为宜。

在锯削过程中,应尽量利用锯条的全部长度,以延长锯条的使用寿命。在收锯时要放慢,用力要小,留下的最后一点锯削余量可以用手摇断。

必要时,锯削过程中可适当地加些冷却润滑液,这不仅能提高锯条的寿命,也可减少摩擦,使锯削出的表面更平整。润滑液通常为机油,锯削铸铁时可加柴油或煤油。

三、典型工件的锯削

1. 锯薄板

如图 9-33 所示,锯削一块或多快薄板材时,可采用以木板为衬垫夹在台虎钳上,然后连木板一起进行锯削。

2. 锯圆管工件

锯圆管工件时,不宜从上到下一次锯断,而应先锯一个部位至内壁,然后朝推锯方向转动一定角度,再夹紧后继续锯削,这样重复操作几次直至锯断圆管件,如图 9-34 所示。

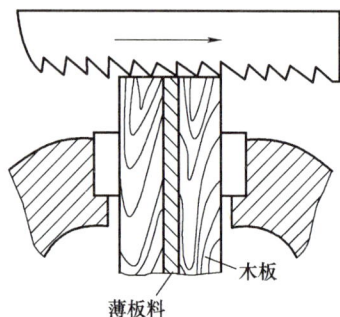

图 9-33　锯削薄板料

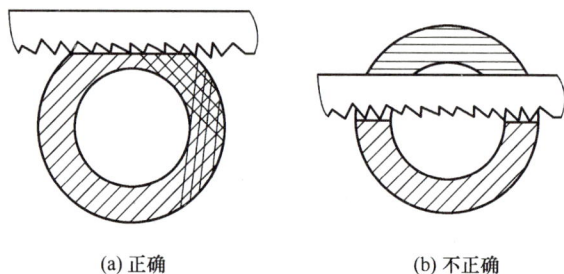

图 9-34　锯圆管工件

模块五　锉　　削

锉削是用锉刀对工件进行切削加工,使之达到所要求的形状、尺寸和表面粗糙度的操作。 锉削是钳工中最基本的操作,主要安排在机加工、錾削和锯割之后,其目的是去除多余金属,提高工件表面尺寸精度和减小工件表面粗糙度值。锉削的尺寸加工精度可达 $0.01mm$,表面粗糙度值 Ra 可达 $0.8\mu m$。锉削通常用于精度要求较高、形状复杂的工件的修整和装配。

一、锉刀简介

1. 锉刀的种类

(1)锉刀按齿纹进行分类,可分为粗纹锉刀、中纹锉刀、细纹锉刀、双细纹锉刀和油光锉刀等。

(2)锉刀按长度进行分类,可分为 $100mm$、$150mm$、$200mm$、$250mm$、$300mm$、$350mm$ 及 $400mm$ 等规格锉刀。

(3)锉刀按用途进行分类,可分为普通锉刀、整形锉刀和特种锉刀等。其中,普通锉刀用于一般锉削加工,其按断面形状和外形进行分类,可分为平锉、方锉、圆锉、半圆锉和三角锉等;整形锉适用于加工一些钳工锉难以加工的部位,或锉削一些较小的工件;特种锉适用于加工一些特殊形状的表面,其截面形状种类较多。

锉刀通常采用碳素工具钢(如 T12 钢或 T13 钢)制造,并经淬火和低温回火处理。

2. 锉刀的选用

(1) 根据工件的形状和加工面大小选择相应的锉刀形状和规格,如图 9-35 所示。

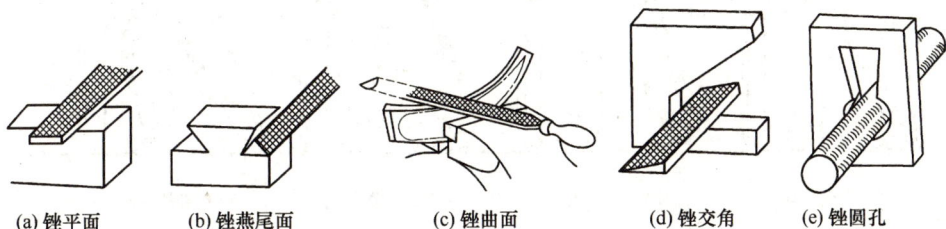

(a) 锉平面　　(b) 锉燕尾面　　(c) 锉曲面　　(d) 锉交角　　(e) 锉圆孔

图 9-35　锉刀选用实例

(2) 根据工件材质、加工余量、加工精度和表面粗糙度值 Ra 要求来选择锉刀的粗细。通常材料较软、锉削加工余量较大、表面质量要求较低的工件要选用粗纹锉刀;材料硬、锉削加工余量少、表面质量要求高的工件则要选用中纹锉刀或细纹锉刀。

二、锉削操作

1. 锉刀的握法

锉刀的握法随锉刀的大小及工件的不同而有所不同。如图 9-36 所示是常用锉刀握法。

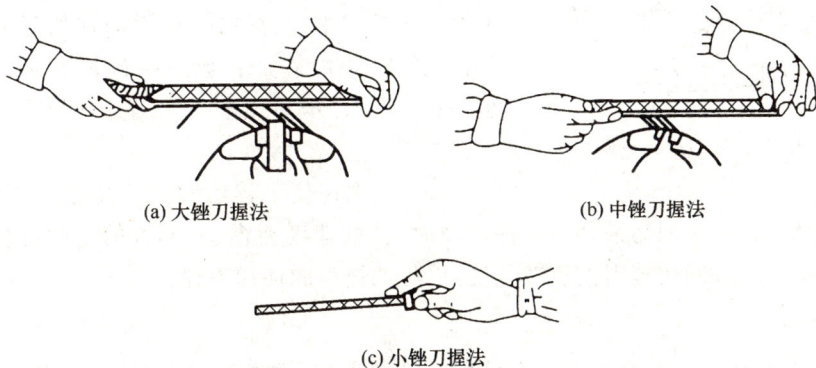

(a) 大锉刀握法　　　　　　　　(b) 中锉刀握法

(c) 小锉刀握法

图 9-36　锉刀握法

2. 锉削的姿势和动作

(1) 站立的位置和姿势。锉削时操作者的站立位置与錾削相同,身体保持自然并便于用力,以便能适应不同的锉削要求。锉削时身体的重心要落在左脚上,右膝伸直,左膝随锉削时往复运动而屈伸,如图 9-37 所示。开始时,右肘收缩,如图 9-37(a)所示,前小半行程依靠身体倾斜,左膝弯曲来完成,如图 9-37(b)所示;后大半行程靠右肘推进,身体继续倾斜一些来完成,如图 9-37(c)所示;回程时,身体放松,如图 9-37(d)所示。

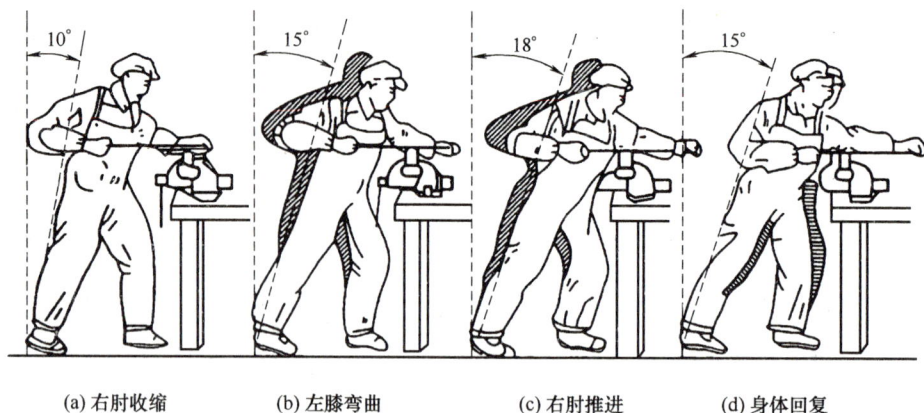

| (a) 右肘收缩 | (b) 左膝弯曲 | (c) 右肘推进 | (d) 身体回复 |

图 9-37　锉削姿势

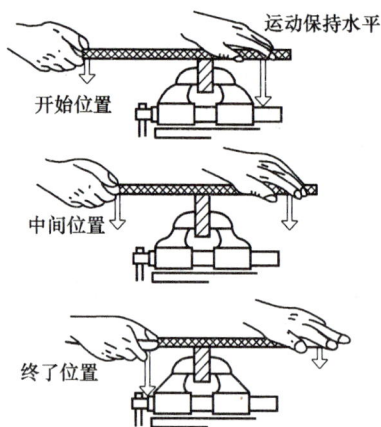

图 9-38　锉削力的合理变化和调整

（2）锉削时的用力。在锉削过程中，要使锉削表面平整，作用于锉刀上的力就要合理变化和调整，以保证锉刀平稳运动。否则，锉刀就会像跷跷板一样运动，从而使工件表面产生中凸面。

在锉削过程中，由于工件对于锉刀的反作用力的位置在不断变化，因此，必须调节两手对锉刀的作用力，如图 9-38 所示。锉削开始阶段，左手施加较大的压力，右手施加的压力较小，但推力较大；当工件位于锉刀中间位置时，两手施加的压力基本相等；当锉刀再往前推时，则左手施加的压力逐渐变小，右手施加的压力逐渐变大；锉刀回程时，两手都不施加压力。

（3）锉削速度。锉削时的往复速度不能太快，通常以每分钟 40 个来回为最佳。工件较硬时，锉削速度要慢些，回程的速度可快些。在锉削过程中，要充分利用锉刀的有效长度，以延长锉刀的使用寿命。

3. 锉削操作

（1）平面锉削。平面锉削基本上采用交叉锉法、顺向锉法以及推锉法，如图 9-39 所示。工件在锉削过程中，可用钢直尺、90°角尺或刀口形直尺进行对光检验，根据其透光程度来判别表面的锉削质量，如图 9-40 所示。

（2）圆弧面锉削。锉削外圆弧面时，分为顺着圆弧面锉削和横着圆弧面锉削两种方法，如图 9-41 所示。无论采用哪种锉削方法，都应先锉圆弧边线，给圆弧定出锉削界限。

锉削内圆弧面时，应选用半圆锉刀或圆锉刀。锉削时，锉刀必须同时完成前进运动、向右移动或向左移动和绕锉刀中心线转动（按顺时针或逆时针方向转动约 90°），三个运动缺一不可，如图 9-42 所示。

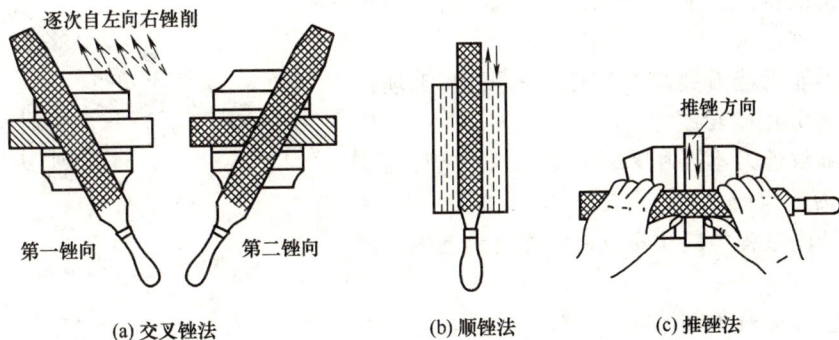

逐次自左向右锉削

第一锉向　第二锉向

(a) 交叉锉法　(b) 顺锉法　推锉方向 (c) 推锉法

图 9-39　平面锉削基本方法

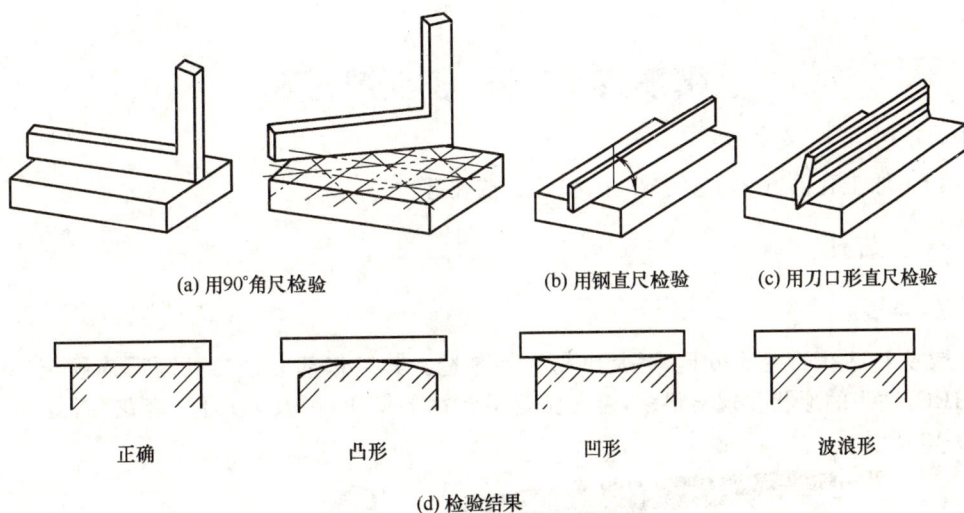

(a) 用90°角尺检验　(b) 用钢直尺检验　(c) 用刀口形直尺检验

正确　凸形　凹形　波浪形

(d) 检验结果

图 9-40　锉削平面的检验方法

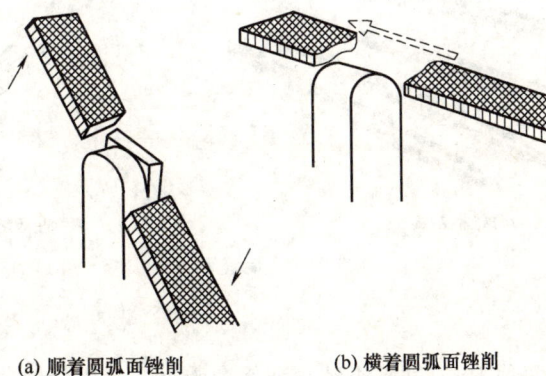

(a) 顺着圆弧面锉削　(b) 横着圆弧面锉削

图 9-41　外圆弧面锉削方法

4. 锉刀保养

（1）锉刀应尽量先用一面进行锉削，当用钝一面后，再用另一面进行锉削，并尽量用足整个锉刀面。

（2）粗纹新锉刀应先锉削较软的金属，以磨掉锉齿上的毛刺。

（3）不能用锉刀锉削毛坯件上的硬皮，毛坯件上的硬皮应先用砂轮磨掉。

（4）细纹锉刀不要用来锉削软金属，以防金属屑堵塞锉刀的齿面。

（5）锉削过程中应注意及时清除齿纹上嵌入的金属屑。

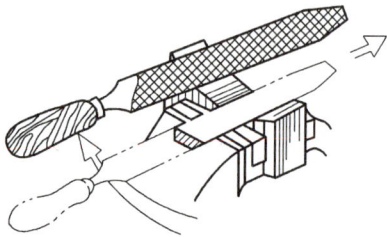

图 9-42　内圆弧面锉削方法

（6）锉刀应避免粘油，以防锉削时打滑。

（7）勿将锉刀当作拆装工具，用来敲击或撬动其他物件，以防损坏锉刀和造成事故。

（8）使用整形锉刀和特种锉刀时，用力不宜过大，以免折断锉刀。

模块六　钻孔、扩孔和铰孔

钳工加工孔的方法主要有钻孔、扩孔和铰孔等。

一、钻孔

1. 钻头

钻头是钻孔的主要刃具，通常由高速钢制造。其工作部分经热处理后淬硬至 $60\sim65HRC$，钻头的形状和规格很多，麻花钻是最常用的钻头，因其外形像"麻花"而得名，如图 9-43 所示。

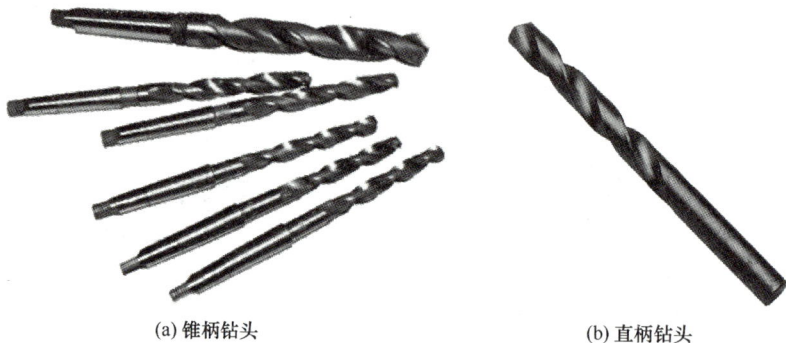

(a) 锥柄钻头　　　　　　　　(b) 直柄钻头

图 9-43　麻花钻

2. 钻头的装夹

钻头装夹主要有两种方式：钻夹头装夹和钻套装夹。其中，钻夹头是用来夹持直柄钻头的工具。装夹时，先将钻头柄部放入钻夹头的卡爪内，然后用钻夹头扳手旋转外套夹紧钻头，如图 9-44 所示。过渡套筒用来夹持锥柄钻头，如图 9-45 所示。

3. 工件的装夹

在钻孔时由于钻头转速较高，切削力较大，工件装夹不牢会影响钻孔的加工精度，所

图 9-44　钻夹头

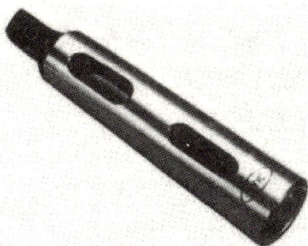

图 9-45　锥柄钻头过渡套筒

以,正确装夹工件很重要。装夹工件时,可根据工件的形状和尺寸大小等,选择手虎钳夹持工件、机床用平口钳装夹工件、V 形铁与压板装夹工件、压板装夹工件以及钻床夹具与压板装夹工件等方法。

4. 调整钻床

通常根据所用钻头直径和工件材质的硬度来选择钻床的主轴转速。钻小孔时,主轴转速应高些;钻大孔时,主轴转速应低些。工件材质硬度高时,主轴转速应低些,这样既可以提高钻头的使用寿命,又可以防止钻头折断。

5. 钻孔方法

(1) 钻一般精度的孔。钻孔前可将孔中心处的样冲眼冲大些,用麻花钻横刃直接对准冲眼即可进行钻削。

(2) 钻较高精度的孔。钻孔精度和位置精度较高时,要先以孔中心的样冲眼为中心划出一个参考圆或方框,然后再将中心冲眼冲大。钻削时先钻一个小坑,如果所钻小坑与参考圆不同心,误差较大,可用窄錾在偏斜的相反方向錾几条槽后再进行钻削,这样便可逐步地将偏斜部分矫正过来,如图 9-46 所示。

(3) 钻深孔。通常将孔深与孔径之比超过 3 倍的孔称为深孔。钻深孔的问题主要是排屑困难和不易冷却,因此,在钻进深度达到直径的 3 倍时,要经常退出麻花钻,这样可以把切屑带出,同时也可使切削液能起到冷却作用。

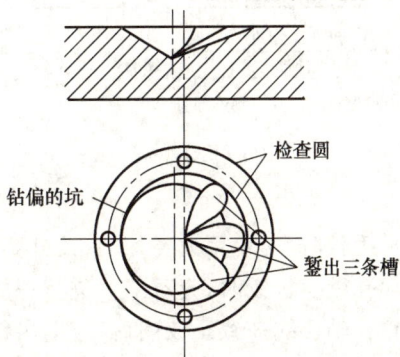

图 9-46　钻偏时錾槽校正方法

(4) 钻削切削液的选用。钻孔时为了降低切削温度,提高钻头的使用寿命和工件的加工质量,应选用适当的切削液。常用的切削液有乳化液、煤油、机油。

二、扩孔

对已有孔进行扩大孔径的加工方法称为扩孔。扩孔可以校正孔的轴线偏差,并使其获得较正确的几何形状,其加工精度为 IT10～IT9,表面粗糙度值 $Ra=6.3～3.2\mu m$。扩孔加工余量为 0.5～4mm,它可以作为精度要求不高的孔的最终加工方法,也可作为孔精加工前的半精加工(或预加工)。

扩孔通常采用扩孔钻进行,也可用麻花钻进行。扩孔钻有 3～4 条切削刃,无横刃,顶端为平的,螺旋槽较浅,钻芯粗实,刚性较好,不易变形,导向性好。如图 9-47 所示为扩孔钻和扩孔示意图。

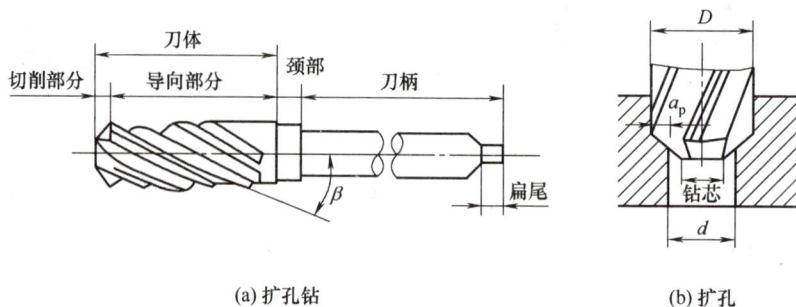

(a) 扩孔钻   (b) 扩孔

图 9-47   扩孔钻及扩孔示意图

三、铰孔

铰孔是指用铰刀铰削工件的孔壁以提高工件尺寸精度和表面质量的方法。铰孔加工精度可达 IT7～IT6,表面粗糙度值 $Ra=0.4～0.2\mu m$。铰刀可分为手用铰刀和机用铰刀两大类,如图 9-48 所示。

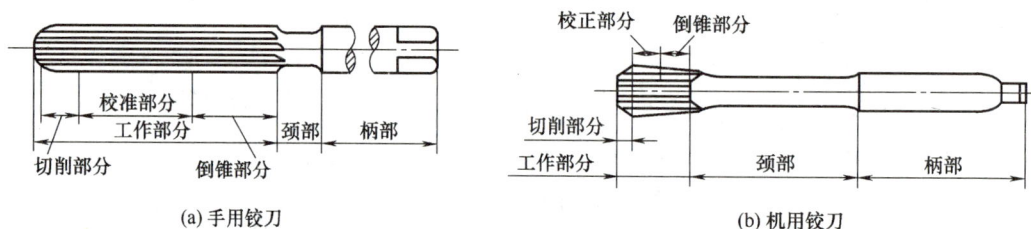

(a) 手用铰刀   (b) 机用铰刀

图 9-48   铰刀

手铰时,两手用力要均匀,铰杠要放平,旋转速度要均匀、平稳,以防磨耗铰刀刃口和损坏孔壁。机铰时,应对工件进行一次性装夹,选用较小的切削速度,以保证铰刀轴心线与钻孔轴心线一致。铰削后,应退出铰刀后再停机,以免孔壁拉出痕迹。

模块七   攻螺纹和套螺纹

攻螺纹是用丝锥加工内螺纹的操作;套螺纹是用板牙加工外螺纹的操作。

一、攻螺纹

1. 丝锥与铰杠

丝锥结构如图 9-49 所示,通常 M6～M24 的丝锥一套各有 2 支,M6 以下或 M24 以上的丝锥一套各有 3 支,即头锥、二锥和三锥。

常见的铰杠如图 9-50 所示,它是用来夹持丝锥,并转动丝锥进行攻螺纹的工具。

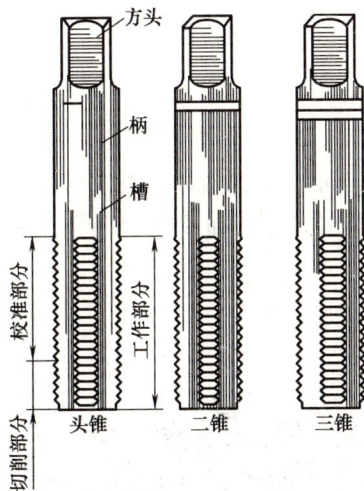

图 9-49 丝锥及其组成部分

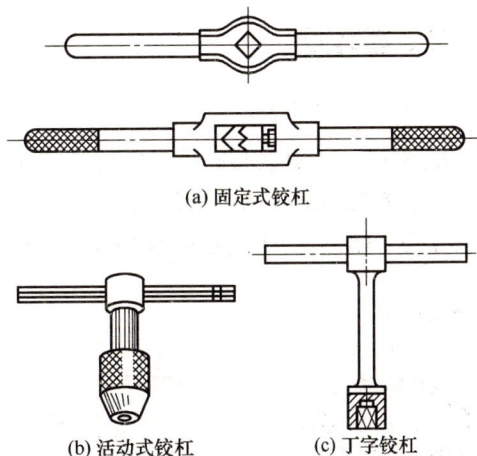

图 9-50 铰杠

2. 攻螺纹时底孔直径的确定

加工内螺纹时,首先要加工出底孔,以便丝锥加工螺纹。如果底孔过大,所攻螺纹较浅,螺纹连接强度较低;如果底孔过小,丝锥加工困难。通常情况下可按下面的经验公式计算底孔直径 d。

加工钢件和韧性材料时,$d = d_0 - P$

加工铸件和脆性材料时,$d = d_0 - (1.05 \sim 1.1)P$

式中:d——底孔直径,mm;

d_0——螺纹公称直径,mm;

P——螺距,mm。

3. 攻螺纹时的操作步骤

(1)按要求钻好底孔,并在孔口倒角,同时避免产生毛刺和翻边。

(2)用头锥起攻,开始时要沿丝锥中线轻加压力,使丝锥能切入孔中,如图 9-51 所示。起攻时要注意保证丝锥中心线与底孔中心线重合。通常采用目测方法看丝锥是否与工件表面垂直,也可用 90°角尺等工具进行校正。

(3)当丝锥的切削部分切入底孔后,就可正常地攻螺纹。攻螺纹时两手需均匀地用力转动铰杠,在攻螺纹过程中,尤其是在韧性材料上攻螺纹时,要经常将丝锥倒转 1/4 圈,以便使切屑脱落。

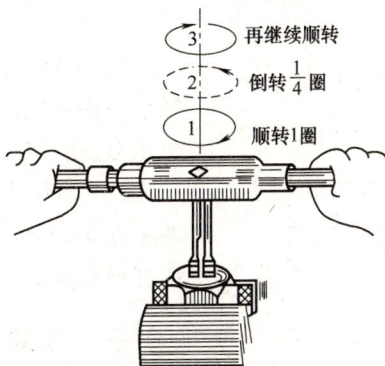

图 9-51 起攻方法

（4）头锥攻完后，如果要用二锥再攻，应先用手将二锥旋入，旋至旋不动后，再正常地攻螺纹。如果二锥没有对准头锥攻出的螺纹，就会造成螺纹乱扣现象。三锥的攻法与二锥基本相同。

二、套螺纹

1. 板牙与板牙架

如图 9-52 所示是套螺纹中常用的开缝式圆板牙，它是加工外螺纹的主要工具。

板牙架是用来支承板牙以及转动板牙进行套螺纹加工的工具，如图 9-53 所示。板牙架上有几个螺钉，用于固定板牙和调整螺纹尺寸。

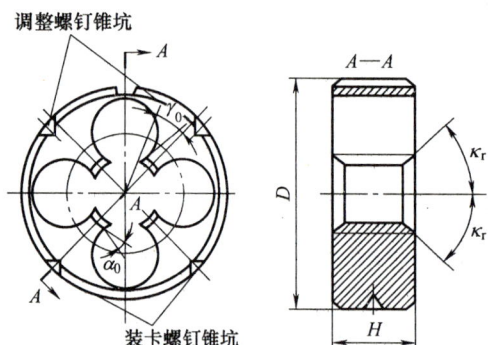

图 9-52　开缝式圆板牙结构

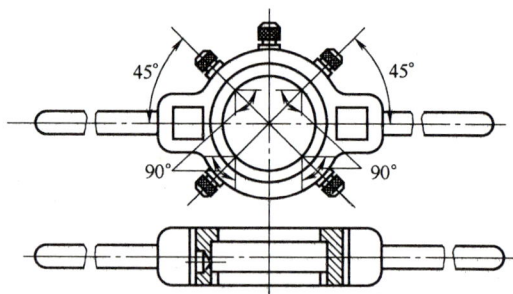

图 9-53　板牙架

2. 套螺纹时棒料直径的确定

套螺纹时，工件的棒料直径 d_0 如果太大则难以套入，如果太小，则套出的螺纹会不完整。棒料直径 d_0 可以用下列公式计算：

$$d_0 = d - 0.13P$$

式中：d_0——圆杆直径，mm；

　　　d——纹公称直径；

　　　P——螺距，mm。

3. 套螺纹操作步骤

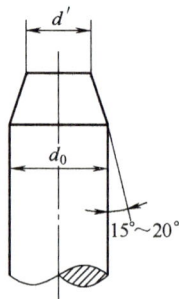

图 9-54　圆杆倒角

（1）圆杆倒角，如图 9-54 所示，圆杆端部直径 d' 尺寸要比螺纹小径小一些，以便于板牙对准和套入。开始套螺纹时，要沿圆杆轴向轻加压力，使板牙能切入圆杆，并要保证板牙端面与圆杆轴线垂直。

（2）当板牙切入圆杆 2～3 牙后，就可正常地套螺纹。套螺纹时两手应均匀地用力转动板牙架。另外，还要经常地倒转板牙架，以便使切屑脱落。

三、攻螺纹和套螺纹过程中的注意事项

（1）对韧性材料进行攻螺纹或套螺纹时要加机油或乳化液进行润滑。

（2）攻螺纹和套螺纹过程中丝锥和板牙要准确套入，并且在进行切削过程中要均匀用力，不要使铰杠或板牙架摆动，以免螺纹产生偏斜。

（3）攻螺纹和套螺纹过程中要经常倒转铰杠或板牙架，以利断屑和排屑。

模块八　刮　削

刮削就是用刮刀在工件已加工表面上刮除一层很薄金属的操作方法。刮削一般是在工件经机械加工后进行，以便消除工件在机械加工后留下的刀痕及表面微观不平的状态，因此，刮削可以使工件达到所需的尺寸精度和表面粗糙度，它属于精加工。刮削在机器制造和修理中占有很重要的地位，它是钳工的基本功之一，常用于滑动轴承、机床导轨面、某些机器零件的接触面、夹具底面及密封面的精密加工。

一、刮刀

刮刀分为平面刮刀和曲面刮刀两种，常用的刮刀如图 9-55 所示。平面刮刀如图 9-55（a）所示，用于刮削工件的平面；如图 9-55（b）所示为曲面刮刀中的三角刮刀，常用于刮削工件的曲面，如刮削滑动轴承轴瓦的内表面等。刮刀通常采用 T10 钢、T12 钢和 GCr15 钢制作，硬度大于 60HRC。

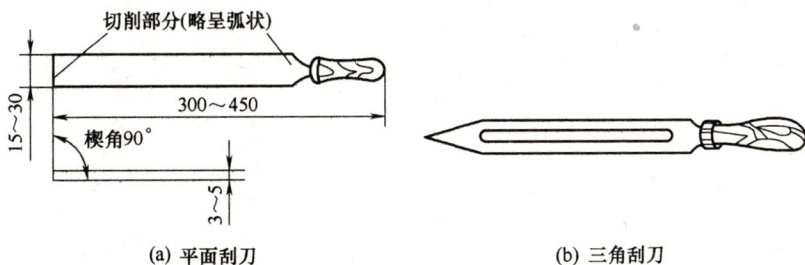

（a）平面刮刀　　　　　　　　　　（b）三角刮刀

图 9-55　常用刮刀

二、研点子

研点子是刮削操作中检验加工质量的主要方法。具体操作是在工件表面涂上一层显示剂（通常是红丹油或蓝油），然后用另一标准工具（平板、心轴等）与刮削面作相对研动。通过研动使凸出的地方发亮，而不亮的地方则为凹下部分，这种方法就是研点子，如图 9-56 所示。刮削的目的就是要把凸出的部分刮除。

三、刮削操作

刮削分为平面刮削和曲面刮削，而平面刮削的姿势又分为挺刮式和平刮式刮削两种。

1. 挺刮式刮削

如图 9-57 所示，刮刀柄顶在腹部右下侧肌肉处，双手握紧刮刀前端，两腿叉开，双手

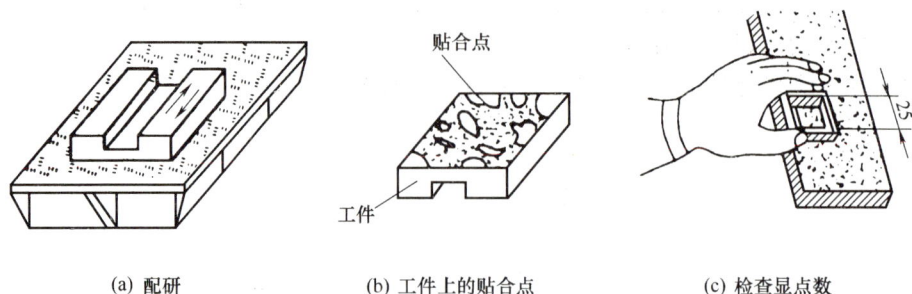

(a) 配研   (b) 工件上的贴合点   (c) 检查显点数

图 9-56   刮削质量检验示意图

压刮刀,用腿部和臀部的力量使刮刀向前,然后右手引导刮刀方向,左手将其迅速提起,完成一次刮削。

2. 平刮式刮削

如图 9-58 所示,右手握柄,左手握在刮刀前方,并向下压刮刀,当右手推动刮刀向前时,左手引导刮刀方向并将其提起。在刮削过程中,左脚前跨,上身稍朝前倾斜,以便能看清刮刀前面的凸点子。

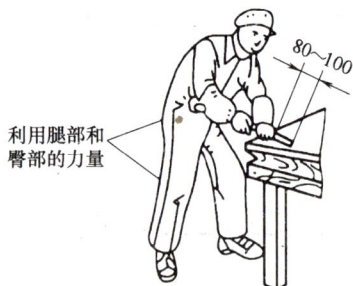

图 9-57   挺刮式

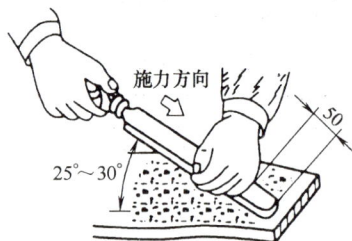

图 9-58   手刮式

刮削通常按粗刮、细刮、精刮步骤进行。粗刮的重点在于消除平面的扭曲和大范围的凸点,使每 25mm×25mm 的平面内达到 4～6 个显点数;细刮的重点是使整个平面的显点数增加,每 25mm×25mm 内达到 8～15 个显点数;精刮的目的是使每 25mm×25mm 的平面内达到 20～25 个显点数。

四、刮削过程中的注意事项

(1) 工件安放的高度要适当,通常与腰部平齐。

(2) 刮削工件的边缘时,注意刮削方向不能与边缘垂直,应与工件边缘相交成约 45°或 60°角。

(3) 刮削过程中,用力要均匀,刮刀的角度、位置要准确,刮削方向要经常调换而成网纹形状,以免产生振痕。

(4) 推磨研具时,推力要匀,研具悬空部分不能超过其长度的 1/4,以防研具失去重心,落地伤人。

模块九 弯曲和矫正

一、弯曲

弯曲是指将棒料、条料、板料、管子等弯成所需形状的操作。

1. 弯曲板料

弯曲板料时，如果材料为薄料，可采用木槌锤击方式，将板料弯曲；如果板料又软又厚，所弯的边较短时，可用硬木块垫着，再用手锤锤击方式，将板料弯曲。在锤击时，要锤击靠近弯曲棱线的部位，不应直接锤击板料的上端，如图9-59所示。

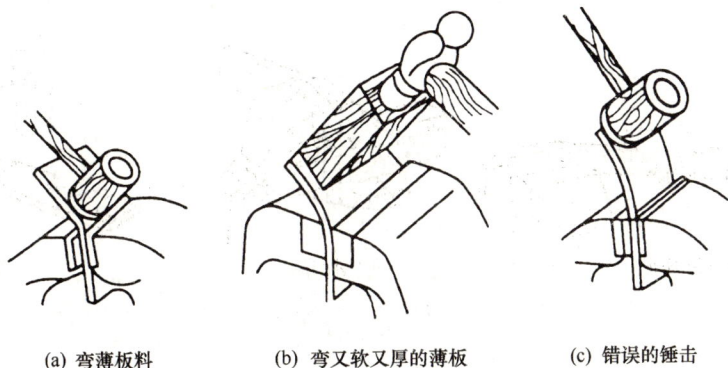

(a) 弯薄板料 　　　　(b) 弯又软又厚的薄板 　　　　(c) 错误的锤击

图 9-59　板料弯直角操作示意图

2. 弯曲圆管

弯曲圆管时，圆管内要用砂子灌满和灌紧，管子两端要堵上木塞。如果圆管有接缝，应将接缝放在中性层位置上，如图9-60所示。

二、矫正

矫正是将翘曲的工件用手锤或机械（如压力机）消除变形，使其恢复原有状态的操作。常见的工件矫正方法有直接回曲法和延展法。

1. 直接回曲法

直接回曲法就是直接对材料的弯曲部位进行矫正。如图9-61所示，对于扭曲变形的板条料，可用扳手直接进行扭转矫正操作，从而使板条料恢复正常形状；如图9-62所示是几种对板条料弯曲部位进行矫正的实例。

2. 延展法

延展法是用手锤锤击材料的某些部位，使受锤击部位的材料延长或展开，从而达到矫正变形部位的方法。如图9-63所示中的板料中部发生了中凸变形，就不能直接锤击凸起部位，而是应从板料的边缘逐步地向凸起部位的四周锤击，这样才能将中凸的变形部位逐步消除。

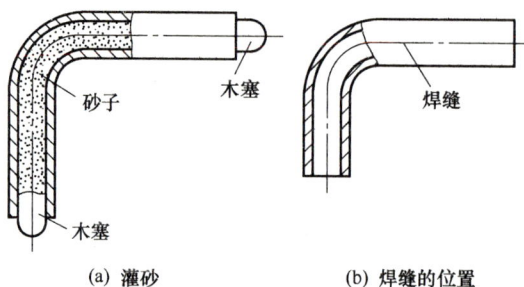

(a) 灌砂   (b) 焊缝的位置

图 9-60　弯管子

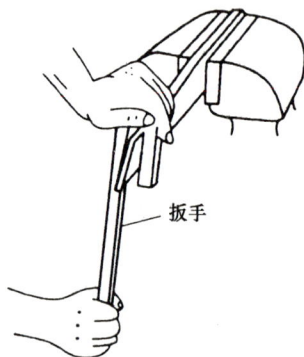

图 9-61　扭曲板条料的矫正

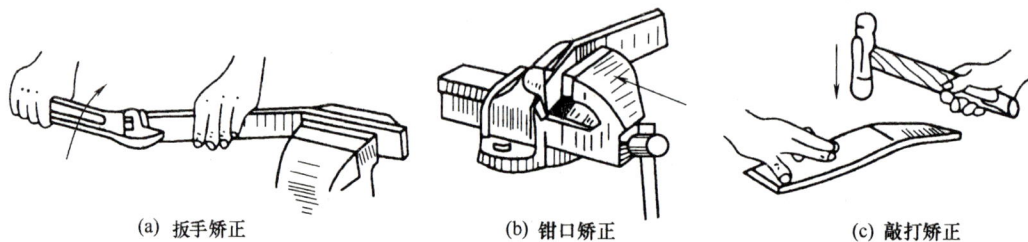

(a) 扳手矫正   (b) 钳口矫正   (c) 敲打矫正

图 9-62　弯曲板条料弯曲的矫正方法

(a) 错误的矫正方法   (b) 正确的矫正方法

图 9-63　延展法矫正板料

练 习 题

一、填空题

1. 钳工的工作内容主要包括划线、＿＿＿＿、＿＿＿＿、锯割、钻孔、扩孔、铰孔、锪孔、攻螺纹、套螺纹、刮削、＿＿＿＿、矫正、弯曲和铆接等。

2. 钳工职业等级共划分为五个级别：＿＿＿＿级(国家职业资格五级)、＿＿＿＿级(国家职业资格四级)、高级(国家职业资格三级)、技师(国家职业资格二级)、高级技师(国家职业资格一级）。

3. 钳工职业技能鉴定方式包括＿＿＿＿＿知识考试和＿＿＿＿＿操作考核。

4. 划线通常分为＿＿＿＿＿划线和＿＿＿＿＿划线两种。

5. 钳工用划线工具主要有＿＿＿＿＿针、＿＿＿＿＿盘、高度尺、划线平台、划规与划卡、90°角尺、样冲、V形铁、万能角度尺、千斤顶等。

6. 錾削工具主要有＿＿＿＿＿以及各种类型的＿＿＿＿＿。

7. 錾子的刃磨顺序是：磨＿＿＿＿＿→磨＿＿＿＿＿→磨錾子头部的楔角 β_0。

8. 手锤的握法有＿＿＿＿＿握法和＿＿＿＿＿握法两种。

9. 挥锤方法主要有＿＿＿＿＿挥、＿＿＿＿＿挥和腕挥等。

10. 手锯由锯＿＿＿＿＿和锯＿＿＿＿＿组成。锯弓有＿＿＿＿＿式锯弓和＿＿＿＿＿式锯弓两种。

11. 锯条是锯削工具，按锯齿的大小进行分类，可分为＿＿＿＿＿齿锯条、＿＿＿＿＿齿锯条和细齿锯条三种。

12. 锯条安装时，必须注意安装方向，＿＿＿＿＿的方向朝前。如果安装方向相反，就不能正常进行锯削。

13. 粗齿锯条适用于锯削＿＿＿＿＿＿＿＿＿、＿＿＿＿＿＿＿＿＿、＿＿＿＿＿＿＿＿＿、低碳钢等较软材料或较厚的工件；细齿锯条适用于锯削较硬材料、薄板、薄管等。

14. 锉刀按用途进行分类，可分为＿＿＿＿＿＿＿锉刀、＿＿＿＿＿＿＿锉刀和＿＿＿＿＿＿＿锉刀。

15. 锉削时的往复速度不能太快，通常以每分钟＿＿＿＿＿＿＿个来回为最佳。

16. 平面锉削基本上采用＿＿＿＿＿＿＿锉法、＿＿＿＿＿＿＿锉法以及推锉法。

17. 锉削外圆弧面时，分为＿＿＿＿＿＿＿着圆弧面锉削和＿＿＿＿＿＿＿着圆弧面锉削两种方法。

18. 攻螺纹就是用丝锥加工＿＿＿＿＿＿＿螺纹的操作；套螺纹是用板牙加工＿＿＿＿＿＿＿螺纹的操作。

19. 刮削分为＿＿＿＿＿＿＿刮削和＿＿＿＿＿＿＿刮削，而平面刮削的姿势又分为＿＿＿＿＿＿＿刮式和平刮式刮削两种。

20. 常见的工件矫正方法有＿＿＿＿＿＿＿回曲法和＿＿＿＿＿＿＿法。

二、简答题

1. 常见的划线基准有哪些类型？

2. 简述錾子的热处理过程。

3. 简述薄板材料的錾削操作要领。

4. 选用锉刀应考虑哪些方面的因素？

5. 攻螺纹和套螺纹过程中的注意事项有哪些？

6. 简述挺刮式刮削的一般操作过程。

三、实作思考题

1. 如图 9-64 所示是小手锤零件图，请按图中要求制定小手锤的钳工制作工艺过程。

2. 如图 9-65 所示是六角体镶嵌套零件图，请按图中要求制定六角体镶嵌套的钳工制作工艺过程。

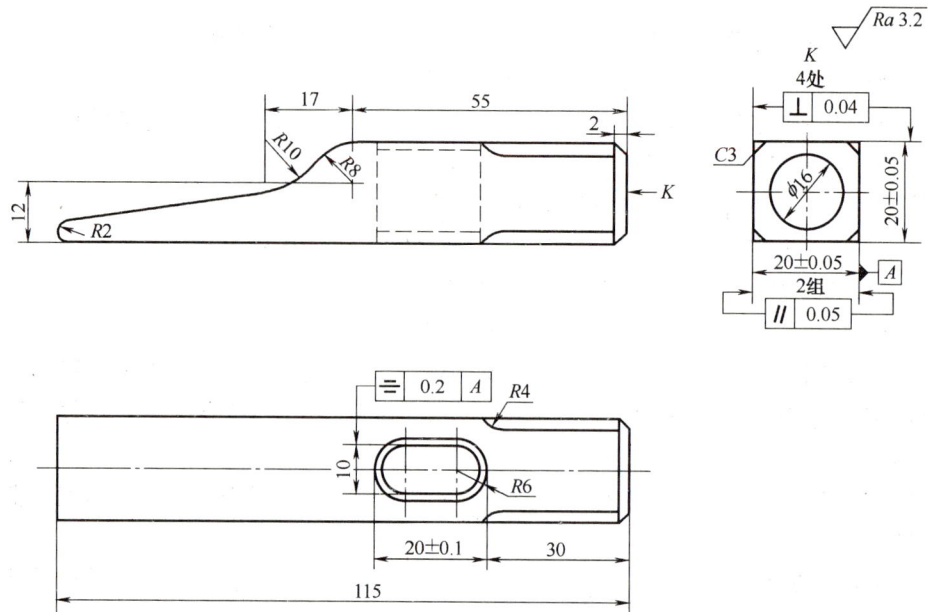

图 9-64　小手锤零件图

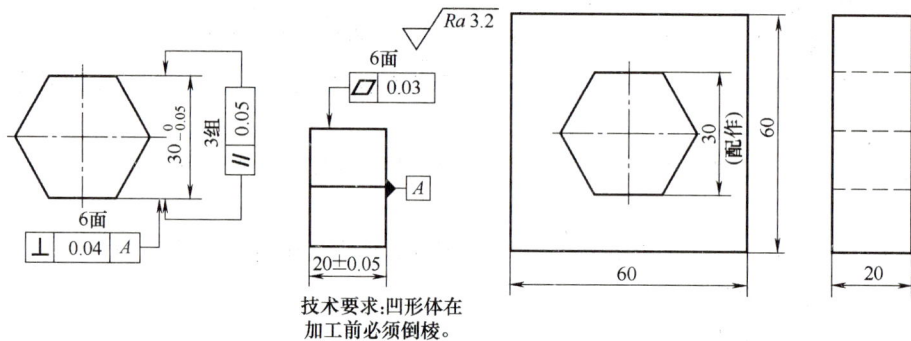

技术要求:凹形体在
加工前必须倒棱。

图 9-65　六角体镶嵌套零件图

索　引

参考文献

[1]赵程,杨建民.机械工程材料[M].2版.北京:机械工业出版社,2007.

[2]梁戈,时惠英.机械工程材料与热加工工艺[M].北京:机械工业出版社,2007.

[3]杨江河.精密加工实用技术[M].北京:机械工业出版社,2007.

[4]王学武.金属表面处理技术[M].北京:机械工业出版社,2008.

[5]王先逵.材料及热处理[M].北京:机械工业出版社,2008.

[6]郭溪茗,宁晓波.机械加工技术[M].北京:高等教育出版社,2008.

[7]杨冰,温上樵.金属加工与实训——钳工实训[M].北京:机械工业出版社,2010.

[8]朱仁盛,朱劲松.机械常识与钳工实训(非机类通用)[M].北京:机械工业出版社,2010.

[9]王英杰,陈礁.金属加工与实训——基础常识与技能训练[M].2版.北京:高等教育出版社,2014.